上海市工程建设规范

轻型钢结构技术标准(设计分册)

Standard for light weight steel building structures (design branch)

DG/TJ 08—2089—2023

J 12002—2023

主编单位:同济大学

　　　　　上海市金属结构行业协会

批准部门:上海市住房和城乡建设管理委员会

施行日期:2024 年 3 月 1 日

同济大学出版社

2024　上海

图书在版编目(CIP)数据

轻型钢结构技术标准. 设计分册/同济大学，上海市金属结构行业协会主编. —上海：同济大学出版社，2024.4

ISBN 978-7-5765-1081-2

Ⅰ. ①轻… Ⅱ. ①同…②上… Ⅲ. ①轻型钢结构-结构设计 Ⅳ. ①TU392.5

中国国家版本馆 CIP 数据核字(2024)第 052023 号

轻型钢结构技术标准(设计分册)

同济大学
上海市金属结构行业协会 主编

责任编辑 朱 勇
责任校对 徐春莲
封面设计 陈益平

出版发行 同济大学出版社 www.tongjipress.com.cn
(地址：上海市四平路 1239 号 邮编：200092 电话：021-65985622)
经 销 全国各地新华书店
印 刷 浦江求真印务有限公司
开 本 889mm×1194mm 1/32
印 张 8.625
字 数 216 000
版 次 2024 年 4 月第 1 版
印 次 2024 年 4 月第 1 次印刷
书 号 ISBN 978-7-5765-1081-2
定 价 90.00 元

上海市住房和城乡建设管理委员会文件

沪建标定〔2023〕507 号

上海市住房和城乡建设管理委员会
关于批准《轻型钢结构技术标准(设计分册)》为
上海市工程建设规范的通知

各有关单位：

由同济大学和上海市金属结构行业协会主编的《轻型钢结构技术标准(设计分册)》，经我委审核，现批准为上海市工程建设规范，统一编号为 DG/TJ 08—2089—2023，自 2024 年 3 月 1 日起实施。原《轻型钢结构技术规程》DG/TJ 08—2089—2012 同时废止。

本标准由上海市住房和城乡建设管理委员会负责管理，同济大学负责解释。

上海市住房和城乡建设管理委员会

2023 年 10 月 8 日

前 言

本标准根据上海市住房和城乡建设管理委员会《关于印发〈2021年上海市工程建设规范、建筑标准设计编制计划〉的通知》(沪建标定〔2020〕771号)的要求，由同济大学和上海市金属结构行业协会会同有关单位在原《轻型钢结构技术规程》DG/TJ 08—2089—2012的基础上修订而成。

本标准的主要内容有：总则；术语和符号；材料；结构设计的基本规定；轻型钢框架体系房屋结构设计；冷弯薄壁型钢龙骨体系房屋结构设计；分层装配支撑钢框架体系房屋结构设计；箱式模块化轻型钢结构体系房屋结构设计；轻型钢结构防护要求；轻型钢结构制作；轻型钢结构安装。

本次修订的主要内容有：

——对照现行国家和行业标准及最新研究成果对原规程相关内容进行了更新、协调和删减。

——将原规程中作用和作用效应组合的内容并入结构设计的基本规定中。

——取消了原规程中交错桁架体系房屋结构和门式刚架体系房屋结构的内容，仅在附录中给出门式刚架体系房屋结构附加设计规定。

——增加了单边高强度螺栓连接、分层装配支撑钢框架体系房屋结构、箱式模块化轻型钢结构体系房屋结构、轻钢房屋韧性提升技术措施的内容。

——修订原规程中轻型钢结构防护、制作、安装章节的内容，一方面与结构体系对应，另一方面补充了技术成熟、应用普遍的工艺内容。

各单位及相关人员在执行本标准过程中，如有意见和建议，请反馈至上海市住房和城乡建设管理委员会（地址：上海市大沽路 100 号；邮编：200003；E-mail：shjsbzgl@163.com），同济大学土木工程学院建筑工程系《轻型钢结构技术标准》编制组（地址：上海市四平路 1239 号；邮编：200092；E-mail：weiwang@tongji.edu.cn），上海市建筑建材业市场管理总站（地址：上海市小木桥路 683 号；邮编：200032；E-mail：shgcbz@163.com），以供今后修订时参考。

主 编 单 位：同济大学
上海市金属结构行业协会

参 编 单 位：同济大学建筑设计研究院（集团）有限公司
中船第九设计研究院工程有限公司
上海市机电设计研究院有限公司
上海市城市建设设计研究总院（集团）有限公司
上海天华建筑设计有限公司
上海宝钢建筑工程科技有限公司
上海市机械施工集团有限公司
巴特勒（上海）有限公司
美建建筑系统（中国）有限公司
美联钢结构建筑系统（上海）有限公司
浙江杭萧钢构股份有限公司
上海钢之杰钢结构建筑系统有限公司
上海欧本钢结构有限公司

参 加 单 位：上海宝钢彩钢建设有限公司
优积建筑科技发展（上海）有限公司
上海森钢建筑科技（集团）有限公司
上海临港新城市政工程有限公司
上海杉达学院
安徽富煌钢构股份有限公司

主要起草人:王　伟　陈以一　李元齐　方　成　蒋　斌
丁洁民　吕兆华　李　杰　卢家森　贺　振
贾宝荣　刘晓光　赵玉卿　韩小红　周　锋
程　欣　佘祖群　曲　宏　路志浩　吴梓伟
许金勇　陈　明　沈万玉　杨志勇　黎　杰
刘其东　鲁澄清　王自民　卜　一　张其林
瞿　革　吴水根　李明菲　吴晓风　王建荣
梁永辉

主要审查人:王平山　王立军　赵金城　包联进　贺明玄
刘春波　杨强跃

上海市建筑建材业市场管理总站

目　次

Contents

1 总 则

1.0.1 为规范轻型钢结构的设计和施工,做到安全适用、技术先进、经济合理、确保质量,制定本标准。

1.0.2 本标准适用于本市轻型钢结构房屋中以热轧和焊接(含高频焊接)轻型型钢、冷弯薄壁型钢以及其他类型薄柔截面钢构件等作为主要受力构件的轻型钢结构的设计和施工。

1.0.3 轻型钢结构设计和施工除应符合本标准外,尚应符合国家、行业和本市现行有关标准的规定。

2 术语和符号

2.1 术 语

2.1.1 轻型钢结构 light weight steel building structure

以热轧和焊接(含高频焊接)轻型型钢、冷弯薄壁型钢以及薄柔截面钢构件等作为主要受力构件的结构。

2.1.2 半刚性连接 semi-rigid connection

介于铰接和刚接之间的连接方式,这种连接能够承受一定的弯矩,但同时相连杆件间会产生一定的相对转动变形。

2.1.3 薄柔截面钢构件 steel member with slender elements

板件宽厚比超过其能够达到屈服强度所规定的宽厚比限值的构件。

2.1.4 蒙皮效应 stressed skin action

与支承构件可靠连接的围护面板所具有的抵抗板自身平面内剪切变形的能力。

2.1.5 塑性设计 plastic design

按承载能力极限状态设计时,考虑构件截面内塑性发展及由此引起的内力重分配。

2.1.6 无侧移框架 non-sway frame

支撑结构(支撑桁架、剪力墙、电梯井等)抗侧移刚度较大的强支撑框架。

2.1.7 有侧移框架 sway frame

依靠构件及节点连接的抗弯能力来抵抗侧向荷载的无支撑纯框架和支撑结构抗侧移刚度较弱的弱支撑框架。

2.1.8 冷弯薄壁型钢龙骨体系房屋 cold-formed thin-walled steel framing building

由立柱、顶导梁、底导梁、支撑、拉条或撑杆等部件组成的龙骨与面板形成的墙体作为主要承受竖向荷载和水平荷载的房屋。

2.1.9 分层装配支撑钢框架体系房屋 floor-by-floor assembled steel braced framed building

以支撑作为主要抗侧力构件，梁贯通、柱分层、梁柱采用全螺栓连接，结构体系分层装配建造的钢结构体系房屋。

2.1.10 箱式模块化轻型钢结构体系房屋 box modular lightweight steel structural system building

由叠箱结构、轻型钢框架或支撑钢框架与模块化集装箱轻型钢结构体系房屋组成的混合结构作为主要承受竖向荷载和水平荷载的房屋。

2.1.11 拼合截面 built-up section

由两个或多个单一截面通过不同方式组合而成的截面，多用于冷弯薄壁型钢结构构件。

2.1.12 冷弯效应 effect of cold-forming

因冷成型加工引起的钢材性能改变现象。

2.1.13 角件 container corner

置于箱式模块四个角部的柱端，主要用于箱式模块的起吊、搬运、固定、堆码和栓固作业、传递受力。

2.2 符　号

2.2.1 截面和构件的几何属性

A——截面面积；

A_b——水平边缘构件的截面面积；

A_{bo}——螺栓的有效截面面积；

A_{bd}——扁钢支撑变形集中段计算毛截面面积；

A_{blink}——扁钢支撑端部连接段计算毛截面面积；

A_{bpres}——扁钢支撑预紧力施加段计算毛截面面积；

A_c——框架柱的截面面积；

A_p——预应力拉索或拉杆的单根截面面积；

A_T——蜂窝梁开孔截面处一个T形截面的面积；

A_t——套管的截面积；

I_b——梁的截面惯性矩；

I_c——剪力墙竖向边缘构件的截面惯性矩；

I_k——抗扭惯性矩；

I_x——对形心主坐标轴 x 的截面惯性矩；

I_y——对形心主坐标轴 y 的截面惯性矩；

I_ω——扇性惯性矩；

r_i——第 i 层相应质量所在楼层平面的极回转半径；

S_x——对形心主坐标轴 x 的截面面积矩；

S_y——对形心主坐标轴 y 的截面面积矩；

S_ω——扇性面积矩；

T_t——套管的弱轴惯性矩；

W_c——柱的截面模量；

W_E——梁的截面模量；

W_{Eb}——梁的截面模量；

W_s——蜂窝梁开孔截面处一个T形截面竖肢下端的截面模量；

λ——计算长细比；

$\lambda_{n,b}$——正则化长细比；

λ_x——对形心主坐标轴 x 的长细比；

λ_y——对形心主坐标轴 y 的长细比；

λ_ω——扭转长细比。

2.2.2 几何参数

a——螺栓间距；

B——支撑所在开间的宽度；

b——端板宽度，支撑面宽度；

b_i——第 i 个板件的宽度；

b_{cf}——柱翼缘塑性铰线的长度；

b_{cp}——端板塑性铰线长度；

b_f——工字形钢受压翼缘外伸宽度；

b_r——蜂窝孔边加劲肋板的外伸宽度；

b_s——加劲肋板宽度；

D——圆孔直径；

d——螺栓公称直径，连接件直径；

d_0——单边高强度螺栓连接板的孔径；

e——蜂窝孔水平尺寸；

e_c——螺栓中心至梁翼缘板边缘的距离；

e_f——螺栓中心至梁翼缘板表面的距离；

e_i——第 i 层的质心偏移值；

e_p——螺栓中心至端板边缘的距离；

e_w——螺栓中心至腹板表面的距离；

H——柱高，支撑所在开间的高度；

h——剪力墙水平边缘构件形心轴之间的距离，墙体高度，薄弱楼层的层高；

h_b——型钢截面高度；

h_{b1}——梁上下翼缘中心线之间的距离；

h_g——蜂窝梁高度；

h_h——蜂窝孔高度；

h_T——蜂窝梁开孔截面处上下两 T 形截面形心间的距离；

h_w——腹板高度；

h_1——梁上下翼缘中点之间的距离，蜂窝梁蜂窝处腹板（竖肢）高度；

L——受弯构件的跨度；

L_b——梁的跨度；

L_{bd}——扁钢支撑变形集中段的长度；

L_{br}——扁钢支撑总长度；

L_{blink}——扁钢支撑端部连接段长度；

L_{bpres}——扁钢支撑预紧力施加段长度；

L_c——柱的高度；

L_i——第 i 层垂直于地震作用方向的建筑物长度；

l——螺杆公称长度；

l_c——剪力墙竖向边缘构件形心轴之间的距离，盖板与梁端部翼缘的留空长度；

l_n——梁的净跨；

l_p——剪力墙边缘梁两端塑性铰之间的距离；

l_t——套管的长度；

l_0——剪力墙竖向边缘构件翼缘之间的净距；

m——长度值；

m_c——螺栓中心至翼缘板内圆弧外侧的距离；

t——相焊板件中外层较薄板件的厚度；钢板厚度；

t_c——钢管柱壁厚度；

t_{ep}——端板厚度；

t_f——翼缘厚度；

t_i——第 i 楼层内嵌钢板的厚度；

t_j——内隔板厚度；

t_r——蜂窝孔边加劲肋的板厚；

t_w——腹板厚度；

u——顺内力方向的螺栓孔中心距；

w——垂直内力方向的螺栓孔中心距；

x_0——截面剪心形心主坐标轴 x 坐标；

y_0——截面剪心形心主坐标轴 y 坐标；

Z——单边螺栓总长度；

α——内嵌钢板屈曲后所形成斜拉场方向与铅垂方向的夹角；

θ——蜂窝孔切割偏角；等效支撑的轴线与铅锤方向的夹角；

ω_s——主扇性坐标。

2.2.3 位移、变形、响应

C——自复位耗能支撑的消压前位移；

v_Q——可变荷载标准值产生的挠度；

v_T——永久和可变荷载标准值产生的挠度（如有起拱应减去拱度）；

Δ——墙体的侧移值；

Δ_m——自复位支撑的最大位移；

Δ_y——结构屈服位移或滑移位移；

Δu_r——残余层间位移；

φ——扭转角。

2.2.4 材料参数和阻尼

E——钢材的弹性模量；

E_t——套管钢材的弹性模量；

G——钢材的剪变模量；

ρ——钢材质量密度；

ζ——建筑结构阻尼比；

ζ_0——钢框架阻尼比。

2.2.5 刚度、周期

i_b——梁的线刚度；

i_c——柱的线刚度；

K——抗剪墙体的抗剪刚度；

K_b——自复位耗能支撑的初始轴向刚度；

K_0——节点初始弹性转动刚度；

k——结构的初始刚度；

k_b——支撑轴向刚度；

k_{bH}——一个开间内布置的支撑的抗侧刚度；

T——结构基本自振周期；

α_s——结构的屈服后刚度比。

2.2.6 荷载、效应、力、弯矩

B_ω——双力矩设计值；

$F_{bf,t}$——梁受拉翼缘传递至管壁的拉力；

F_E——按设防烈度确定的层地震剪力；

F_f——摩擦耗能装置的最大静摩擦力；

F_p——复位元件的初始预张力；

F_0——自复位耗能支撑耗能元件提供的初始力；

M——弯矩设计值；自复位耗能节点最大弯矩设计值；

M_a——截面 a 处的弯矩设计值；

M_b——截面 b 处的弯矩设计值；

M_c——节点上下柱弯矩设计值的平均值；

M_{Ehk2}——承受水平设防地震作用标准值时，按等效弹性模型计算的构件弯矩效应；

M_{GE}——重力荷载代表值产生的弯矩效应；

M_k——扭矩设计值；

M_x——对形心主坐标轴 x 的弯矩设计值；

M_y——对形心主坐标轴 y 的弯矩设计值；

M_{yc}——自复位耗能节点屈服弯矩设计值；

M_{ω}——翘曲扭矩设计值；

N——轴力标准值，水平荷载倾覆弯矩所产生的轴向力；

N_{Ehk2}——承受水平设防地震作用标准值时，按等效弹性模型计算的构件轴力效应；

N_{GE}——重力荷载代表值产生的轴力效应；

N_{L}——作用在腹板上的局部压力设计值；

N_{t}——一个连接件所承受的拉力设计值；

N_{t1}——一个单边螺栓的受拉承载力设计值；

N_{t2}——梁翼缘第二排一个螺栓的轴向拉力设计值；

N_{v}——一个连接件所承受的剪力设计值；

n——轴压比；

P——高强度螺栓的预拉力；

P_{0}——自复位耗能支撑复位元件初始预紧力；

S_{0}——基本雪压；

S_{k}——雪荷载标准值；

V——剪力设计值；

V_{a}——截面 a 处的剪力；

V_{b}——截面 b 处的剪力；

V_{Gb}——梁端截面剪力效应；

V_{pb}——剪力；

V_{x}——沿形心主坐标轴 x 的剪力设计值；

V_{y}——沿形心主坐标轴 y 的剪力设计值；

w_{k}——风荷载标准值；

w_{0}——基本风压。

2.2.7 抗力、强度

F_{cmax}——支撑受压时的最大承载力；

F_{RU}——环簧组完全压紧状态下的承载力；

F_{y}——结构屈服承载力；

F_{yb}——自复位耗能支撑屈服承载力设计值；

f——钢材的抗拉、抗压、抗弯强度设计值；

f_{bw}——梁腹板的抗拉强度设计值；

f_{c}^{b}——螺栓孔壁承压强度设计值；

f_{c}^{w}——对接焊缝的抗压强度设计值；

f_{ce}——钢材的端面承压强度设计值；

f_{ep}——端板抗拉强度设计值；

f_{f}^{w}——角焊缝的抗拉、抗压和抗剪强度设计值；

f_{t}^{b}——螺栓的抗拉强度设计值；

f_{t}^{w}——对接焊缝的抗拉强度设计值；

f_{u}——钢材的极限抗拉强度最小值；

f_{u}^{b}——螺栓的极限抗拉强度最小值；

f_{v}——钢材的抗剪强度设计值；

f_{v}^{b}——螺栓的抗剪强度设计值；

f_{v}^{w}——对接焊缝的抗剪强度设计值；

f_{y}——钢材的抗拉屈服强度；

f_{yt}——套管钢材的抗拉屈服强度；

f_{yw}——腹板钢材的抗拉屈服强度，剪力墙钢板钢材的抗拉屈服强度；

M_{L}——柱壁单位长度的抗弯承载力；

M_{u}^{j}——节点极限受弯承载力；

N_{dP}——变形集中段的截面塑性抗拉承载力；

N_{linkP}——端部连接段的连接板的净截面受拉或撕剪破坏塑性承载力；

N_{linkU}——支撑各分段间的连接承载力设计值(N)和支撑与框架构件的连接承载力设计值(N)中的最小值；

N_{presP}——预紧力施加段受拉时的塑性承载力(N)，当预紧力施加段由若干部件串联而成时，应取所有部件塑性承载力中的最小值；

N_{t}^{b}——一个高强度螺栓的受拉承载力设计值；

N_V^b——单个单边高强度螺栓的抗剪承载力设计值；

N_v^s——每个焊点的抗剪承载力设计值；

S_h——抗剪墙体的抗剪承载力；

V_u——极限抗剪承载力；

V_u^j——节点极限受剪承载力；

V_{ul}——底层钢板墙的极限承载力；

σ_u——预应力拉索或拉杆的断裂应力。

2.2.8 数量、系数

k_1——板厚修正系数；

k_2——孔型系数；

n——结构层数，内环和外环间接触对数，预应力拉索或拉杆的根数，螺栓的列数；

n_1——螺钉个数；

n_f——传力摩擦面数；

n_t——梁翼缘两侧受拉螺栓的总数；

μ——结构延性系数，摩擦面的抗滑移系数；

μ_r——屋面积雪分布系数；

μ_s——风荷载体型系数；

μ_{sl}——局部风压体型系数；

μ_x——对 x 轴的计算长度系数；

μ_y——对 y 轴的计算长度系数；

μ_z——风压高度变化系数；

μ_ω——扭转屈曲的计算长度系数；

α——钢材线膨胀系数，水平地震响应系数；

β——考虑撬力作用的调整系数，自复位支撑的强度比；

β_{gz}——高度 z 处的阵风系数；

β_{tx}——等效弯矩系数；

β_{ty}——等效弯矩系数；

β_v——剪力放大系数；

β_x——L 形截面柱关于 x 轴的不对称常数；

β_y——L 形截面柱关于 y 轴的不对称常数；

β_z——风振系数；

ε_k——钢号修正系数；

η_H——钢结构抗震设计的提高系数；

η_j——连接系数；

η_y——钢材超强系数；

φ_v——腹板弯曲稳定系数；

φ_ω——腹板受压稳定系数；

ω——系数；

ψ_{yw}——钢材超强系数；

Ω——性能系数；

Ω_{ib}——第 i 层梁构件性能系数；

Ω_{ic}——第 i 层柱构件性能系数。

3 材 料

3.0.1 钢结构采用的钢材应符合下列规定:

1 承重结构的钢材,应根据结构或构件的重要性、荷载特征、结构形式、连接方式、工作环境等不同情况选择其牌号和材质。承重结构的钢材宜采用现行国家标准《碳素结构钢》GB/T 700 中规定的 Q235 钢和《低合金高强度结构钢》GB/T 1591 中规定的 Q355、Q390、Q420、Q460 钢,以及现行国家标准《连续热镀锌和锌合金镀层钢板及钢带》GB/T 2518 中规定的 550 级结构级钢板及板带。当有可靠依据时,可采用其他牌号的钢材,但应符合国家现行有关标准的规定。

2 承重构件所用的钢材应具有屈服强度、抗拉强度、断后伸长率和硫、磷含量的合格保证,对焊接结构尚应具有碳含量或碳当量的合格保证。焊接承重结构以及重要的非焊接承重结构采用的钢材应具有弯曲试验的合格保证;对直接承受动力荷载或需要进行疲劳验算的构件,其所用钢材尚应具有冲击韧性的合格保证。

3 在技术经济合理的情况下,可在同一构件中采用两种不同牌号的钢材。

4 用于承重结构的冷弯薄壁型钢的钢带或钢板的镀层标准应符合现行国家标准《连续热镀锌和锌合金镀层钢板及钢带》GB/T 2518 的规定。

3.0.2 混凝土构件的材料应符合现行国家标准《混凝土结构设计规范》GB 50010 的规定;轻骨料混凝土构件的材料应符合现行行业标准《轻骨料混凝土应用技术标准》JGJ/T 12 的规定。

3.0.3 连接材料应符合下列规定:

1 焊接采用的材料应符合下列规定:

1）焊条电弧焊接采用的焊条应符合现行国家标准《非合金钢及细晶粒钢焊条》GB/T 5117 或《热强钢焊条》GB/T 5118 的规定。对直接承受动力荷载或振动荷载且需要验算疲劳的结构，宜采用低氢型焊条。

2）气体保护电弧焊接采用的焊丝应符合现行国家标准《熔化焊用钢丝》GB/T 14957、《非合金钢及细晶粒钢药芯焊丝》GB/T 10045、《热强钢药芯焊丝》GB/T 17493、《熔化极气体保护电弧焊用非合金钢及细晶粒钢实心焊丝》GB/T 8110 或《气体保护电弧焊用高强钢实芯焊丝》GB/T 39281 的规定。

3）埋弧焊接采用的焊丝和焊剂应符合现行国家标准《埋弧焊用非合金钢及细晶粒钢实心焊丝、药芯焊丝和焊丝-焊剂组合分类要求》GB/T 5293、《埋弧焊用热强钢实心焊丝、药芯焊丝和焊丝-焊剂组合分类要求》GB/T 12470 的规定。

4）气体保护电弧焊接使用的氩气或二氧化碳气体应符合现行国家标准《氩》GB/T 4842 或《工业液体二氧化碳》GB/T 6052 的规定。

5）采用的焊条或焊丝型号和性能应与母材金属性能相适应。当两种不同强度钢材相连接时，宜采用与低强度钢材相适应的焊接材料。

2 普通螺栓应符合现行国家标准《六角头螺栓》GB/T 5782 和《六角头螺栓　C级》GB/T 5780 的规定，其机械性能应符合现行国家标准《紧固件机械性能　螺栓、螺钉和螺柱》GB/T 3098.1 的规定。

3 高强度螺栓应符合现行国家标准《钢结构用高强度大六角头螺栓》GB/T 1228、《钢结构用高强度大六角螺母》GB/T 1229、《钢结构用高强度垫圈》GB/T 1230、《钢结构用高强度大六角头螺栓、大六角螺母、垫圈技术条件》GB/T 1231 或《钢结构用扭剪型高强度螺栓连接副》GB/T 3632 的规定。单边高强度螺栓应符合本标准附录 C 和附录 D 的规定。

4 圆柱头焊钉连接件的材料应符合现行国家标准《电弧螺柱焊用圆柱头焊钉》GB/T 10433 的规定。

5 抽芯铆钉应符合现行国家标准《封闭型平圆头抽芯铆钉》GB/T 12615、《封闭型沉头抽芯铆钉》GB/T 12616、《开口型沉头抽芯铆钉》GB/T 12617 和《开口型平圆头抽芯铆钉》GB/T 12618 的规定。

6 自攻螺钉应符合现行国家标准《十字槽盘头自钻自攻螺钉》GB/T 15856.1、《十字槽沉头自钻自攻螺钉》GB/T 15856.2、《十字槽半沉头自钻自攻螺钉》GB/T 15856.3 和《六角法兰面自钻自攻螺钉》GB/T 15856.4,《紧固件机械性能 自钻自攻螺钉》GB/T 3098.11 或《开槽盘头自攻螺钉》GB/T 5282、《开槽沉头自攻螺钉》GB/T 5283、《开槽半沉头自攻螺钉》GB/T 5284 和《六角头自攻螺钉》GB/T 5285 的规定。

7 锚栓可采用现行国家标准《碳素结构钢》GB/T 700 中规定的 Q235 钢或《低合金高强度结构钢》GB/T 1591 中规定的 Q355、Q390 钢制成。

3.0.4 围护材料宜采用轻质材料,应符合国家现行有关标准规定的耐久性、适用性、防火性、气密性、水密性、隔音和隔热等性能要求及环保要求。

3.0.5 结构用板材和围护用板材应符合下列规定:

1 结构用压型钢板的性能应符合现行国家标准《建筑用压型钢板》GB/T 12755 的规定。

2 结构用定向刨花板(OSB 板)的性能应符合现行国家标准《室内装饰装修材料人造板及其制品中甲醛释放限量》GB 18580 和现行行业标准《定向刨花板》LY/T 1580 的规定。当承重外墙外侧墙板采用结构用定向刨花板时,宜采用二级以上的板材;用于楼面时,宜采用三级以上的板材。

3 结构用胶合板的性能应符合现行国家标准《普通胶合板》GB/T 9846 的规定。

4 纸面石膏板的性能应符合现行国家标准《纸面石膏板》GB/T 9775 和现行行业标准《纸面石膏板单位产量能源消耗限额》JC/T 523 的规定。

5 蒸压加气混凝土板的性能应符合现行国家标准《蒸压加气混凝土板》GB/T 15762 的规定。

6 纤维水泥平板的性能应符合现行行业标准《纤维水泥平板 第1部分:无石棉纤维水泥平板》JC/T 412.1 的规定。

7 彩色涂层钢板的性能应符合现行国家标准《彩色涂层钢板及钢带》GB/T 12754 的规定。

8 围护系统采用的其他墙板应符合国家和上海现行相关标准的有关规定。

9 采用没有标准依据的新型墙板材料,应进行试验和专家验证,并符合有关性能要求。

3.0.6 结构用粘胶、胶带、硅胶、防潮膜等粘接密封材料应满足国家和上海现行相关标准的有关规定,并提供质保书。

4 结构设计的基本规定

4.1 设计原则

4.1.1 结构设计应采用以概率理论为基础的极限状态设计法，并采用分项系数的设计表达式进行计算。

4.1.2 承重结构应按承载能力极限状态和正常使用极限状态进行设计。

4.1.3 结构的安全等级和设计工作年限应符合现行国家标准《工程结构通用规范》GB 55001、《建筑结构可靠性设计统一标准》GB 50068 和《工程结构可靠性设计统一标准》GB 50153 的规定。

4.1.4 轻型钢结构设计应保证结构能满足强度、稳定、刚度、耐久性和其他使用要求；宜采用定型的和标准化的构件以及标准化的节点型式，宜采用与轻型钢结构相适应或相配套的各种建筑材料。

4.1.5 轻型钢结构的设计文件应注明结构的设计工作年限、防护层设计工作年限、钢材牌号和质量等级、连接材料的型号（或钢号）和对钢材所要求的力学性能、化学成分及其他的附加保证项目。

4.1.6 轻型钢结构的韧性提升可按本标准附录 F 进行设计。

4.2 设计指标

4.2.1 钢材的强度设计值应按表 4.2.1-1 和表 4.2.1-2 采用。

表 4.2.1-1　热轧钢材强度设计值(N/mm²)

牌号	钢材厚度或直径(mm)	抗拉、抗压和抗弯 f	抗剪 f_v	端面承压(刨平顶紧) f_{ce}	屈服强度 f_y	抗拉强度 f_u
Q235	≤16	215	125	320	235	370
	＞16,≤40	205	120		225	
Q355	≤16	305	175	400	355	470
	＞16,≤40	295	170		345	
Q390	≤16	345	200	415	390	490
	＞16,≤40	330	190		380	
Q420	≤16	375	215	440	420	520
	＞16,≤40	355	205		410	
Q460	≤16	410	235	470	460	550
	＞16,≤40	390	225		450	

表 4.2.1-2　冷弯薄壁型钢钢材强度设计值(N/mm²)

牌号	钢材厚度(mm)	屈服强度 f_y	抗拉、抗压和抗弯 f	抗剪 f_v	端面承压(刨平顶紧) f_{ce}
Q235	$2 \leqslant t \leqslant 16$	235	205	120	310
	$16 < t \leqslant 20$	225	195	115	
Q355	$2 \leqslant t \leqslant 16$	355	300	175	400
	$16 < t \leqslant 20$	345	290	170	
Q390	$2 \leqslant t \leqslant 16$	390	345	200	415
	$16 < t \leqslant 20$	380	330	190	
S280	$0.6 \leqslant t \leqslant 2.0$	280	240	135	320
S350	$0.6 \leqslant t \leqslant 2.0$	350	300	175	400
LQ550	$t \leqslant 0.6$	530	455	260	—
	$0.6 < t \leqslant 0.9$	500	430	250	
	$0.9 < t \leqslant 1.2$	460	400	230	
	$1.2 < t \leqslant 1.5$	420	360	210	

4.2.2 焊缝的强度设计值应按表 4.2.2-1 和表 4.2.2-2 采用。

表 4.2.2-1 用于热轧钢材的焊缝强度设计值(N/mm²)

焊材强度等级	构件钢材		对接焊缝				角焊缝
	牌号	厚度或直径(mm)	抗压 f_c^w	焊缝质量为下列等级时,抗拉 f_t^w		抗剪 f_v^w	抗拉、抗压和抗剪 f_f^w
				一、二级	三级		
E43 级	Q235	≤16	215	215	185	125	160
		>16,≤40	205	205	175	120	
E50、E55 级	Q355	≤16	305	305	260	175	200
		>16,≤40	295	295	250	170	
	Q390	≤16	345	345	295	200	200(E50) 220(E55)
		>16,≤40	330	330	280	190	
E55、E60 级	Q420	≤16	375	375	320	215	220(E55) 240(E60)
		>16,≤40	355	355	300	205	
E55、E60 级	Q460	≤16	410	410	350	235	220(E55) 240(E60)
		>16,≤40	390	390	330	225	

注:1. 厚度小于 16 mm 的钢板采用高频电阻焊,在焊接质量达到一级、二级标准并经过拉力试验验证后,其焊接接头的强度设计值可以参照对接焊缝的强度设计值确定。

2. 焊缝质量等级应符合现行国家标准《钢结构焊接规范》GB 50661 的规定。

表 4.2.2-2 用于冷弯薄壁型钢钢材的焊缝强度设计值(N/mm²)

构件钢材牌号	对接焊缝				角焊缝
	抗压 f_c^w	焊缝质量为下列等级时,抗拉 f_t^w		抗剪 f_v^w	抗拉、抗压和抗剪 f_f^w
		一、二级	三级		
Q235	205	205	175	120	140
Q355	300	300	255	175	195

4.2.3 对于厚度小于和等于 3.5 mm 的薄板,可采用电阻点焊。

每个焊点的抗剪承载力设计值应按表 4.2.3 采用。

表 4.2.3　电阻点焊的抗剪承载力设计值

相焊板件中外层较薄板件的厚度 t（mm）	0.4	0.6	0.8	1.0	1.5	2.0	2.5	3.0	3.5
每个焊点的抗剪承载力设计值 N_v^s（kN）	0.6	1.1	1.7	2.3	4.0	5.9	8.0	10.2	12.6

4.2.4　螺栓连接的强度设计值应按表 4.2.4-1 和表 4.2.4-2 采用。

表 4.2.4-1　用于热轧钢材的螺栓连接强度设计值(N/mm²)

螺栓的性能等级、锚栓和构件钢材的牌号		普通螺栓						锚栓	承压型连接高强度螺栓		
		C级螺栓			A级、B级螺栓						
		抗拉 f_t^b	抗剪 f_v^b	承压 f_c^b	抗拉 f_t^b	抗剪 f_v^b	承压 f_c^b	抗拉 f_t^b	抗拉 f_t^b	抗剪 f_v^b	承压 f_c^b
普通螺栓	4.6 级 4.8 级	170	140	—	—	—	—	—	—	—	—
	5.6 级	—	—	—	210	190	—	—	—	—	—
	8.8 级	—	—	—	400	320	—	—	—	—	—
锚栓	Q235	—	—	—	—	—	—	140	—	—	—
	Q355	—	—	—	—	—	—	180	—	—	—
	Q390	—	—	—	—	—	—	185	—	—	—
承压型连接高强度螺栓	8.8 级	—	—	—	—	—	—	—	400	250	—
	10.9 级	—	—	—	—	—	—	—	500	310	—
构件	Q235	—	—	305	—	—	405	—	—	—	470
	Q355	—	—	385	—	—	510	—	—	—	590
	Q390	—	—	400	—	—	530	—	—	—	615

续表 4.2.4-1

螺栓的性能等级、锚栓和构件钢材的牌号		普通螺栓						锚栓	承压型连接高强度螺栓		
		C级螺栓			A级、B级螺栓						
		抗拉 f_t^b	抗剪 f_v^b	承压 f_c^b	抗拉 f_t^b	抗剪 f_v^b	承压 f_c^b	抗拉 f_t^b	抗拉 f_t^b	抗剪 f_v^b	承压 f_c^b
构件	Q420	—	—	425	—	—	560	—	—	—	655
	Q460	—	—	450	—	—	595	—	—	—	695

注：1. A级螺栓用于 $d \leqslant 24$ mm 或 $l \leqslant 10d$ 或 $l \leqslant 150$ mm(按较小值)的螺栓；B级螺栓用于 $d > 24$ mm 或 $l > 10d$ 或 $l > 150$ mm(按较小值)的螺栓。d 为公称直径，l 为螺杆公称长度。

2. A、B级螺栓孔的精度和孔壁表面粗糙度，C级螺栓孔的允许偏差和孔壁表面粗糙度，均应符合现行国家标准《钢结构工程施工质量验收规范》GB 50205 的规定。

表 4.2.4-2　用于冷弯薄壁型钢的 C 级普通螺栓连接强度设计值(N/mm²)

类别	性能等级	构件钢材的牌号	
	4.6 级、4.8 级	Q235 钢	Q355 钢
抗拉 f_t^b	165	—	—
抗剪 f_v^b	125	—	—
承压 f_c^b	—	290	370

4.2.5　当钢材的厚度大于第 4.2.1 条和第 4.2.2 条规定中的数值时，其强度设计值应按有关标准的规定取用。

4.2.6　当由壁厚 2 mm 以上的冷弯薄壁型钢组成的构件全截面有效时，可采用按现行国家标准《冷弯薄壁型钢结构技术规范》GB 50018 规定的考虑冷弯效应的强度设计值。

4.2.7　当计算下列情况的结构构件和连接时，本标准第 4.2.1 条至第 4.2.6 条规定的强度设计值应乘以下列相应的折减系数：

1　单面连接的单角钢

1） 按轴心受力计算强度和连接　0.85

2）按轴心受压计算稳定性

等边角钢 $0.6+0.0015\lambda$，但不大于 1.0

短边相连的不等边角钢 $0.5+0.0025\lambda$，但不大于 1.0

长边相连的不等边角钢 0.70

λ 为长细比，对中间无联系的单角钢压杆，应取最小回转半径计算。当 $\lambda<20$ 时，取 $\lambda=20$。

2 施工条件较差的高空安装焊缝 0.90

3 两构件的连接采用其间填有垫板的连接以及单盖板的不对称连接 0.90

4 拱的双圆钢拉杆及其连接 0.85

5 平面桁架式檩条和三角拱斜梁，其端部主要受压腹杆 0.85

当几种情况同时存在时，其折减系数应连乘。

4.2.8 钢材的物理性能应按表 4.2.8 采用。

表 4.2.8 钢材的物理性能指标

弹性模量 E (N/mm^2)	剪变模量 G (N/mm^2)	线膨胀系数 α (以每℃计)	质量密度 ρ (kg/m^3)
206×10^3	79×10^3	12×10^{-6}	7 850

4.3 构造要求

4.3.1 除本标准各章另有规定外，用于檩条、墙梁的冷弯薄壁型钢的壁厚不宜小于 1.5 mm；用于框架梁、柱构件的冷弯薄壁型钢的壁厚不宜小于 2 mm，热轧或焊接型钢的壁厚不宜小于 3 mm。

4.3.2 除本标准各章另有规定外，构件的长细比应符合下列规定：

1 受压构件的长细比不宜超过表 4.3.2-1 的容许值。

表 4.3.2-1 受压构件的容许长细比

项次	构件名称	容许长细比
1	主要构件(如柱、桁架中的构件等)	150
2	其他构件及支撑	200

注:1. 桁架(包括空间桁架)的受压腹杆,当其轴力等于或小于承载能力的 50% 时,容许长细比可取为 200。
2. 计算单角钢受压构件的长细比时,应采用角钢的最小回转半径,但计算在交叉点相互连接的交叉杆件平面外的长细比时,可采用与角钢肢边平行轴的回转半径。

2 受拉构件的长细比不宜超过表 4.3.2-2 的容许值。

表 4.3.2-2 受拉构件的容许长细比

项次	构件名称	承受静力荷载或间接承受动力荷载的结构	直接承受动力荷载的结构
1	桁架的构件	350	250
2	吊车梁或吊车桁架以下的柱间支撑	300	—
3	支撑(第 2 项和张紧的圆钢除外)	400	—

注:1. 按受拉设计的构件在永久荷载与风荷载组合作用下受压时,其长细比不宜超过 250,支撑构件除外。
2. 单角钢受拉构件的长细比的计算方法与表 4.3.2-1 注 2 相同。

4.4 变形规定

4.4.1 计算钢结构变形时,可不考虑螺栓孔引起的截面削弱。

4.4.2 受弯构件的挠度不宜超过表 4.4.2 中所列的容许值。

表 4.4.2 受弯构件挠度容许值

项次	构件类别	挠度容许值	
		$[v_T]$	$[v_Q]$
1	楼盖梁或桁架、工作平台梁(第 8 项除外)和平台板		

续表4.4.2

项次	构件类别	挠度容许值	
		$[v_T]$	$[v_Q]$
1	(1) 主梁或桁架(包括设有悬挂起重设备的梁或桁架)	$L/400$	$L/500$
	(2) 抹灰顶棚的梁	$L/250$	$L/350$
	(3) 除(1)、(2)款外的其他梁(包括楼梯梁)	$L/250$	$L/300$
	(4) 平台板	$L/150$	—
2	屋面梁和屋架(附录A规定的除外)		
	(1) 设有悬挂电动梁式吊车	$L/400$	$L/500$
	(2) 采用压型钢板等轻型屋面的屋面梁	$L/250$	$L/300$
	(3) 采用其他屋面的屋面梁 用于非上人屋面时 用于上人屋面时	 $L/250$ $L/400$	 $L/300$ $L/500$
3	屋盖檩条		
	(1) 仅支承压型钢板等轻型屋面	$L/150$	—
	(2) 尚有吊顶	$L/240$	—
4	墙架构件		
	(1) 支柱	—	$L/400$
	(2) 抗风桁架(作为连续支柱的支承时)	—	$L/1\,000$
	(3) 砌体墙的横梁(水平方向)	—	$L/300$
	(4) 压型钢板和瓦楞铁等墙面的横梁(水平方向)	—	$L/100$
	(5) 带有玻璃窗墙面的横梁(竖直和水平方向)	$L/200$	$L/200$
5	吊车梁和吊车桁架		
	(1) 手动吊车和单梁吊车(包括悬挂吊车)	$L/500$	—
	(2) 起重量≤20 t的桥式吊车	$L/800$	—
6	手动或电动葫芦的轨道梁	$L/400$	—
7	有重轨(重量等于或大于38 kg/m)轨道的工作平台梁	$L/600$	—
	有轻轨(重量等于或小于24 kg/m)轨道的工作平台梁	$L/400$	—

续表4.4.2

项次	构件类别	挠度容许值	
		$[v_T]$	$[v_Q]$
8	龙骨式复合墙体	$L/200$	—

注：1. L 为受弯构件的跨度（对悬臂梁和伸臂梁为悬伸长度的2倍）。
2. 在任何情况下，屋面平面内构件挠曲产生的端部斜率不能超过其相应屋面坡度的1/3。
3. $[v_T]$为永久和可变荷载标准值产生的挠度（如有起拱应减去拱度）的容许值；$[v_Q]$为可变荷载标准值产生的挠度的容许值。

4.4.3 框架体系结构在风荷载或多遇地震作用下的最大弹性层间位移与层高之比值不宜大于下列数值：

当脆性非结构构件与主体结构刚性连接时　1/300

当延性非结构构件与主体结构刚性连接时　1/250

当非结构构件与主体结构柔性连接时　1/200

框架体系结构在罕遇地震作用下（按弹塑性计算）的层间相对位移与层高的比值不应大于1/50。

4.4.4 冷弯薄壁型钢龙骨体系结构在风荷载或多遇地震作用下的最大弹性层间位移与层高之比值不宜大于1/300，在罕遇地震作用下的层间位移与层高的比值不应大于1/100。

4.4.5 箱式模块化轻型钢结构在风荷载或多遇地震作用下的最大弹性层间位移与层高之比值不宜大于1/300，在罕遇地震作用下的层间位移与层高的比值不应大于1/50。

4.4.6 楼盖结构的竖向振动频率不宜小于3 Hz，竖向振动加速度峰值不应超过表4.4.6的限值。

表4.4.6　楼盖竖向振动加速度限值

人员活动环境	峰值加速度限值(m/s^2)	
	竖向自振频率不大于2 Hz	竖向自振频率不小于4 Hz
住宅、办公	0.07	0.05
商场及室内连廊	0.22	0.15

注：楼盖结构竖向自振频率为2 Hz～4 Hz时，峰值加速度限值可按线性插值选取。

4.5 作用和作用效应组合

4.5.1 计算轻型房屋钢结构构件和连接时，荷载的标准值、荷载分项系数、荷载组合值系数、动力荷载的动力系数等取值以及荷载效应组合，均应符合现行国家标准《工程结构通用规范》GB 55001 和《建筑结构荷载规范》GB 50009 的相关规定。

4.5.2 设计轻型屋面的压型钢板、夹芯板、檩条及支承轻型屋面的构件或结构时，不上人屋面的均布活荷载标准值取值不小于 0.5 kN/m^2。

4.5.3 设计屋面板和檩条时，尚应考虑施工及检修集中荷载，其标准值应取 1.0 kN 且作用在结构最不利位置上；当施工荷载有可能超过上述荷载时，应按实际情况采用。

4.5.4 吊车荷载的标准值、荷载分项系数、荷载组合值系数的取值以及荷载效应组合应按国家现行标准的相关规定采用。

4.5.5 结构屋面水平投影面上的雪荷载标准值，应按下式计算：

$$S_k = \mu_r S_0 \tag{4.5.5}$$

式中：S_k——雪荷载标准值(kN/m^2)；

μ_r——屋面积雪分布系数；

S_0——基本雪压(kN/m^2)。

其中，基本雪压和屋面积雪分布系数应按现行国家标准《建筑结构荷载规范》GB 50009 的规定采用。当设计轻型屋面时，基本雪压应按 100 年重现期的雪压采用。

4.5.6 设计时，应按下列规定采用积雪的不同分布状况：

1 屋面板和檩条按积雪不均匀分布的最不利情况采用。

2 屋架应按全跨积雪的均匀分布、不均匀分布和半跨积雪的均匀分布三种情况中最不利的情况采用。

3 柱可按全跨积雪的均匀分布情况采用。

4.5.7 当存在高低屋面时，应按现行国家标准《建筑结构荷载规范》GB 50009 和《门式刚架轻型房屋钢结构技术规范》GB 51022 的规定考虑积雪堆积和漂移的影响。

4.5.8 设计屋盖结构时，应考虑雪荷载和积灰荷载在屋面天沟、女儿墙、阴角、天窗挡风板和高低跨相接处的荷载增大影响。

4.5.9 结构计算时，风荷载作用面积应取垂直于风向的最大投影面积，垂直于建筑物表面的风荷载标准值，应按下列公式计算：

1 当计算主要受力结构时

$$w_k = \beta_z \mu_s \mu_z w_0 \tag{4.5.9-1}$$

式中：w_k ——风荷载标准值，kN/m^2；

β_z ——风振系数，按现行国家标准《建筑结构荷载规范》GB 50009 取用，当房屋满足本标准附录 A 相关体型要求时，该系数取 1.1；

μ_s ——风荷载体型系数；

μ_z ——风压高度变化系数，按现行国家标准《建筑结构荷载规范》GB 50009 取用；

w_0 ——基本风压，上海地区一般可取 0.55 kN/m^2。

2 当计算围护结构时

$$w_k = \beta_{gz} \mu_{sl} \mu_z w_0 \tag{4.5.9-2}$$

式中：β_{gz} ——高度 z 处的阵风系数，按现行国家标准《建筑结构荷载规范》GB 50009 的规定取用，当房屋满足本标准附录 A 相关体型要求时，该系数取 1.5；

μ_{sl} ——局部风压体型系数，按现行国家标准《建筑结构荷载规范》GB 50009 的规定取用。

4.5.10 房屋和构筑物的风荷载体型系数 μ_s，应按现行国家标准《建筑结构荷载规范》GB 50009 取用；当房屋满足本标准附录 A 相关要求时，应按现行国家标准《门式刚架轻型房屋钢结构技术规范》GB 51022 取用。

4.5.11 设计刚架、屋架和檩条时，应考虑由于风吸力等作用引起构件内力反号的不利影响，此时永久荷载的分项系数应取1.0。

4.5.12 结构的抗震设防类别和抗震设防标准，应按现行国家标准《建筑工程抗震设防分类标准》GB 50223、《建筑抗震设计规范》GB 50011 及现行上海市工程建设规范《建筑抗震设计标准》DG/TJ 08—9 的规定采用。

4.5.13 结构在进行多遇地震作用下的抗震验算时，应符合下列规定：

1 一般情况下，可沿建筑结构的两个主轴方向分别计算水平地震作用。

2 有斜交抗侧力构件的结构，当相交角度大于15°时，应分别计算各抗侧力结构方向的水平地震作用。

3 质量和刚度分布明显不对称的结构，应计算双向水平地震作用并计入扭转的影响。

4 按8度抗震设计时，大跨度和长悬臂结构应考虑竖向地震作用，竖向地震作用标准值取该结构或构件重力荷载代表值的10%。

4.5.14 计算单向地震作用时，应考虑偶然偏心的影响。每层质心沿垂直于地震作用方向的偏移值可按下列公式采用：

$$\text{矩形平面}\ e_i = \pm 0.05 L_i \tag{4.5.14-1}$$

$$\text{其他平面}\ e_i = \pm 0.172 r_i \tag{4.5.14-2}$$

式中：e_i ——第 i 层的质心偏移值，各楼层质心偏移方向相同；

r_i ——第 i 层相应质量所在楼层平面的极回转半径；

L_i ——第 i 层垂直于地震作用方向的建筑物长度。

4.5.15 轻型钢结构的水平地震作用应按现行上海市工程建设规范《建筑抗震设计标准》DG/TJ 08—9 的规定计算。一般情况下，阻尼比在多遇地震作用计算时取0.04，在罕遇地震作用计算时取0.05。

4.5.16 轻型钢结构抗震性能化设计应按现行国家标准《钢结构设计标准》GB 50017 的相关规定执行。

4.5.17 计算各振型地震影响系数所采用的结构自振周期，应采用按主体结构弹性刚度计算所得的周期乘以考虑非结构构件影响的折减系数，其值可根据工程情况取 0.7～1.0。

4.5.18 当结构区段满足现行国家标准《钢结构设计标准》GB 50017 温度区段长度相关规定时，一般可不考虑温度应力和温度变形的影响；当结构区段长度超出上述设置温度缝相关规定时，宜考虑温度应力和变形的附加影响。当考虑温度变化的影响时，温度的变化范围可根据实际情况确定，并应符合现行国家标准《建筑结构荷载规范》GB 50009 的规定。

4.6 结构体系

4.6.1 本标准适用的轻型钢结构体系包含轻型钢框架体系、门式刚架体系、冷弯薄壁型钢龙骨体系、分层装配支撑钢框架体系、箱式模块化轻型钢结构体系。

4.6.2 轻型钢框架体系适用下列房屋：

1 9 层及以下房屋。

2 可根据不同情况采用下列类型：

1）无支撑框架，主要适用于 6 层及以下的房屋；

2）支撑框架，适用于所有层数的房屋；

3）设钢板剪力墙的框架，适用于所有层数的房屋。

4.6.3 冷弯薄壁型钢龙骨体系适用于 6 层及以下且高度不超过 20 m 的房屋。

4.6.4 分层装配支撑钢框架体系适用于 6 层及以下的房屋，最大层数和总高度应符合表 4.6.4 的规定，单层最大高度不宜超过 4 m。

表 4.6.4　分层装配支撑钢框架房屋的最大层数和总高度

建筑设计控制参数	抗震设防烈度	
	7 度	8 度
最大层数(层)	6	4
总高度(m)	24	16

4.6.5　箱式模块化轻型钢结构体系适用于 6 层及以下、高度不超过 24 m 的房屋。

5 轻型钢框架体系房屋结构设计

5.1 结构体系及布置

5.1.1 轻型钢框架体系可根据不同情况采用下列类型，但不限于下列类型：

1 无支撑框架的框架梁柱连接宜采用刚性连接，也可采用半刚性连接。

2 支撑框架的框架梁柱连接可采用刚性连接、半刚性连接或铰接连接。支撑形式宜采用中心支撑。

3 钢板剪力墙框架的钢板剪力墙宜采用无缝非加劲薄钢板剪力墙或带竖缝钢板剪力墙。

4 在框架体系的两个主轴方向可采用不同的结构体系。

5.1.2 结构布置应符合下列规定：

1 结构布置宜与建筑设计协调，满足标准化构件的模数要求，结构规则性要求应符合现行国家标准《建筑抗震设计规范》GB 50011 的规定。

2 结构两个主轴方向的水平自振特性宜接近。

3 宜使结构各层的抗侧力刚度中心与水平作用合力中心接近重合，同时各层接近在同一竖直线上。

4 设置支撑或钢板剪力墙的结构中，支撑或剪力墙宜沿竖向连续布置。

5.1.3 柱构件为 H 形截面时，强轴与弱轴可分别沿两个主轴方向布置(图 5.1.3a)，也可采用混合方式布置(图 5.1.3b)。

5.1.4 布置楼梯时，应采取措施避免楼梯形成的抗侧刚度对结构引起地震作用的不利效应。

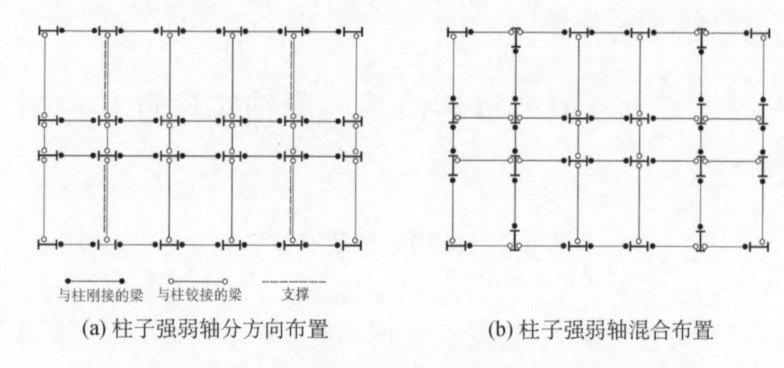

(a) 柱子强弱轴分方向布置　　(b) 柱子强弱轴混合布置

图 5.1.3　H 形截面柱构件强弱轴在平面上的布置

5.1.5　轻型钢框架体系房屋宜采用压型钢板组合楼板、叠合楼板、钢筋桁架楼承板、现浇混凝土楼板等刚性楼面结构，楼板应与框架梁可靠连接。

5.2　结构分析

5.2.1　轻型钢框架体系宜按空间结构进行整体分析。结构平面规则且两个主轴方向均为纯钢框架时，可在两主轴方向分别按平面结构进行分析。当支撑框架或设钢板剪力墙的框架在两主轴方向分别按平面结构分析时，应计算在同一方向上有支撑或钢板剪力墙的框架与纯钢框架各自负担的水平力。

5.2.2　结构分析可采用一阶弹性分析，必要时可进行二阶弹性分析。对框架结构也可采用现行国家标准《钢结构设计标准》GB 50017 规定的二阶 P-Δ 弹性分析方法。

5.3　梁构件设计

5.3.1　框架梁和楼面梁可采用 H 形截面实腹梁(图 5.3.1a)、H 形截面连续开孔梁(图 5.3.1b)、H 形截面钢与混凝土组合梁和

H 形截面钢与压型钢板混凝土组合梁。

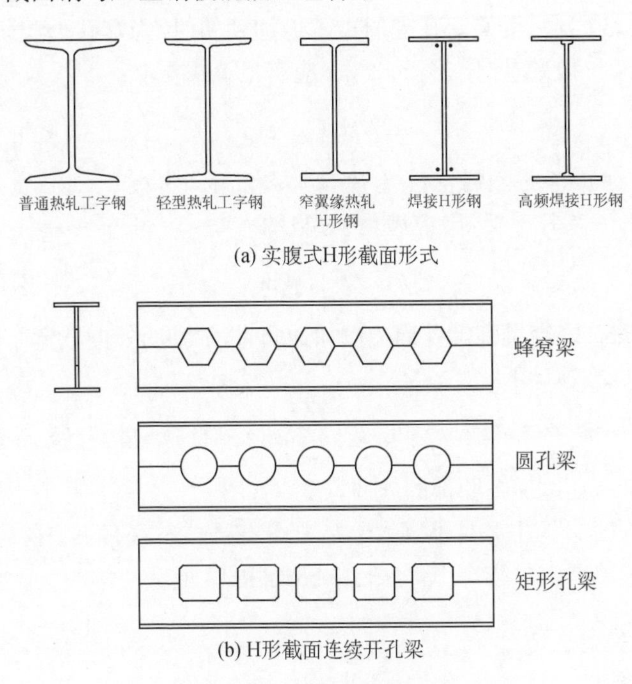

图 5.3.1　梁构件截面形式

5.3.2　梁的板件宽厚比应符合下列规定：

1　实腹式 H 形截面框架梁 S1～S5 级板件宽厚比等级及限值应根据现行国家标准《钢结构设计标准》GB 50017 的有关规定确定。

2　连续开孔梁板件宽厚比应满足下列要求：

1）连续开孔梁受压翼缘外伸部分板件宽厚比应满足下式要求：

$$b_{\mathrm{f}}/t_{\mathrm{f}} \leqslant 15\varepsilon_{\mathrm{kf}} \tag{5.3.2-1}$$

2）连续开孔梁未开孔处腹板宽厚比等级及限值应根据现行国家标准《钢结构设计标准》GB 50017 的有关规定

确定。

3）蜂窝梁蜂窝孔处周边不设加劲肋时，蜂窝孔处腹板（竖肢）宽厚比（图 5.3.2a）应满足下式要求：

$$h_1/t_w \leqslant 15\varepsilon_{kw} \quad (5.3.2\text{-}2)$$

4）蜂窝梁蜂窝孔周边设加劲肋时，腹板（竖肢）宽厚比（图 5.3.2b）应满足下式要求：

$$h_1/t_w \leqslant 40\varepsilon_{kw} \quad (5.3.2\text{-}3)$$

5）蜂窝梁蜂窝孔周边设加劲肋时，加劲肋外伸肢宽厚比应满足下式要求：

$$b_r/t_r \leqslant 15\varepsilon_{kr} \quad (5.3.2\text{-}4)$$

蜂窝孔边加劲肋板的外伸宽度 b_r（图 5.3.2b）不宜小于翼缘外伸宽度 b_f 的 1/2 且不宜大于 b_f。开孔部位不宜有集中荷载，若无法避免集中荷载作用，可将孔洞用钢板填补。

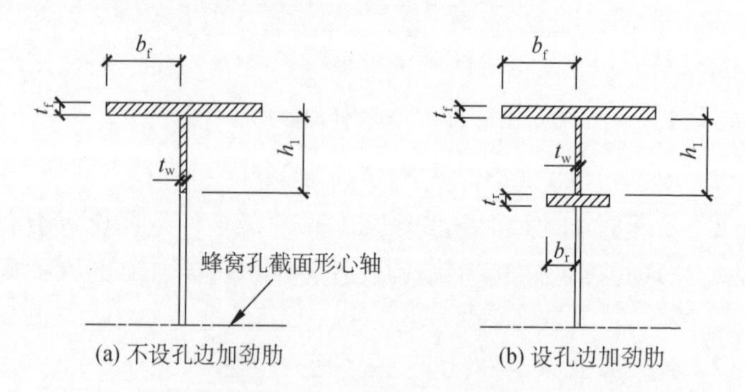

(a) 不设孔边加劲肋　　(b) 设孔边加劲肋

图 5.3.2　蜂窝梁板件宽厚比

3　钢-混凝土组合梁板件宽厚比应满足下列要求：

1）钢梁截面按弹性设计时，不与混凝土板相连一侧的受压翼缘外伸部分应满足式（5.3.2-1）的要求，腹板应满足现行国家标准《钢结构设计标准》GB 50017 中不考虑局部屈曲后强度的梁的有关规定；

2）钢梁截面按塑性设计时，不与混凝土板相连一侧的受压翼缘外伸部分及梁腹板应满足下式要求：

$$b_f/t_f \leqslant 9\varepsilon_{kf},\ h_w/t_w \leqslant 65\varepsilon_{kw} \quad (5.3.2\text{-}5)$$

式中：b_f，t_f——H形钢梁受压翼缘外伸宽度及厚度；

h_w，t_w——钢梁腹板高度（翼缘内侧间距离）及厚度；

h_1——蜂窝梁蜂窝孔处腹板（竖肢）高度；

b_r，t_r——蜂窝梁加劲板外伸宽度及厚度；

f_{yf}，f_{yw}，f_{yr}——钢梁翼缘、腹板、加劲板的屈服强度；

ε_{kf}，ε_{kw}，ε_{kr}——翼缘、腹板、加劲板钢号修正系数，$\varepsilon_{kf}=\sqrt{\dfrac{235}{f_{yf}}}$，$\varepsilon_{kw}=\sqrt{\dfrac{235}{f_{yw}}}$，$\varepsilon_{kr}=\sqrt{\dfrac{235}{f_{yr}}}$。

5.3.3 H形截面实腹梁承载力的验算应符合下列规定：

1 当不考虑地震作用组合时，应按现行国家标准《钢结构设计标准》GB 50017的有关规定执行。

2 当考虑地震作用组合时，梁的验算应符合下列规定：

1）当框架梁截面宽厚比满足现行国家标准《建筑抗震设计规范》GB 50011限值要求时，可按现行国家标准《建筑抗震设计规范》GB 50011的有关规定执行，也可按本标准第5.3.4条的规定执行；

2）当框架梁截面宽厚比不满足现行国家标准《建筑抗震设计规范》GB 50011限值要求时，应按本标准第5.3.4条的规定执行。

5.3.4 按本标准第5.3.3条第2款第2）项进行抗震验算的H形截面实腹式框架梁应符合下列规定：

1 将发展塑性的构件刚度等效为弹性构件刚度进行结构分析。

2 根据表 5.3.4-1 确定框架梁构件的延性等级。

表 5.3.4-1 框架梁构件延性等级

延性等级	Ⅴ级	Ⅳ级	Ⅲ级	Ⅱ级	Ⅰ级
截面板件宽厚比最低等级	S5	S4	S3	S2	S1
V_{pb}	—	$\leqslant 0.5h_w t_w f_v$		$\leqslant 0.5h_w t_w f_{vy}$	
框架梁正则化长细比 $\lambda_{n,b}$ 最大值	0.8	0.55	0.4	0.25	

注：Ⅰ级至Ⅴ级，结构构件延性依次降低。剪力 V_{pb} 和正则化长细比 $\lambda_{n,b}$ 应按现行国家标准《钢结构设计标准》GB 50017 的相关规定计算。

3 根据框架梁构件的延性等级确定其性能系数 Ω_{ib}（表 5.3.4-2）。

表 5.3.4-2 框架梁构件的性能系数 Ω_{ib}

延性等级	Ⅴ级	Ⅳ级	Ⅲ级	Ⅰ级	Ⅰ级
性能系数 Ω	0.7	0.55	0.45	0.35	0.28

4 按下式验算梁的抗弯承载力：

$$M_{GE} + \Omega_{ib} M_{Ehk2} \leqslant W_E f_y \tag{5.3.4}$$

式中：Ω_{ib}——第 i 层梁构件性能系数，按表 5.3.4-1 和表 5.3.4-2 取值；

M_{GE}——重力荷载代表值产生的弯矩效应（N·mm），按现行国家标准《建筑抗震设计规范》GB 50011 的规定采用；

M_{Ehk2}——承受水平设防烈度地震作用标准值时，按等效弹性模型计算的构件弯矩效应（N·mm）；

W_E——梁构件截面模量（mm^3），截面板件宽厚比等级为 S1、S2 时取截面塑性模量，等级为 S3 时取弹性截面模量乘以截面塑性发展系数，等级为 S4 时取弹性截面模量，等级为 S5 时取有效截面模量，截面塑性发展系数取值和有效截面模量计算按现行国家标准《钢结构设计标准》GB 50017 的相关规定执行。

5.3.5 蜂窝梁应按下列规定计算强度：

1 开孔截面的最大正应力

$$\sigma=\frac{M_{\mathrm{a}}}{h_{\mathrm{T}}A_{\mathrm{T}}}+\frac{V_{\mathrm{a}}e}{4W_{\mathrm{S}}}\leqslant f \tag{5.3.5-1}$$

2 腹板水平拼缝处的剪应力

$$\tau_{\mathrm{h}}=\frac{|M_{\mathrm{a}}-M_{\mathrm{b}}|}{h_{\mathrm{T}}et_{\mathrm{w}}}\leqslant f_{\mathrm{v}} \tag{5.3.5-2}$$

式中：M_{a}，M_{b}——截面a、b处的弯矩(图5.3.5)；

V_{a}——截面a处的剪力；

h_{T}——开孔截面处上、下两T形截面形心间的距离；

A_{T}——开孔截面处一个T形截面的面积；

e——蜂窝孔水平尺寸；

W_{S}——开孔截面处一个T形截面竖肢下端的截面模量；

t_{w}——腹板厚度。

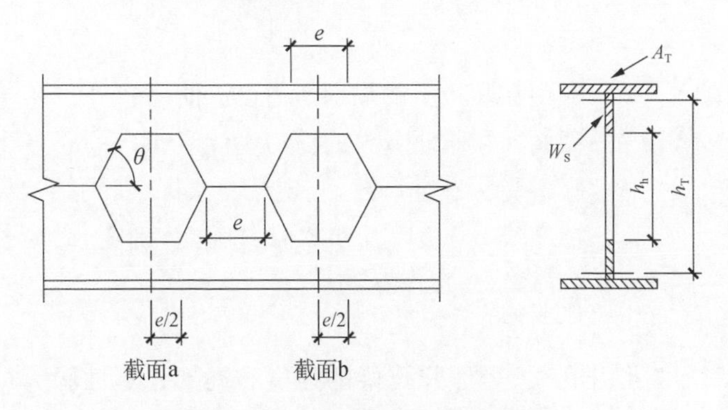

图5.3.5　蜂窝梁强度计算参数

当蜂窝孔边设置加劲肋时，式(5.3.5-1)和式(5.3.5-2)中的A_{T}、h_{T}、W_{S}可分别取开孔截面上下两H形截面的面积、形心距、及在加劲肋靠孔内边缘的截面模量。

3 未开孔处截面的强度可按实腹梁计算。

5.3.6 蜂窝孔边未加劲时腹板应按下列规定计算局部稳定性：

1 考虑水平剪力引起的腹板弯曲稳定性

$$\frac{3\tau_{h}\tan\left(\frac{\pi}{2}-\theta\right)}{4\left(\frac{\pi}{2}-\theta\right)^{2}}\leqslant\varphi_{v}f \tag{5.3.6-1}$$

$$\varphi_{v}=1.0-6\times10^{-4}\left(\frac{h_{h}}{2t_{w}}\sqrt{\frac{f_{y}}{235}}\right)^{2} \tag{5.3.6-2}$$

式中：φ_{v} ——腹板弯曲稳定系数；

θ ——蜂窝孔切割偏角；

h_{h} ——蜂窝孔高度。

2 考虑局部压力引起的腹板受压稳定性

$$\frac{N_{L}}{2et_{w}}\leqslant\varphi_{w}f \tag{5.3.6-3}$$

$$N_{L}=|V_{a}-V_{b}| \tag{5.3.6-4}$$

式中：N_{L} ——作用在腹板上的局部压力设计值；

V_{a}，V_{b} ——截面 a 和截面 b 处的剪力设计值(图 5.3.5)；

φ_{w} ——腹板受压稳定系数，按现行国家标准《钢结构设计标准》GB 50017 中 b 类曲线确定，确定 φ_{w} 时长细比取为 $\lambda=\frac{\sqrt{12}h_{h}}{t_{w}}$。

5.3.7 圆形开孔梁、矩形开孔梁的强度和局部稳定性验算可按蜂窝梁的有关规定。圆形开孔梁按式(5.3.5-1)和式(5.3.5-2)计算强度时，可将圆形开孔等效为外接正六边形蜂窝孔，取 $e=D/\sqrt{3}$，其中 D 为圆孔直径。

5.3.8 梁上翼缘与刚性楼板牢固连接时，可不计算梁的整体稳定性；否则，应按现行国家标准《钢结构设计标准》GB 50017 计算梁的整体稳定性。

5.3.9 梁的挠度不宜超过本标准表 4.4.2 中所列的容许值。

5.4 柱构件设计

5.4.1 柱可采用 H 形实腹式截面柱、矩形钢管或圆形钢管截面柱、异形组合截面柱（图 5.4.1）。

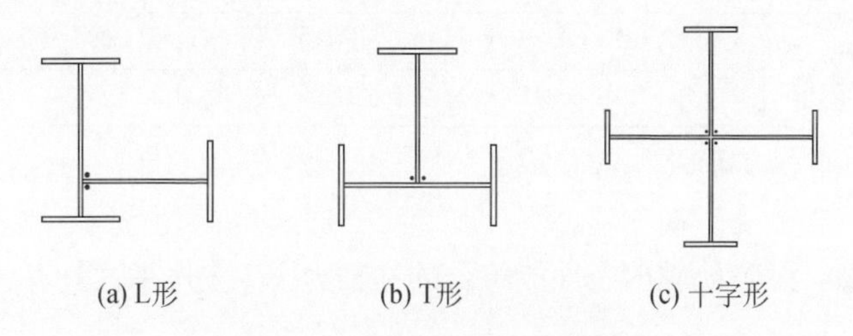

(a) L形　(b) T形　(c) 十字形

图 5.4.1 异形组合柱截面形式

5.4.2 H 形实腹式截面柱、矩形钢管截面柱、圆形钢管截面柱以及异形组合截面柱中的板件宽厚比等级及限值应根据现行国家标准《钢结构设计标准》GB 50017 有关压弯构件板件宽厚比的规定执行。

5.4.3 H 形实腹式截面柱构件应按下列规定进行验算：

1 当不考虑地震作用组合时，应按现行国家标准《钢结构设计标准》GB 50017 的有关规定执行。

2 当考虑地震作用组合时，柱的验算应按下列规定执行：

1）当框架柱截面宽厚比满足现行国家标准《建筑抗震设计规范》GB 50011 限值要求时，可按现行国家标准《建筑抗震设计规范》GB 50011 的有关规定执行，也可按本标准第 5.4.4 条的规定执行；

2）当框架柱截面宽厚比不满足现行国家标准《建筑抗震设计规范》GB 50011 限值要求时，应按本标准第 5.4.4 条的规定执行。

5.4.4 按本标准第5.4.3条第2款第2)项进行抗震验算的H形实腹式截面柱构件应符合下列规定：

1 根据表5.4.4-1确定框架柱的延性等级，同一层框架柱的延性等级不应低于框架梁的延性等级。

表5.4.4-1 框架柱延性等级

延性等级		Ⅴ级	Ⅳ级	Ⅲ级	Ⅱ级	Ⅰ级
截面板件宽厚比最低等级		S5	S4	S3	S2	S1
框架柱长细比最大值	$N_P/(Af_y) \leqslant 0.15$	180	150	$120\varepsilon_k$		
	$N_P/(Af_y) > 0.15$	$125[1-N_P/(Af_y)]\varepsilon_k$				

注：$\varepsilon_k=\sqrt{\frac{235}{f_y}}$ 为钢号修正系数。

2 设防地震内力性能组合的柱轴力 N_p 应按下式计算：

$$N_p = N_{GE} + \Omega_{ic} N_{Ehk2} \quad (5.4.4\text{-}1)$$

3 柱端截面的强度应符合下列规定：

1) 柱截面板件宽厚比等级为S1、S2级时

$$\sum W_{Ec}(f_{yc} - N_p/A_c) \geqslant \eta_y \sum W_{Eb} f_{yb} \quad (5.4.4\text{-}2)$$

2) 柱截面板件宽厚比等级为S3、S4级时

$$\sum W_{Ec}(f_{yc} - N_p/A_c) \geqslant 1.1\eta_y \sum W_{Eb} f_{yb} \quad (5.4.4\text{-}3)$$

3) 当柱、梁构件均采用H形S5级截面构件时，可不作本条计算。

4 应按下式验算柱的抗弯承载力：

$$M_{GE} + \Omega_{ic} M_{Ehk2} \leqslant \left(1 - \frac{N_p}{A_c f_{yc}}\right) W_{Ec} f_{yc} \quad (5.4.4\text{-}4)$$

式中：N_{GE}——重力荷载代表值产生的轴力效应(N)，按现行国家

标准《建筑抗震设计规范》GB 50011 的规定采用；

N_{Ehk2}——按等效弹性模型计算的构件水平设防地震作用标准值的轴力效应(N)；

M_{GE}——重力荷载代表值产生的弯矩效应(N·mm)，按现行国家标准《建筑抗震设计规范》GB 50011 的规定采用；

M_{Ehk2}——按等效弹性模型计算的构件水平设防地震作用标准值的弯矩效应(N·mm)；

Ω_{ic}——第 i 层柱构件性能系数，$\Omega_{ic}=1.1\eta_{\mathrm{y}}\Omega_{ib}$，$\Omega_{ib}$ 按本标准第 5.3.4 条确定；

W_{Ec}，W_{Eb}——分别为交汇于节点的柱和梁的截面模量(mm^3)，截面板件宽厚比等为 S1、S2 时取截面塑性模量，等级为 S3 时取弹性截面模量乘以截面塑性发展系数，等级为 S4 时取弹性截面模量，等级为 S5 时取有效截面模量，截面塑性发展系数取值和有效截面模量计算按现行国家标准《钢结构设计标准》GB 50017 的相关规定执行；

f_{yc}，f_{yb}——分别为柱和梁的钢材屈服强度($\mathrm{N/mm}^2$)；

A_{c}——框架柱的截面面积(mm^2)；

η_{y}——钢材超强系数，按表 5.4.4-2 采用。

表 5.4.4-2 钢材超强系数 η_{y}

柱 \ 梁	Q235	Q355
Q235	1.15	1.05
Q355、Q390、Q420、Q460	1.2	1.1

5.4.5 其他截面形式的柱构件应按现行国家标准《钢结构设计标准》GB 50017 执行。计算截面无对称轴的异形组合柱强度时，应先计算确定截面的主形心轴及相应的截面几何特性。

5.4.6 柱构件的整体稳定，除本条另有规定者外，应按现行国家标准《钢结构设计标准》GB 50017 的规定执行。

1 冷弯成形的方矩形管，当其管壁厚度不大于 6 mm 时，应按现行国家标准《冷弯薄壁型钢结构技术规程》GB 50018 计算轴心受压整体稳定系数；当其管壁厚度大于 6 mm 时，应取现行国家标准《钢结构设计标准》GB 50017 中截面分类 b 对应的稳定系数。

2 L 形截面组合柱应按本标准附录 B 计算整体稳定性。

5.5 竖向支撑和剪力墙设计

Ⅰ 竖向支撑

5.5.1 竖向支撑构件可选用圆钢管、矩形钢管、双角钢或单角钢、双槽钢或单槽钢，低层房屋可采用张紧圆钢。

5.5.2 支撑构件的强度和整体稳定计算应按现行国家标准《钢结构设计标准》GB 50017 和《建筑抗震设计规范》GB 50011 的相关规定执行。

Ⅱ 带竖缝钢板剪力墙

5.5.3 带竖缝剪力墙应按现行行业标准《钢板剪力墙技术规程》JGJ/T 380 的相关规定执行。

5.5.4 带竖缝剪力墙只应用作抗侧力构件，不宜承担竖向荷载。

5.5.5 与带竖缝剪力墙相连的上下框架梁的抗弯、抗剪承载力设计值应大于内力设计值的 1.5 倍。

Ⅲ 非加劲薄钢板剪力墙

5.5.6 非加劲薄钢板剪力墙周边应设置边缘构件(边缘梁、边缘柱)。门窗等洞口周边也应设置通长的水平和竖向局部边缘构件。内填钢板与边缘构件应采用焊接或螺栓连接。

5.5.7 非加劲薄钢板剪力墙只应用作抗侧力构件，不宜承担竖向荷载。内嵌钢板的承载力设计值 V_{Ri} 和极限承载力 V_u 应按下列公式计算：

$$V_{Ri}=0.38ftl_0\sin 2\alpha \tag{5.5.7-1}$$

$$V_u=0.5\psi_{yw}f_{yw}tl_0\sin 2\alpha \tag{5.5.7-2}$$

式中：t ——内嵌钢板的厚度；

l_0 ——竖向边缘构件翼缘之间净距；

α ——内嵌钢板屈曲后所形成斜拉场方向与铅垂方向的夹角

$$\tan^4\alpha=\frac{1+\dfrac{tl_c}{2A_c}}{1+th\left(\dfrac{1}{A_b}+\dfrac{h^3}{360I_cl_c}\right)} \tag{5.5.7-3}$$

h，l_c ——水平和竖向边缘构件形心轴之间的距离；

A_b，A_c ——水平和竖向边缘构件的截面面积；

I_c ——竖向边缘构件的截面惯性矩；

ψ_{yw}，f，f_{yw} ——内嵌钢板钢材的超强系数、抗拉强度设计值、屈服强度。

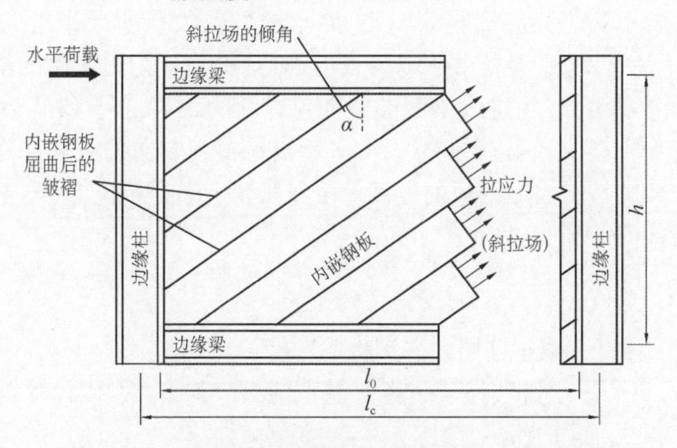

图 5.5.7　非加劲薄钢板剪力墙内嵌钢板的计算简图

5.5.8 内嵌钢板的跨高比 l_c/h 应介于 0.8～2.5。内嵌钢板的宽厚比 l_0/t 不应超过 $800\sqrt{235/f_y}$。内嵌钢板的斜拉场倾角 α 应介于 38°～45°。

5.5.9 内嵌钢板可以用对角线方向的等效受拉斜杆模拟，用于整体结构的计算分析。等效受拉斜杆的截面面积 A_d 可按下式计算：

$$A_d = \frac{tl_c \sin^2 2\alpha}{2\sin\theta \sin 2\theta} \tag{5.5.9}$$

式中：θ ——等效支撑的轴线与铅垂方向的夹角。

5.5.10 边缘柱的设计应符合下列规定：

1 截面惯性矩 I_c 应大于 $0.00307th^4/l_c$。

2 边缘柱的地震作用效应应乘以放大系数 γ_a 后参与荷载组合。γ_a 按下式计算：

$$\gamma_a = V_{u1}/V_1 \tag{5.5.10}$$

式中：V_{u1} ——底层钢板墙的极限承载力；

V_1 ——底层钢板墙的地震作用剪力。

3 边缘柱应满足强柱弱梁的验算要求。

5.5.11 边缘梁应按图 5.5.11 所示的极限状态进行补充验算。其中，G_E 和 g_E 为重力荷载代表值；M_{p1} 和 M_{p2} 为边缘梁的抗弯极限承载力；l_p 为边缘梁两端塑性铰之间的距离；W_i 和 W_{i+1} 分别为第 i 楼层和第 $i+1$ 楼层内嵌钢板斜拉场方向的极限分布拉力。第 i 楼层内嵌钢板的连接应按斜拉场极限分布拉力 W_i 进行强度验算，W_i 应按下式计算：

$$W_i = \psi_{yw} f_{yw} t_i \tag{5.5.11}$$

式中：t_i ——第 i 楼层内嵌钢板的厚度；

ψ_{yw} ——内嵌钢板的钢材超强系数，对于常用钢材可取 1.15；

f_{yw} ——内嵌钢板钢材的屈服强度。

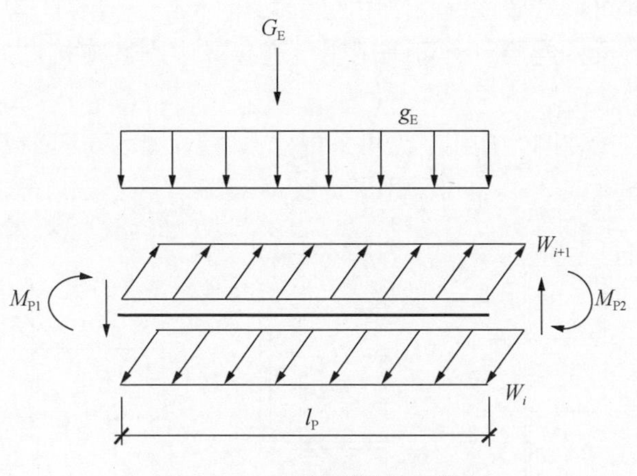

图 5.5.11　边缘梁的极限状态

5.6　节点设计

5.6.1　主次梁连接节点应符合下列规定：

1　次梁与主梁的连接宜采用铰接连接形式，如图 5.6.1 所示。

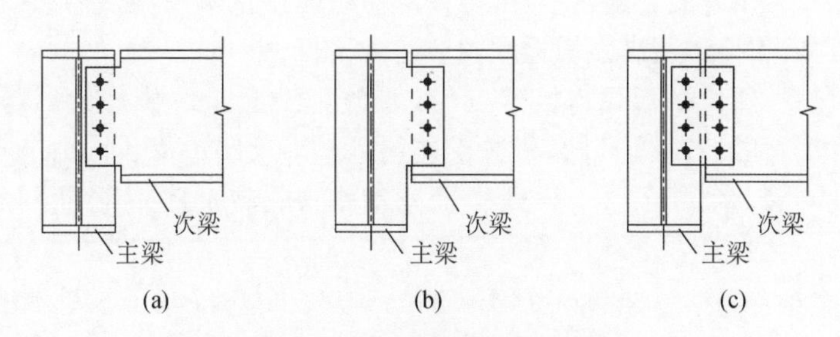

图 5.6.1　主次梁连接节点形式

2　主次梁铰接节点设计时，应考虑偏心连接的受力影响，可将次梁端部的剪力乘以 1.3 作为节点连接的剪力设计值。应考虑次梁的反力对主梁的偏心作用，但当主次梁与混凝土楼面整体浇注时,可不考虑该偏心作用的影响。

5.6.2 梁柱连接节点可采用刚性连接或半刚性连接,也可部分采用铰接连接。

5.6.3 梁柱刚性连接节点可采用柱贯通型(图 5.6.3a)或隔板贯通型(图 5.6.3b),也可采用梁贯通型(图 5.6.3c)。

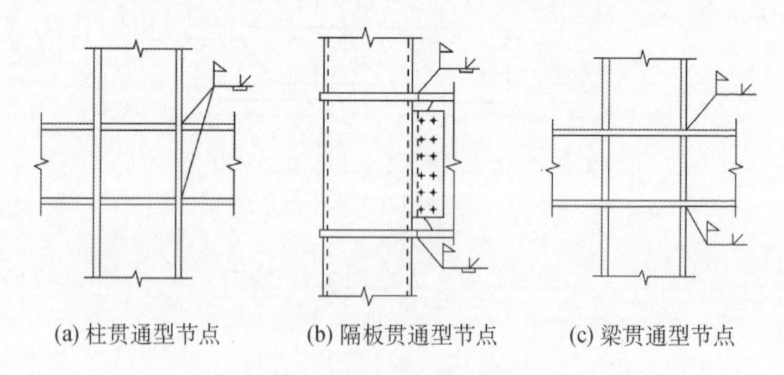

图 5.6.3 梁柱连接节点形式

5.6.4 H 形梁与柱的刚性连接可采用下列节点形式:

1 全焊接连接节点:梁翼缘、腹板与柱的连接全部采用焊接(图 5.6.3a)。

2 栓焊混合连接节点:梁翼缘与柱的连接采用焊接,梁腹板与柱的连接采用高强螺栓摩擦型连接(图 5.6.4a)。

3 外伸端板式连接节点(有加劲肋或无加劲肋):梁翼缘、腹板与柱的连接通过端板进行连接(图 5.6.4b)。此时,由节点构造确定的节点初始弹性转动刚度 K_0 应满足以下刚性判断条件:

对有侧移框架 $$K_0 \geqslant 25EI_b/L \tag{5.6.4-1}$$

对无侧移框架 $$K_0 \geqslant 8EI_b/L \tag{5.6.4-2}$$

式中,I_b、L 为梁的截面惯性矩和跨度。

5.6.5 H 形梁与柱的半刚性连接可采用端板连接(有加劲肋或无加劲肋)。此时,节点的初始弹性刚度 K_0 应满足:

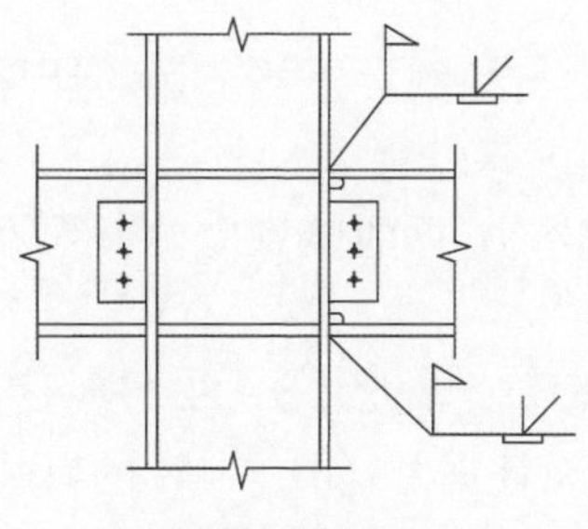

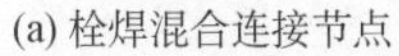

(a) 栓焊混合连接节点

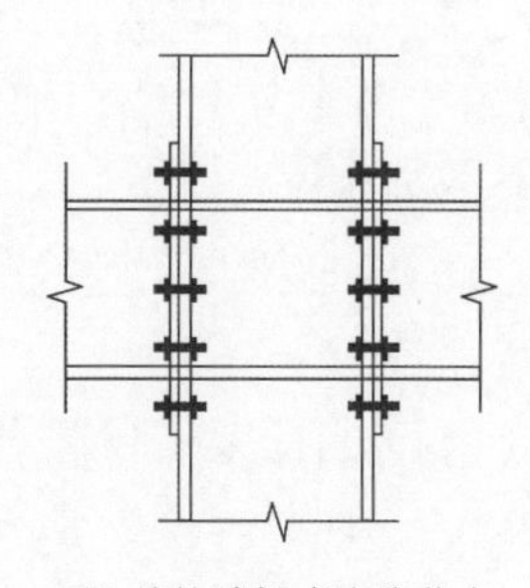

(b) 外伸端板式连接节点

图 5.6.4　刚接连接形式

对有侧移框架　$5EI_b/L < K_0 < 25EI_b/L$　　(5.6.5-1)

对无侧移框架　$5EI_b/L < K_0 < 8EI_b/L$　　(5.6.5-2)

5.6.6　圆形(矩形)钢管与 H 形梁的刚性连接可采用在管内(外)设水平加劲肋的全焊接、栓焊混合连接方式。矩形钢管柱与梁的连接也可采用基于单边高强度螺栓的全螺栓连接方式。采用单边高强度螺栓连接时的要求可参见本标准附录 C。

5.6.7　当不考虑地震作用组合时,梁与柱刚性连接节点的计算应符合下列规定:

1　节点连接的承载力设计值不应小于被连接构件的承载力设计值,连接的极限承载力应大于被连接构件的屈服承载力。

2　节点域的承载力计算应符合现行国家标准《钢结构设计标准》GB 50017 关于设置加劲肋的节点域考虑板件宽厚比因素的计算规定。

3　节点域设置竖向加劲肋或连接垂直腹板方向梁构件的竖向连接板且该竖向连接板上、下端均焊于横向加劲肋上时,节点域受剪正则化宽厚比的计算可采用被竖向加劲肋或竖向连接板分隔后的区格宽度替换节点域柱腹板的宽度;区格宽度不相等时,应取宽度较大者。

4　如承载力计算不满足要求时,可对节点域柱腹板采用局部加厚或贴焊补强板。

5.6.8 当考虑地震作用组合时，梁与柱刚性连接节点的计算应符合下列规定：

1 H形梁与H形柱的刚性连接节点的验算应按下列规定执行：

1） 当框架梁和框架柱截面宽厚比等级为S1、S2级时，可按现行国家标准《建筑抗震设计规范》GB 50011的有关规定执行，也可按本标准第5.6.9条的规定执行；

2） 当框架梁和框架柱截面宽厚比等级为S3～S5级时，应按本标准第5.6.9条的规定执行。

2 对于其他形式的连接，应按现行国家标准《建筑抗震设计规范》GB 50011的规定计算。

5.6.9 按本章规定进行抗震验算的H形梁与H形柱的刚性连接节点的极限承载力应满足下列要求：

$$M_u^j \geqslant \eta_j W_{Eb} f_y \tag{5.6.9-1}$$

$$V_u^j \geqslant 1.2[2(W_{Eb} f_y)/l_n] + V_{Gb} \tag{5.6.9-2}$$

式中：V_{Gb}——梁在重力荷载代表值作用下，按简支梁分析的梁端截面剪力效应；

M_u^j，V_u^j——分别为连接节点的极限受弯、受剪承载力；

η_j——连接系数，可按表5.6.9采用；

W_{Eb}——梁构件截面模量（mm^3），截面板件宽厚比等级为S1、S2时取截面塑性发展模量，等级为S3时取弹性截面模量乘以截面塑性发展系数，等级为S4时取弹性截面模量，等级为S5时取有效截面模量，截面塑性发展系数取值和有效截面模量计算按现行国家标准《钢结构设计标准》GB 50017的相关规定执行；

l_n——梁的净跨。

表 5.6.9 连接系数 η_j

母材牌号	梁柱连接	
	焊接	螺栓连接
Q235	1.40	1.45
Q355,Q390,Q420,Q460	1.3	1.35

5.6.10 H形截面梁与柱端板连接的端板厚度可按现行国家标准《门式刚架轻型房屋钢结构技术规范》GB 51022的做法根据支承条件确定，但不应小于16 mm。对于两列型外伸端板连接，各种支承条件端板区格的厚度 t_{ep}（图 5.6.10）可分别按下列公式计算：

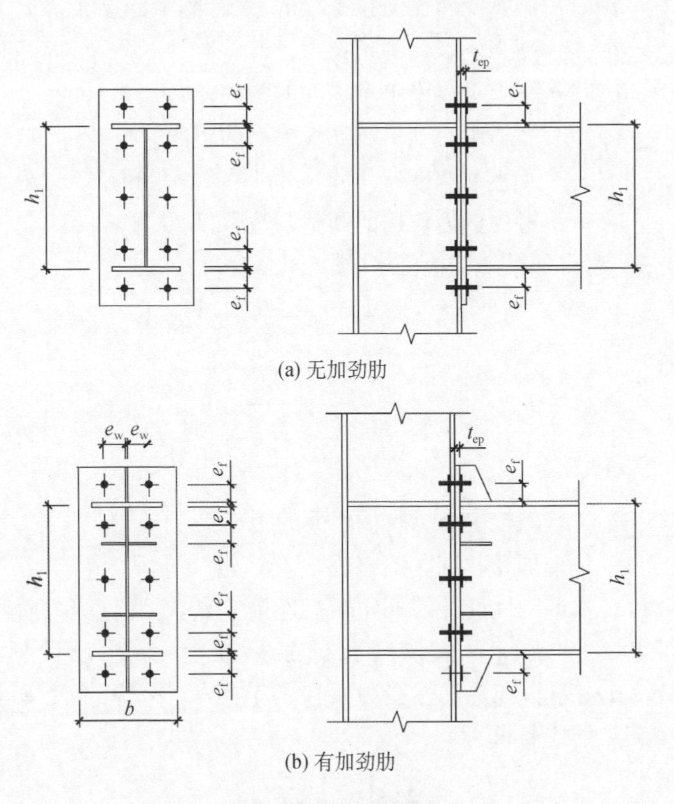

图 5.6.10 端板连接

1 对无加劲肋端板区格(图 5.6.10a)

$$t_{ep} \geqslant \sqrt{\frac{6e_f N_{t1}\beta}{bf}} \tag{5.6.10-1}$$

$$N_{t1} = \frac{M}{n_t h_1} \leqslant 0.8P \tag{5.6.10-2}$$

式中:t_{ep}——端板厚度;

N_{t1}——由梁端弯矩设计值 M 计算的单个螺栓拉力,且不应小于 $0.4P$;

n_t——梁翼缘两侧受拉螺栓的总数(图示 $n_t=4$);

P——高强度螺栓的预拉力;

h_1——梁上下翼缘中点之间的距离;

e_f——螺栓中心到梁翼缘板表面的距离;

b——端板的宽度;

β——考虑撬力作用的调整系数,可取 1.2。

2 对有加劲肋端板区格(图 5.6.10b)

$$t_{ep} \geqslant \max\begin{cases}\sqrt{\dfrac{6e_f e_w N_{t1}\beta}{[e_w b + 2e_f(e_f + e_w)]f}} \\ \sqrt{\dfrac{6e_f e_w N_{t1}}{[e_w(b + 2b_{st}) + 4e_f^2]f}}\end{cases} \tag{5.6.10-3}$$

式中:e_w——螺栓中心至腹板表面的距离;

b_s——加劲肋宽度。

5.6.11 按半刚性设计的外伸端板连接节点,在弹性受力阶段强度及稳定性的验算应按现行国家标准《钢结构设计标准》GB 50017 执行;在弹塑性受力阶段的节点极限受弯及受剪承载力应满足下式要求:

$$M_u \geqslant 0.72M_p \tag{5.6.11-1}$$

$$V_u \geqslant 1.2\left(2\frac{M_p}{L_n}\right)+V_0 \tag{5.6.11-2}$$

$$M_u=\min\begin{cases}\dfrac{1}{e_f}bt_{ep}^2 f_u h_1\\ b_{cf}t_f^2 f_u\left(\dfrac{2}{m_c}+\dfrac{1}{e_c}\right)h_1\\ 4\dfrac{A_{bo}f_u^b}{\beta}h_1\end{cases} \tag{5.6.11-3}$$

式中：f_u，f_u^b ——分别为钢材、螺栓的极限抗拉强度最小值；

t_f ——柱翼缘的厚度；

b_{cf} ——柱翼缘塑性铰线的长度

$$b_{cf}=\min\begin{cases}2\pi m_c\\ \pi m_c+2e_c\end{cases} \tag{5.6.11-4}$$

（m_c、e_c 取值见图 5.6.11。）

A_{bo} ——螺栓的有效截面面积；

b_{cp} ——端板塑性铰线长度；

对无加劲肋，b_{cp} 为端板宽度 b；

对有加劲肋

$$b_{cf}=\min\begin{cases}2\pi e_w\\ \pi e_w+2e_p\end{cases} \tag{5.6.11-5}$$

（e_w、e_p 取值见图 5.6.11。）

5.6.12 梁与柱连接节点应符合下列构造要求：

1 刚性连接节点对应梁翼缘处，柱上设置水平加劲肋（或隔板）时，加劲肋的厚度不应小于梁翼缘厚度。

2 当柱两侧的梁不等高时，每个梁翼缘的对应位置均应设置柱的水平加劲肋（图 5.6.12-1a），加劲肋的间距不应小于 150 mm，且不应小于水平加劲肋的宽度。当不满足此要求时，应

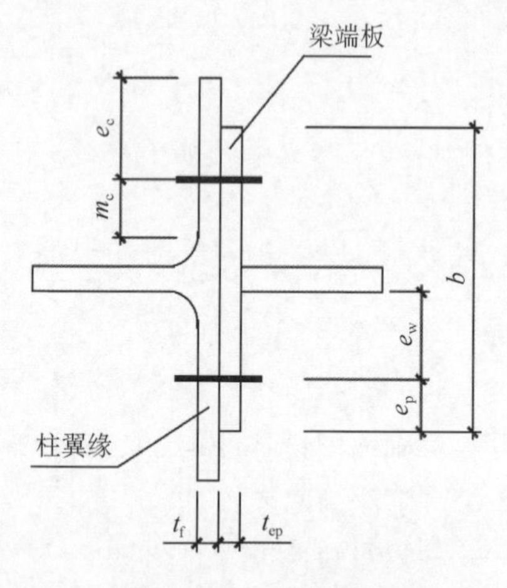

图 5.6.11　构造示意

调整梁端的高度(图 5.6.12-1b)。当与柱相连的梁在柱的两个互相垂直的方向截面高度不等时,同样也应分别设置柱的水平加劲肋(图 5.6.12-1c)。

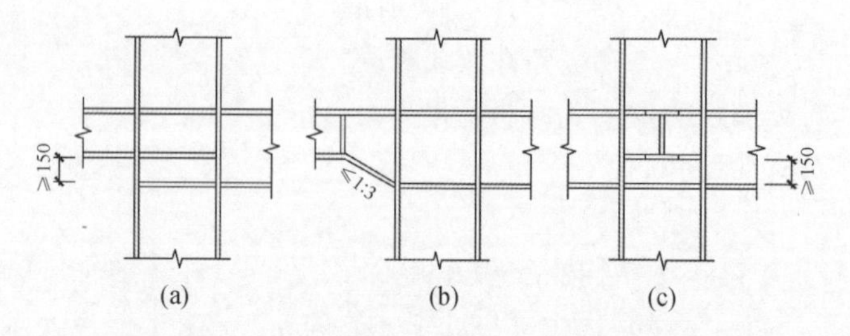

图 5.6.12-1　柱两侧梁不等高时水平加劲肋的布置

3　抗震设防时,对刚性和半刚性连接的节点,柱在梁翼缘上下各 500 mm 范围内,柱翼缘与柱腹板间(箱型柱为柱壁板间)的连接焊缝,以及柱上对应于梁翼缘位置的水平加劲肋(或贯通隔板)与柱翼缘(或柱壁板)间的连接焊缝均应采用坡口全熔透焊缝。

4　非薄柔截面梁翼缘与柱焊接时,应全部采用全熔透坡口焊缝，并按规定设置衬板，翼缘坡口两侧设置引弧板，在梁腹板上下端作扇形切口，切口应符合图 5.6.12-2 详图 A 及 B 的要求。

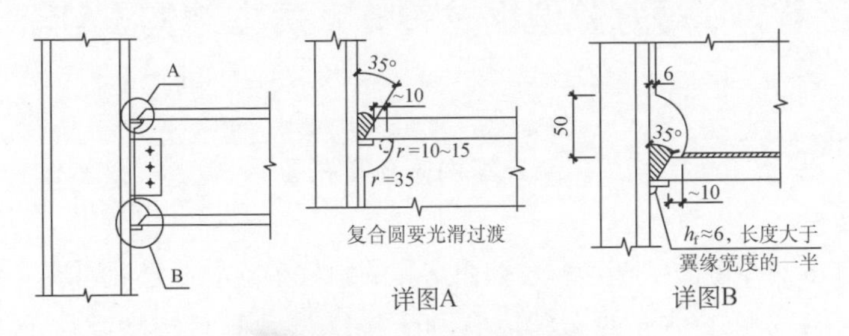

图 5.6.12-2 焊缝细部

5 薄柔 H 形截面梁翼缘与柱或端板焊接时，可采用非全熔透焊接，按角焊缝计算其连接承载力。翼缘连接的设计承载力应大于梁翼缘轴向承载力设计值的 1.1 倍。

6 框架梁采用悬臂梁段与柱连接时，可采用在工厂预焊外伸短梁段，再在现场采用栓焊或高强度螺栓连接方式完成全悬臂梁拼接。

5.6.13 支撑框架结构中，支撑与框架梁柱节点的连接设计可按现行上海市工程建设规范《高层建筑钢结构设计规程》DG/TJ 08—32 的规定执行。

5.6.14 框架柱脚的连接节点设计可按现行上海市工程建设规范《多高层建筑钢结构住宅技术规程》DG/TJ 08—2029 有关规定执行。

6 冷弯薄壁型钢龙骨体系房屋结构设计

6.1 结构体系及布置

6.1.1 冷弯薄壁型钢龙骨体系房屋的结构布置应符合下列规定：

1 房屋平面的布置应有利于抗震设计对结构规则性的要求。当偏心较大时，应计算有偏心而导致的扭转对结构的影响。不宜在房屋角部开设洞口和在一侧开设过大的洞口。

2 结构布置应与建筑布置相协调，结构系统宜规则布置。当结构布置不规则时，可布置适宜的型钢、桁架构件或其他构件，以形成水平和垂直抗侧力系统。

6.1.2 低层冷弯薄壁型钢龙骨体系房屋的结构布置除应符合本标准及现行行业标准《低层冷弯薄壁型钢房屋建筑技术规程》JGJ 227 外，尚应符合下列规定：

1 建筑主体结构平面单元尺寸中，宽度不宜超过 12 m，长度不宜超过 18 m。

2 承重墙体、楼面以及屋面中的立柱、梁等承重构件应与结构面板或斜拉支撑构件可靠连接。

3 在结构墙体的转角和洞口附近应布置抗拔连接件。

6.1.3 多层冷弯薄壁型钢龙骨体系房屋的结构布置应符合本标准及现行行业标准《冷弯薄壁型钢多层住宅技术标准》JGJ/T 421 的规定。抗侧力构件最大间距应符合表 6.1.3 的要求。

表 6.1.3 抗侧力构件最大间距

抗震设防烈度	楼盖类别	最大间距(m)
6 度、7 度	定向刨花板楼盖	11

续表6.1.3

抗震设防烈度	楼盖类别	最大间距(m)
6度、7度	定向刨花板楼盖上浇50 mm混凝土面层	15
	压型钢板混凝土楼盖	
	预制混凝土板楼盖	

6.2 结构分析

6.2.1 低层冷弯薄壁型钢龙骨体系房屋的结构分析应按照现行行业标准《低层冷弯薄壁型钢房屋建筑技术规程》JGJ 227的规定执行。

6.2.2 多层冷弯薄壁型钢龙骨体系房屋的结构分析应按照现行行业标准《冷弯薄壁型钢多层住宅技术标准》JGJ/T 421的规定执行。

6.2.3 冷弯薄壁型钢龙骨体系房屋结构抗震设计的抗震承载性能等级及计算要点和基本措施应按现行国家标准《冷弯薄壁型钢结构技术规范》GB 50018的规定执行。

6.3 构件设计

6.3.1 冷弯薄壁型钢构件常用的单一截面类型可采用图6.3.1-1所示截面，拼合截面类型可采用图6.3.1-2所示截面。

6.3.2 冷弯薄壁型钢构件截面的最小厚度要求应按现行国家标准《冷弯薄壁型钢结构技术规范》GB 50018的规定执行。

6.3.3 冷弯薄壁型钢轴心受力构件、受弯构件及压弯和拉弯构件的承载力计算应按现行国家标准《冷弯薄壁型钢结构技术规范》GB 50018的规定进行计算。

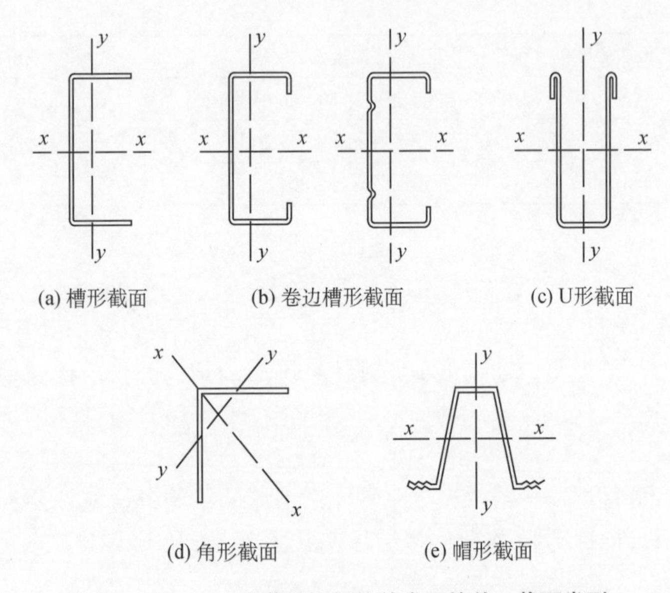

图 6.3.1-1　冷弯薄壁型钢构件常用的单一截面类型

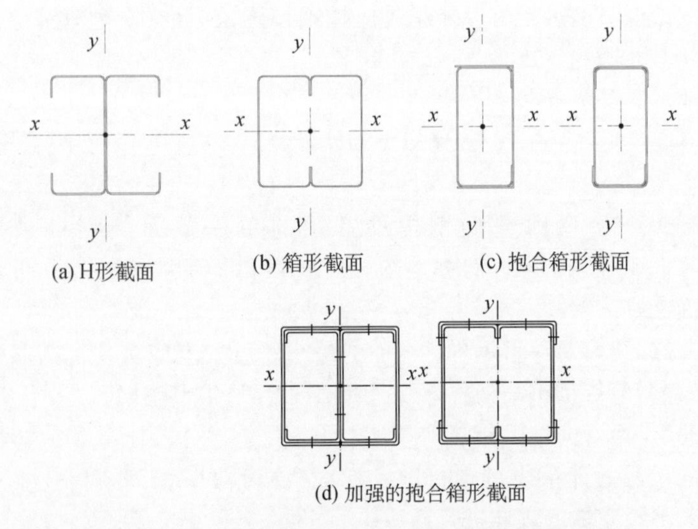

图 6.3.1-2　冷弯薄壁型钢构件常用的拼合截面类型

6.3.4 冷弯薄壁型钢构件的腹板开孔(图 6.3.4)同时满足以下要求时,可不考虑腹板开孔对承载性能的影响:

1 孔口的中心距不小于 600 mm。

2 水平构件的孔高不大于腹板高度的 1/2 和 65 mm。

3 竖向构件的孔高不大于腹板高度的 1/2 和 40 mm。

4 孔长不大于 110 mm。

5 孔口边至最近端部边缘的距离不小于 250 mm。

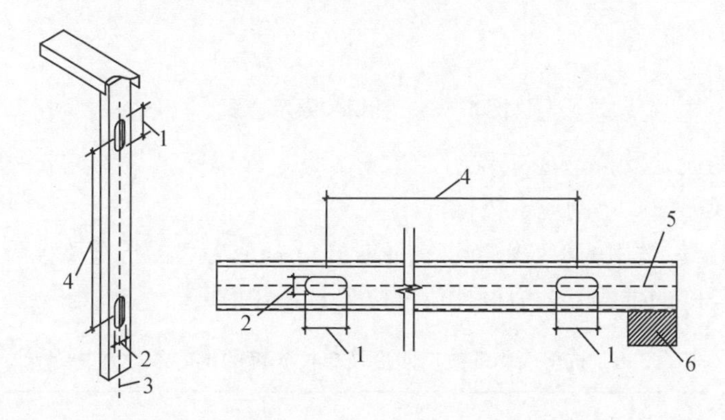

1—孔宽;2—孔高;3—柱腹板中线;4—中心距;5—梁腹板中线;6—支承条件

图 6.3.4 构件开孔示意图

6.3.5 当冷弯薄壁型钢构件的腹板开孔不满足本标准第 6.3.4 条的规定时,可通过孔口加强避免腹板开孔对承载性能的影响。孔口加强件可采用平板、槽形构件或卷边槽形构件,如图 6.3.5 所示。孔口加强件的厚度不应小于所要加强腹板的厚度,伸出孔口四周不应小于 25 mm。加强件与腹板应用螺钉连接,螺钉最大中心间距为 25 mm,最小边距为 12 mm。

6.3.6 当冷弯薄壁型钢构件的腹板开孔不满足本标准第 6.3.4 条的规定时,也可直接计算腹板开孔对承载力的影响。

6.3.7 除本标准规定外,低多层冷弯薄壁型钢龙骨体系房屋中,轻钢龙骨式复合墙体、楼盖结构、屋盖结构及屋架结构等组合构

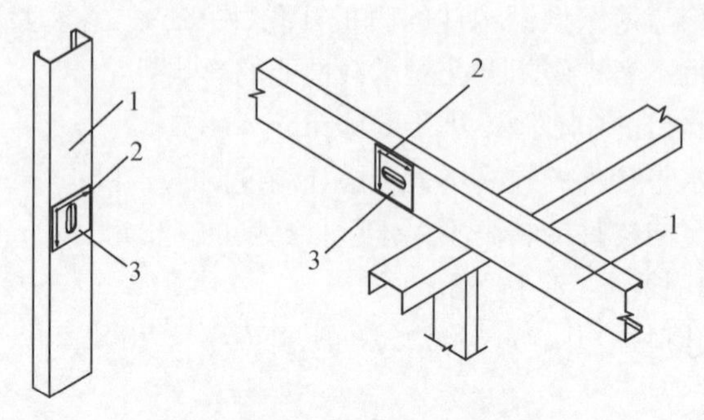

1—水平构件;2—螺钉;3—加强件

图 6.3.5　孔口加强示意图

件的设计及构造应按现行国家标准《冷弯薄壁型钢结构技术规范》GB 50018 的规定执行。

6.3.8　常用的冷弯薄壁型钢龙骨式复合剪力墙的抗剪刚度及单位长度的抗剪承载力设计值可按表 6.3.8 采用。

表 6.3.8　抗剪墙体的抗剪刚度及单位长度的抗剪承载力设计值

立柱材料	面板材料(厚度)	K [kN/(m·rad)]	S_h (kN/m)
Q235 和 Q355	定向刨花板(9.0 mm)	2 000	7.2
	纸面石膏板(12.0 mm)	800	2.5
	中密度 CCA 板(8.0 mm)	2 100	7.5
	中密度 CCA 板(10 mm)	2 500	9.5
	高密度 CCA 板(8.0 mm)	2 800	10.0
	高密度 CCA 板(10.0 mm)	3 400	10.0
LQ550	纸面石膏板(12.0 mm)	800	2.5
	定向刨花板(9.0 mm)	1 450	6.4
	水泥纤维板(8.0 mm)	1 100	3.7
	波纹钢板(0.42 mm)	2 000	8.0
	波纹钢板(0.6 mm)	2 000	14.5

续表6.3.8

立柱材料	面板材料(厚度)	K [kN/(m·rad)]	S_h (kN/m)
LQ550	波纹钢板(0.69 mm)	4 350	34.5
	开缝波纹钢板(0.69 mm)	3 200	29.5

注:K 为抗剪墙体的抗剪刚度,S_h 为抗剪墙体的单位长度抗剪承载力设计值。

6.4 节点设计与构造

6.4.1 冷弯薄壁型钢的节点设计应按现行国家标准《冷弯薄壁型钢结构技术规范》GB 50018 的规定执行。

6.4.2 墙体和墙体间的立柱及面板的连接应符合下列规定:

1 承重墙体的端边、门窗洞口的边部应采用拼合立柱,拼合立柱间采用双排螺钉固定,螺钉间距不大于 300 mm。

2 在墙体的连接处,立柱布置应满足钉板要求(图 6.4.2)。

3 墙体面板应与墙体立柱采用螺钉连接,墙体面板的边部和接缝处螺钉的间距不宜大于 150 mm,墙体面板内部的螺钉间距不宜大于 300 mm。

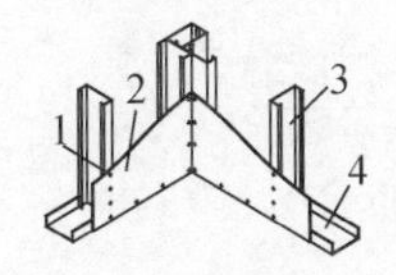

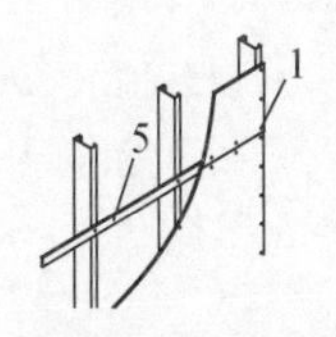

(a) 墙体L形连接　(b) 墙体L形连　(c) 墙体T形连接　(d) 墙体面板水平接缝

1—螺钉;2—墙面板;3—墙体立柱;4—底导梁;5—钢带拉条

图 6.4.2 墙体与墙体的连接

6.4.3 抗剪墙体与楼盖和下层抗剪墙体(图 6.4.3-1 和图 6.4.3-2)的连接应符合下列规定:

1 抗剪墙体与上部楼盖、墙体的连接形式可采用条形连接件或抗拔锚栓。条形连接件或抗拔锚栓应在下列部位设置:

1）抗剪墙体的端部、墙体拼接处；

2）沿外部抗剪墙体，其间距不应大于 2 m；

3）上层抗剪墙体落地洞口部位的两侧；

4）在上层抗剪墙体非落地洞口部位，当洞口下部墙体的高度小于 900 mm 时，在洞口部位的两侧。

2 条形连接件的截面及所用螺钉的数量应由计算确定，其厚度应不小于 1.2 mm，宽度应不小于 80 mm。

3 条形连接件与下部墙体、楼盖或上部墙体的连接，螺钉数量不应少于 6 个。

4 抗剪墙体的顶导梁与上部楼盖的连接螺钉，每根楼盖梁不宜少于 2 个，槽钢边梁每米范围内不宜少于 8 个。

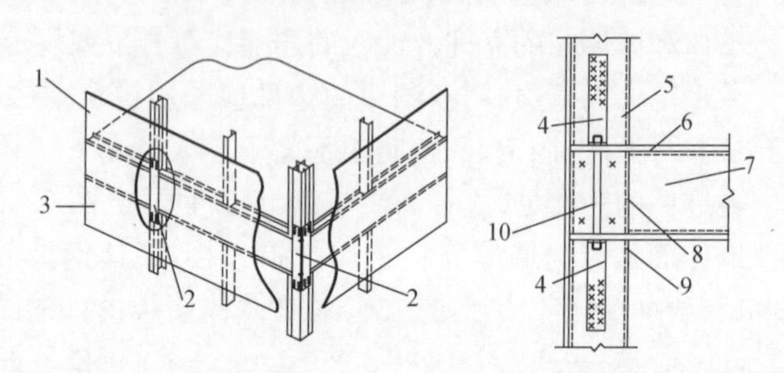

1—上层墙面板；2—条形连接件；3—下层墙面板；4—抗拔连接件；5—墙体立柱；6—楼面结构板；7—楼盖梁；8—腹板加劲件；9—墙体立柱；10—槽型钢端梁

图 6.4.3-1　上、下层外抗剪墙体抗倾覆连接示意图

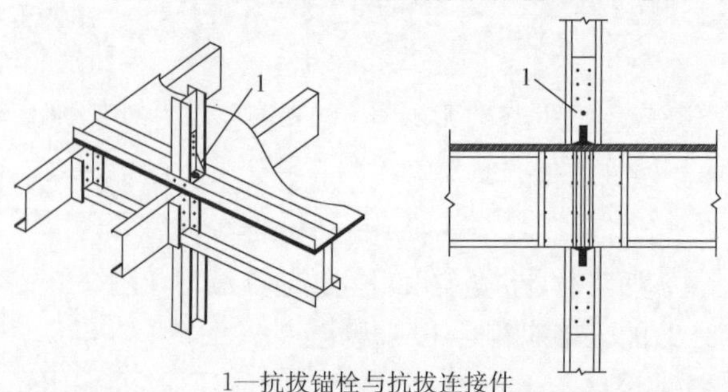

1—抗拔锚栓与抗拔连接件

图 6.4.3-2　上、下层内部抗剪墙体与抗拔锚栓连接示意图

6.4.4 楼面连接应符合下列规定：

1 槽形钢边梁、腹板加劲件、刚性撑杆的厚度应不小于与之连接的梁的壁板厚度。槽形钢边梁与相连梁的每一翼缘应至少用 1 个螺钉可靠连接；腹板加劲件与梁腹板应至少用 4 个螺钉可靠连接，与槽形钢边梁应至少用 2 个螺钉可靠连接。承压加劲件截面形式宜与对应墙体立柱相同，最小长度应为对应楼面梁截面高度减去 10 mm。

2 边梁与基础连接采用图 6.4.4-1 所示构造时，连接角钢的规格宜采用 150 mm×150 mm，厚度应不小于 1.0 mm，角钢与边梁应至少采用 4 个螺钉可靠连接，与基础宜采用预埋地脚螺栓连接。地脚螺栓宜均匀布置，距离梁应不大于 300 mm，直径应不小于 12 mm，间距应不大于 1 200 mm，埋入基础深度应不小于其直径的 25 倍。当采用高强化学锚栓时，其设计和施工应符合现行国家标准《混凝土结构加固设计规范》GB 50367 的相关要求。对不受拉的锚栓，也可采用膨胀螺栓，其设计和施工应符合现行行业标准《混凝土用膨胀型、扩孔型建筑锚栓》JG 160 的相关要求。

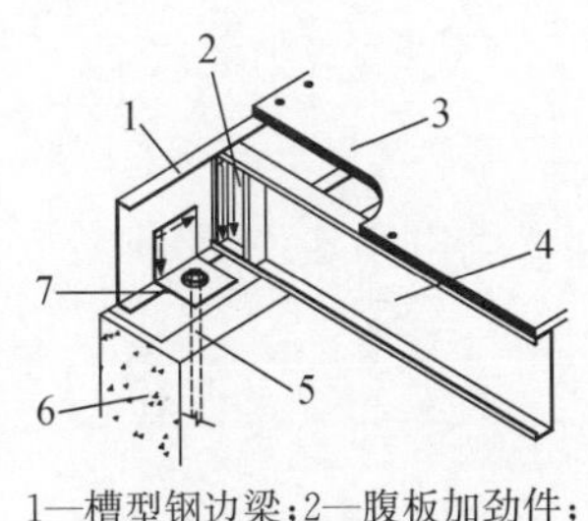

1—槽型钢边梁；2—腹板加劲件；
3—楼面结构板；4—梁；
5—地脚螺栓；6—基础；
7—角钢

图 6.4.4-1 梁与基础连接

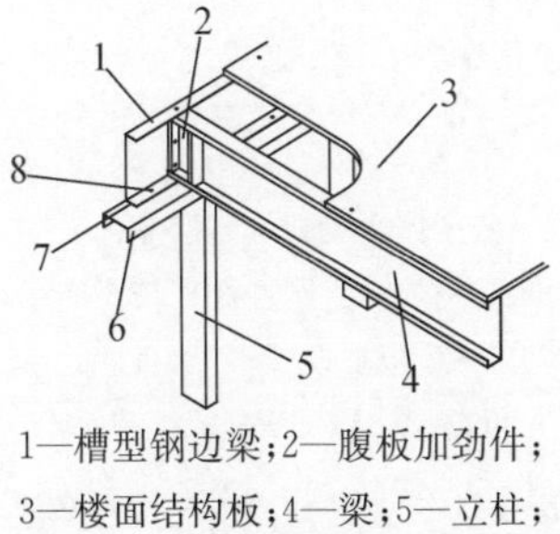

1—槽型钢边梁；2—腹板加劲件；
3—楼面结构板；4—梁；5—立柱；
6—顶导梁；7—槽型钢边梁与顶导梁连接；
8—ST4.2 螺钉

图 6.4.4-2 梁与承重外墙连接

3 梁与承重外墙连接采用图 6.4.4-2 所示构造时，应满足下列要求：

1）顶导梁与立柱应至少用 2 个螺钉可靠连接；

2）顶导梁与梁应至少用 2 个螺钉可靠连接；

3）顶导梁与槽形钢边梁应采用螺钉可靠连接，间距应不大于对应墙体立柱间距。

4 悬臂梁与基础连接采用图 6.4.4-3 所示的构造时，地脚螺栓规格和布置形式与本条第 2 款规定相同。在悬臂梁间每隔一个间距应设置刚性撑杆，其中部用连接角钢与基础连接，角钢应至少用 4 个螺钉与撑杆连接，端部与梁应至少用 2 个螺钉连接。刚性撑杆截面形式应与梁相同，厚度应不小于 1.0 mm。

5 悬臂梁与承重外墙连接采用图 6.4.4-4 所示的构造时，应符合本条第 3 款的要求以及第 4 款中有关刚性撑杆设置的要求。

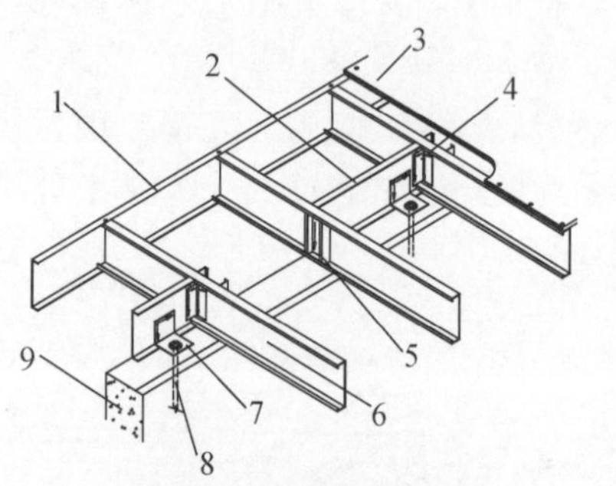

1—槽型钢边梁；2—刚性撑杆；
3—楼面结构板；4—刚性撑杆与梁连接；
5—腹板加劲件；6—梁；
7—角钢；8—地脚螺栓；9—基础

图 6.4.4-3 悬臂梁与基础连接

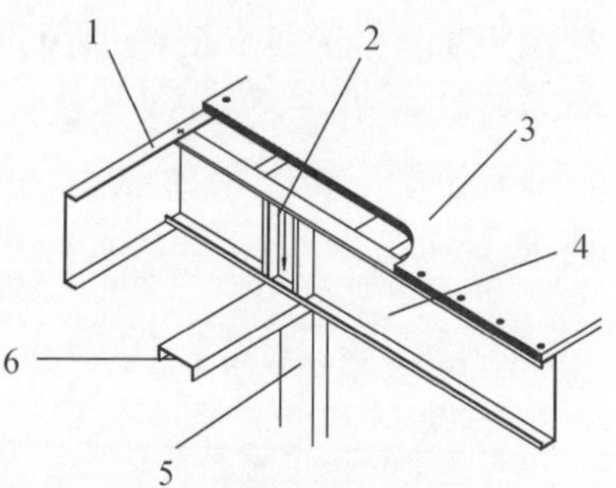

1—槽型钢边梁；2—腹板加劲件；
3—楼面结构板；4—梁；
5—立柱；6—顶导梁

图 6.4.4-4 悬臂梁与外承重墙连接

6 楼面与基础间连接采用图 6.4.4-5 所示设置木槛的构造时，木槛与基础应采用地脚螺栓连接，楼面和木槛应采用钢板、钢钉或螺钉连接。地脚螺栓规格和布置形式与本条第 2 款规定相同，连接钢板的厚度不得小于 1 mm，连接螺钉的数量不得少于

4 个。连接钢钉应按现行行业标准《木结构用钢钉》LY/T 2059 选用。

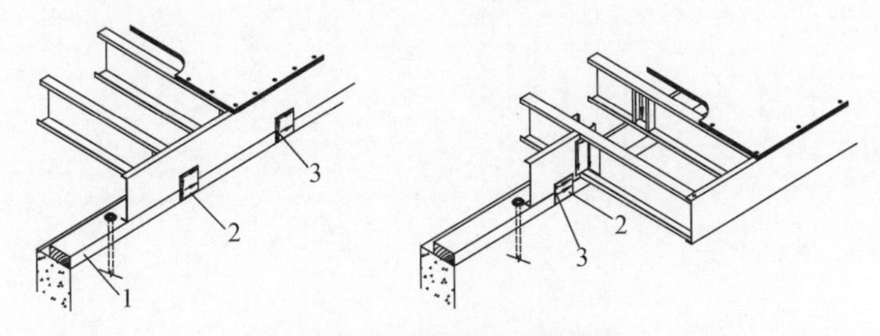

1—木槛;2—钢板;3—钢钉或螺钉

图 6.4.4-5　楼面与基础连接

6.4.5　抗剪墙与基础连接的构造(图 6.4.5)应符合下列规定:

1　墙体底导梁与基础连接的地脚螺栓设置应按计算确定,其直径应不小于 12 mm,间距应不大于 1 200 mm,地脚螺栓距墙角或墙端部的最大距离应不大于 300 mm。

2　墙体底导梁和基础之间宜通长设置厚度不小于 1 mm 的防腐防潮垫,其宽度应不小于底导梁的宽度。

3　抗剪墙体应在下列位置设置抗拔锚栓和抗拔连接件,其间距不宜大于 6 m。

1) 在抗剪墙体的端部和角部;

2) 落地洞口部位的两侧;

3) 对非落地洞口,当洞口下部墙体的高度小于 900 mm 时,在洞口部位的两侧。

4　抗拔连接件的立板钢板厚度不宜小于 3 mm,底板钢板、垫片厚度不宜小于 6 mm,与立柱连接的螺钉应计算确定,且不宜少于 6 个。

5　抗拔锚栓、抗拔连接件大小及所用螺钉的数量应由计算确定,抗拔锚栓的规格不宜小于 M16。

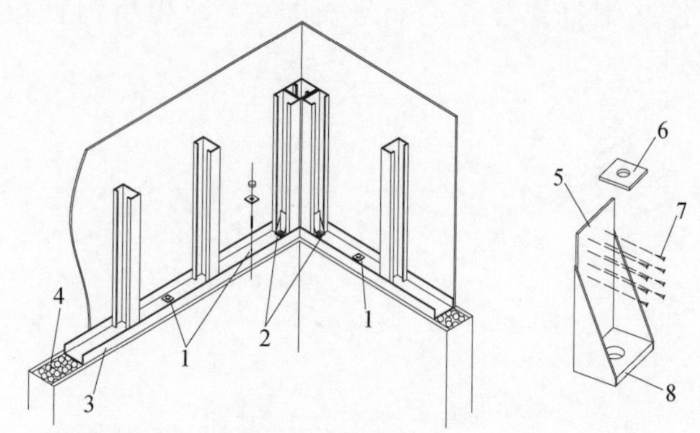

1—地脚螺栓；2—抗拔锚栓及抗拔连接件；3—底导梁；4—防潮垫层；

5—立板；6—垫片；7—螺钉；8—底板

图 6.4.5 墙体与基础的连接

7　分层装配支撑钢框架体系房屋结构设计

7.1　结构体系及布置

7.1.1　分层装配支撑钢框架体系布置应符合下列规定：

1　竖向和水平荷载(作用)的传递途径应合理、明确。

2　结构体系应具有必要的承载能力、刚度、变形能力和耗能能力。

3　楼盖、屋盖结构应有足够的面内刚度。

4　不同层支撑可错跨布置，但应避免侧向刚度不规则。

5　柔性支撑应施加预紧力，柱间支撑应有足够延性，在层间变形达到最大允许值时不应发生断裂。

6　薄弱部位应采取有效的加强措施。

7.1.2　分层装配支撑钢框架体系应由钢柱、柱间支撑和楼盖组成稳定的结构体系(图 7.1.2)。楼盖结构可由钢梁和与之可靠连接的刚性楼板组成；当铺设非刚性楼板时，可由钢梁和水平支撑组成。

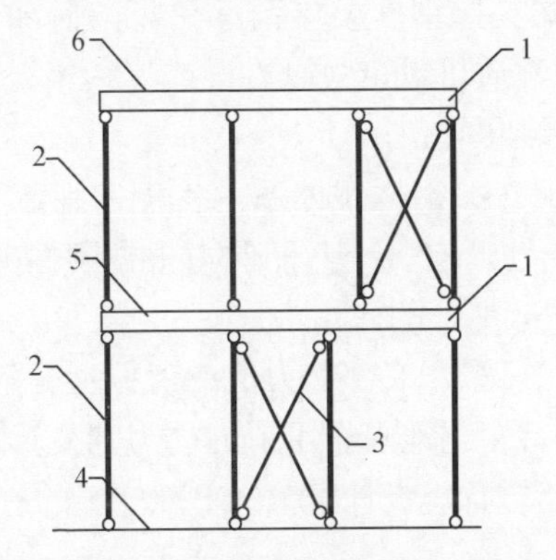

1—梁；2—柱；3—柱间支撑；4—基础顶；5—二层；6—三层

图 7.1.2　分层装配支撑钢框架体系立面示意图

7.1.3 分层装配支撑钢框架体系应采用柱按层分段、梁贯通的构成方式。梁的上层柱与下层柱可不对齐。梁与梁宜采用铰接连接。梁拼接位置应与梁柱节点错开，现场连接节点应采用螺栓连接。

7.1.4 钢柱柱网布置宜均匀。

7.1.5 同一层中所有与柱连接的钢梁宜采用同一截面高度。不与钢柱连接的次梁可采用不同高度的截面。

7.1.6 纵横两个方向均应布置柱间支撑。柱间支撑在两个方向应分散布置。柱间支撑上、下层可不连续，但在每层宜分散均匀布置。柱间支撑根据所承担的侧向力大小可选用不同的截面积。支撑宜采用柔性支撑。

7.1.7 墙体宜与梁或楼板可靠连接。当墙体与柱连接时，应连接在柱端。

7.2 结构分析

7.2.1 分层装配支撑钢框架体系结构计算时可假定柱两端与梁的连接、支撑两端与柱的连接均为铰接(图 7.1.2)。

7.2.2 分层装配支撑钢框架体系承受竖向荷载作用时，梁的计算模型根据节点性质可设定为简支梁或连续梁，柱的计算模型可设定为两端铰接轴压杆。

7.2.3 分层装配支撑钢框架体系承受侧向荷载作用时，可假定所有侧向力均由受拉支撑承担，侧向力根据刚性楼盖可假定在各柱间支撑间按刚度进行分配。

7.2.4 地震作用可采用底部剪力法或者振型分解反应谱法进行计算。结构应进行多遇地震作用下的内力和变形验算，并应符合现行国家标准《建筑抗震设计规范》GB 50011 的有关规定。

7.3 构件设计

7.3.1 钢构件进行强度、稳定、变形或刚度计算时，应根据构件成型方式和所采用的板件宽厚比，分别符合现行国家标准《钢结构设计标准》GB 50017 或《冷弯薄壁型钢结构技术规范》GB 50018 的有关规定。对具有较大宽厚比、H 形截面构件的计算，应符合现行行业标准《轻型钢结构住宅技术规程》JGJ 209 的有关规定。

7.3.2 钢梁宜选用高频焊接或普通焊接的 H 形截面或热轧 H 型钢。框架梁和柱的线刚度比不宜小于 3，梁、柱的线刚度可按下列公式计算：

$$i_b = \frac{EI_b}{L_b} \tag{7.3.2-1}$$

$$i_c = \frac{EI_c}{L_c} \tag{7.3.2-2}$$

式中：i_b，i_c ——梁、柱的线刚度(N/mm)；

E——钢材弹性模量(N/mm^2)；

I_b，I_c ——梁、柱截面惯性矩(mm^4)，按构件在框架计算平面内的弯曲方向取值；

L_b，L_c ——梁跨度、柱高度(mm)，均取构件轴线交点间长度。

7.3.3 当梁上无楼板或其他防止侧向失稳的措施时，应对梁进行整体稳定性计算，或采取防止扭转的构造措施。

7.3.4 钢柱宜选用方钢管截面，构件设计应符合下列规定：

1 竖向荷载下单柱最大轴压比不应超过 0.4，同层柱平均轴压比不宜超过 0.3；对抗震设防烈度为 8 度及以上且层数超过 3 层的结构，竖向荷载下单柱最大轴压比不应超过 0.3；支撑近旁柱计入支撑产生的附加轴力后，总轴压比不宜超过 0.6，并应进行单柱轴压下的整体稳定计算。轴压比应按下式计算：

$$n=\frac{N}{Af_{y}} \tag{7.3.4-1}$$

式中：n ——轴压比；

N——作用在柱上的轴向压力标准值(N)，但不计水平力作用下支撑对柱产生的附加轴力，也不计支撑张紧过程对柱引起的施工轴力；

A，f_{y}——柱毛截面面积(mm^2)、柱钢材的名义屈服强度(N/mm^2)。

2 每层柱沿同一方向的弯曲刚度总和不宜大于本层支撑抗侧刚度总和的20%，可按下式计算：

$$\sum\frac{12EI_{c}}{L_{c}^{3}}\leqslant 0.2\sum k_{bH} \tag{7.3.4-2}$$

式中：k_{bH} ——一个开间内布置的支撑的抗侧刚度(N/mm)，按本标准第7.3.12条规定计算。

3 每层柱沿同一方向的水平承载力总和不应小于设防烈度下层地震剪力的25%，可按下式计算：

$$\sum\frac{2W_{c}f_{y}}{L_{c}}\geqslant 0.25F_{E} \tag{7.3.4-3}$$

式中：W_{c}——框架柱在计算方向的截面模量(mm^3)；

f_{y}——框架柱钢材屈服强度(N/mm^2)，取公称值；

F_{E}——按设防烈度确定的层地震剪力(N)。

7.3.5 平面框架边柱(图7.3.5)应按压弯构件进行强度和稳定性计算，边柱弯矩可按两端反向曲率确定，柱端弯矩值可取所计算的平面框架内柱上、下层连续梁最大弯矩的20%。

7.3.6 非支撑开间的柱，计算强度和整体稳定时，内力可仅计入竖向荷载的组合作用；支撑开间的柱，还应计入支撑对柱产生的

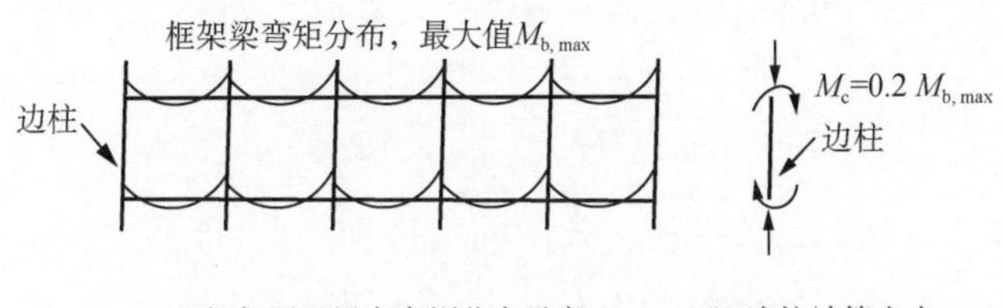

(a) 框架层及梁上弯矩分布示意　　(b) 边柱计算内力

图 7.3.5　框架边柱的计算弯矩示意图

附加轴力。

7.3.7　柱轴压整体稳定计算时，计算长度系数可取为 1.0，柱几何长度可取上、下端梁间净距。方钢管柱长细比不宜小于 $65\sqrt{\frac{235}{f_y}}$，且不应大于 $120\sqrt{\frac{235}{f_y}}$。

7.3.8　柱间支撑应按柔性支撑要求进行设计，并应符合下列规定：

1　同层同方向支撑的承载力设计值之和应大于不同荷载组合下的该方向的层剪力设计值。

2　支撑应由变形集中段、预紧力施加段和端部连接段构成(图 7.3.8)。其中，变形集中段宜采用扁钢；集中变形段若有截面开孔、开槽、加工螺纹等削弱，应补强至与原截面同等强度或以上；预紧力施加段可采用花篮螺栓、双向拧紧螺纹套筒或其他可以施加预紧力的部件以及与支撑其他分段相连的过渡部件；端部连接段可采用连接板。

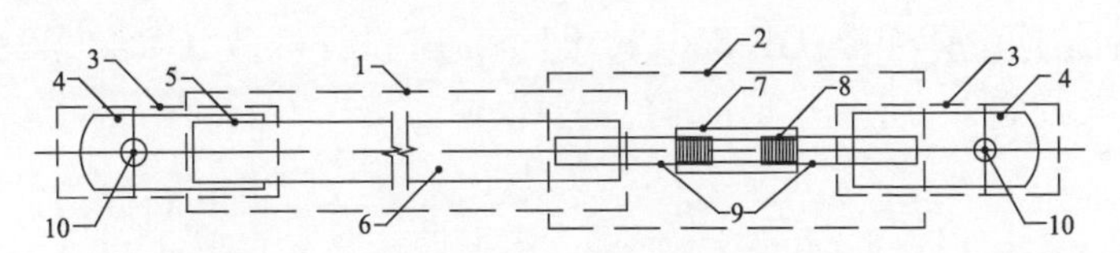

1—变形集中段；2—预紧力施加段；3—端部连接段；4—连接板；5—角焊缝；
6—支撑扁钢；7—圆柱套筒；8—螺纹；9—圆钢螺杆；10—螺栓孔

图 7.3.8　柔性支撑组成示意图

7.3.9 支撑开间的宽高比应满足下式要求：

$$\frac{1+(B/H)^2}{B/H}\leqslant\frac{E}{f_y}\left[\frac{\Delta}{H}\right]_e \tag{7.3.9}$$

式中：B，H——支撑所在开间的宽度和高度(即所在楼层的高度)(mm)；

f_y——柔性支撑变形集中段的钢材屈服强度(N/mm^2)，按现行国家标准《钢结构设计标准》GB 50017 规定取值；

$\left[\frac{\Delta}{H}\right]_e$——弹性设计时结构的层间变形允许值，$\Delta$ 为层间变形(mm)。

7.3.10 柱间支撑的长细比不应小于 250。计算长细比时，可按变形集中段的截面面积和最小惯性矩确定支撑截面的回转半径。变形集中段的长度应满足下式要求且不宜小于 2 m：

$$\frac{L_{bd}}{L_{br}}\geqslant\frac{E}{15f_y}\left[\frac{\Delta}{H}\right]_p\frac{B/H}{1+(B/H)^2} \tag{7.3.10}$$

式中：L_{bd}，L_{br}——变形集中段的长度和支撑总长度(mm)；

$\left[\frac{\Delta}{H}\right]_p$——框架结构罕遇地震下的最大层间变形允许值，取 1/50。

7.3.11 柱间支撑各分段的强度计算，除应满足现行国家标准《钢结构设计标准》GB 50017、《建筑抗震设计规范》GB 50011 的有关规定外，还应满足下列公式要求：

$$\eta_H N_{dP}\leqslant N_{linkU} \tag{7.3.11-1}$$

$$(\eta_H-0.05)N_{dP}\leqslant N_{linkP} \tag{7.3.11-2}$$

$$1.05N_{linkP}\leqslant N_{presP} \tag{7.3.11-3}$$

$$N_{dP}=A_d f_y \tag{7.3.11-4}$$

式中：η_{H}——钢结构抗震设计的提高系数，按表7.3.11取值；

N_{dP}——变形集中段的截面塑性抗拉承载力(N)；

A_{d}——截面面积(mm²)；

f_{y}——钢材屈服强度(N/mm²)；

N_{linkU}——支撑各分段间的连接承载力设计值(N)和支撑与框架构件的连接承载力设计值(N)中的最小值；

N_{linkP}——端部连接段的连接板的净截面受拉或撕剪破坏塑性承载力(N)；

N_{presP}——预紧力施加段受拉时的塑性承载力(N)，当预紧力施加段由若干部件串联而成时，应取所有部件塑性承载力中的最小值。

表7.3.11　钢结构抗震设计的提高系数

变形集中段钢材牌号	连接方式	
	焊接连接	螺栓连接
Q235	1.25	1.30
Q355	1.20	1.25

7.3.12　按本标准第7.3.8条设计的柱间支撑，应符合下列规定：

1　轴向刚度可按下式计算：

$$k_{b}=E\left(\frac{L_{bd}}{A_{bd}}+\frac{L_{bpres}}{A_{bpres}}+\frac{L_{blink}}{A_{blink}}\right)^{-1} \qquad (7.3.12\text{-}1)$$

式中：k_{b}——支撑轴向刚度(N/mm)；

L_{bd}，L_{bpres}，L_{blink}——变形集中段、预紧力施加段、端部连接段的各段长度(mm)；

A_{bd}，A_{bpres}，A_{blink}——变形集中段、预紧力施加段、端部连接段各段的计算毛截面面积(mm²)，当各段中截面有变化时，可取最小毛截面面积。

2　单个开间内布置的支撑的抗侧刚度应按下式计算：

$$k_{\mathrm{bH}}=k_{\mathrm{b}}\frac{B^{2}}{B^{2}+H^{2}} \tag{7.3.12-2}$$

7.3.13　屋顶水平构件可采用实腹梁或桁架式屋架。采用实腹梁时，应符合本标准第5.3.1～5.3.3条的规定；采用桁架式屋架时，结构内力分析可按杆件铰接连接的假定。桁架构件可采用钢管、其他型钢或冷成型钢，其中腹杆构件在不同荷载组合下内力均为拉力时也可采用圆钢或扁钢；构件计算应符合现行国家标准《钢结构设计标准》GB 50017、《冷弯薄壁型钢结构技术规范》GB 50018的有关规定。

7.4　节点设计

7.4.1　方钢管柱与H形钢梁应采用梁贯通式全螺栓外伸端板连接(图7.4.1)。柱端板厚度不宜小于10 mm，柱与端板的连接应

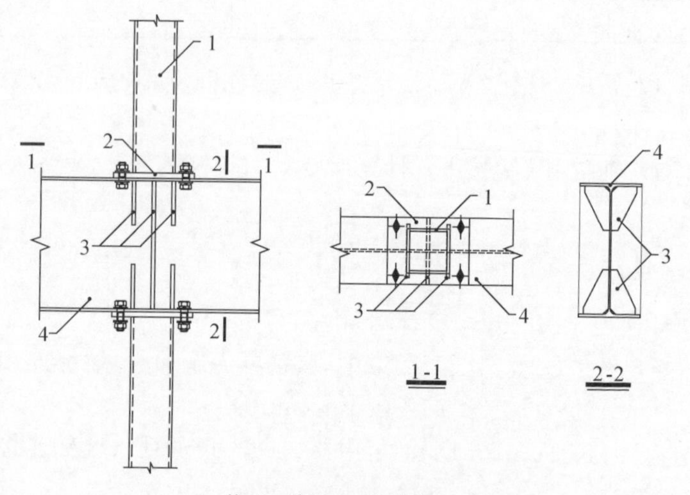

1—柱；2—端板；3—加劲肋；4—梁

图7.4.1　梁贯通式全螺栓端板连接示意图

采用全熔透对接焊缝。螺栓连接可采用高强度螺栓承压型或摩擦型连接。连接应能承受钢柱边缘屈服弯矩及产生的剪力的复合内力作用。

7.4.2 方钢管柱端板应沿 H 形钢梁轴线向两侧外伸，两侧外伸端板处应各对称布置 2 个螺栓，每侧螺栓群中心与 H 形钢梁翼缘的轴线宜重合。

7.4.3 与柱相连的 H 形梁腹板处应设置中间通长加劲肋（图 7.4.1），两侧宜设置非通长加劲肋（图 7.4.1），非通长加劲肋的高度宜取梁高的 1/4～1/3。梁腹板处加劲肋厚度不宜小于 4 mm。

7.4.4 支撑与方钢管柱应采用节点板螺栓连接（图 7.4.4），宜采用高强度螺栓摩擦型连接。连接承载力设计值应符合本标准第 7.3.11 条的规定。连接板可仅设 1 个连接螺栓。支撑的中心线应与梁柱中心线交汇于一点，否则节点板和端板连接应计入由于偏心产生的附加弯矩的影响。

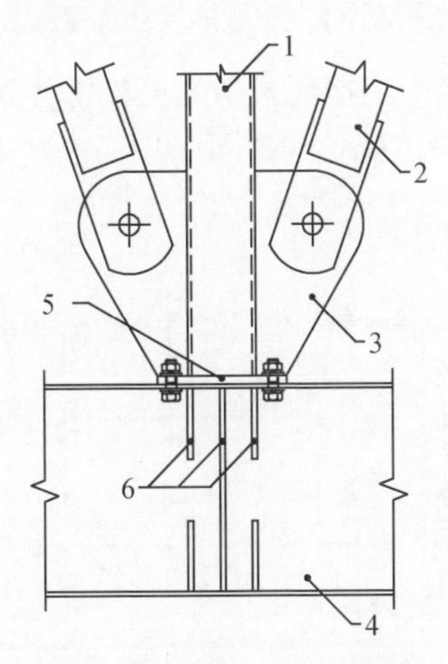

1—柱；2—支撑；3—节点板；4—梁；5—端板；6—加劲肋

图 7.4.4 支撑与柱的节点板螺栓连接示意图

7.4.5 同一方向主梁的连接可采用铰接或刚接。当采用铰接时，可采用平齐式端板螺栓连接(图 7.4.5)。螺栓连接可采用高强度螺栓承压型或摩擦型连接，端板厚度不宜小于 6 mm，应按所受最大剪力设计，且连接抗弯承载力不应小于被连接主梁截面抗弯承载力设计值的 30%；当采用刚接时，应符合现行国家标准《钢结构设计标准》GB 50017 或《建筑抗震设计规范》GB 50011 的有关规定。

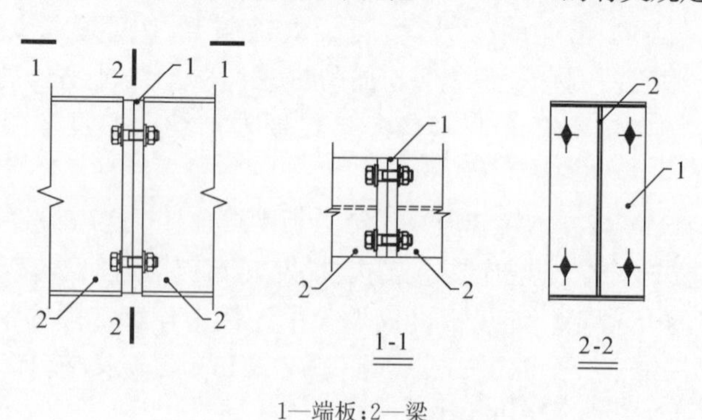

1—端板；2—梁

图 7.4.5 主梁的连接示意图

7.4.6 主梁与次梁的连接可采用受剪板螺栓连接或平齐式端板螺栓连接(图 7.4.6)。螺栓连接可采用高强度螺栓承压型或摩擦型连接。

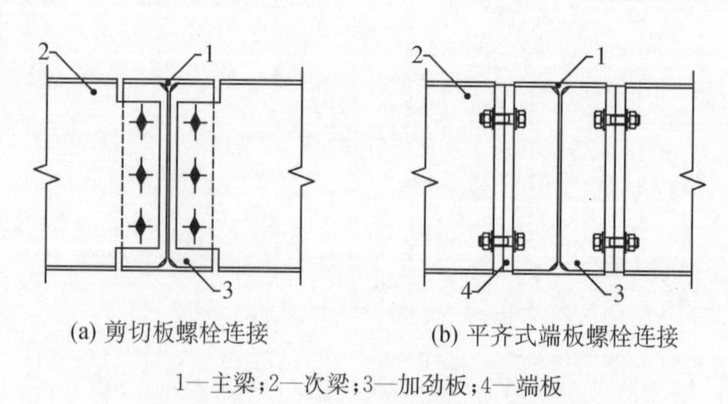

(a) 剪切板螺栓连接　　(b) 平齐式端板螺栓连接

1—主梁；2—次梁；3—加劲板；4—端板

图 7.4.6 主梁与次梁的连接示意图

7.4.7 钢柱脚宜采用预埋锚栓与柱底板连接的柱脚(图 7.4.7),并应符合下列规定:

1 柱脚锚栓群连接的极限受弯承载力不应小于计入轴力影响时柱塑性受弯承载力的 1.1 倍。与支撑连接的钢柱,应计算锚栓的抗拔承载力。

2 柱底板厚度不应小于柱壁厚度的 1.5 倍,且不应小于 12 mm。

3 预埋锚栓直径不应小于 16 mm,预埋锚栓的埋入深度应按计算确定,并不应小于锚栓直径的 20 倍。

4 钢柱脚在室内平面以下部分应采用钢丝网混凝土包裹。

5 柱间支撑所在跨的柱脚应设置抗剪键,无柱间支撑的钢柱柱脚可不设置抗剪键。

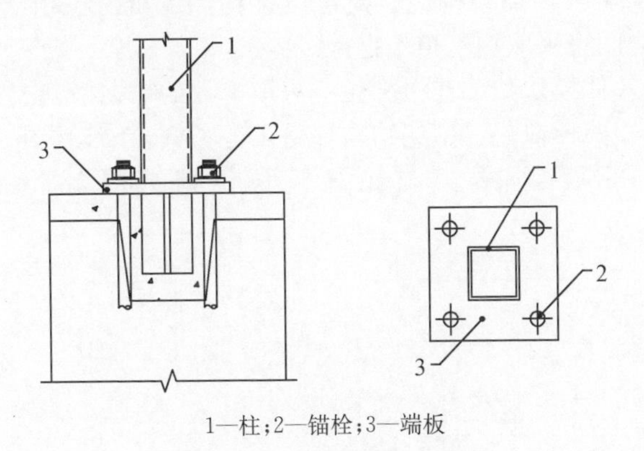

1—柱;2—锚栓;3—端板

图 7.4.7 柱脚连接示意图

8 箱式模块化轻型钢结构体系房屋结构设计

8.1 结构体系及布置

8.1.1 箱式模块化轻型钢结构体系应符合下列规定：

1 箱式模块平面布置宜规则对称，箱体角柱宜相互并齐；当采用纵、横向混合布置时，纵、横向箱体的角柱宜对齐。

2 箱式模块立面布置宜规则对称；箱体悬挑长度不宜大于箱体长度的1/3，下层箱体在上层箱体角柱位置应设置传力立柱。

3 楼盖、顶盖结构应有足够的面内刚度；楼盖、顶盖平面内梁一梁之间宜采取相互拉接措施。

4 箱体模块角部连接部位应采取有效的加强措施。

8.1.2 箱式模块化轻型钢结构体系可分为叠箱结构（图 8.1.2a、图 8.1.2b）和钢框架与箱式模块组合结构（图 8.1.2c、图 8.1.2d）。

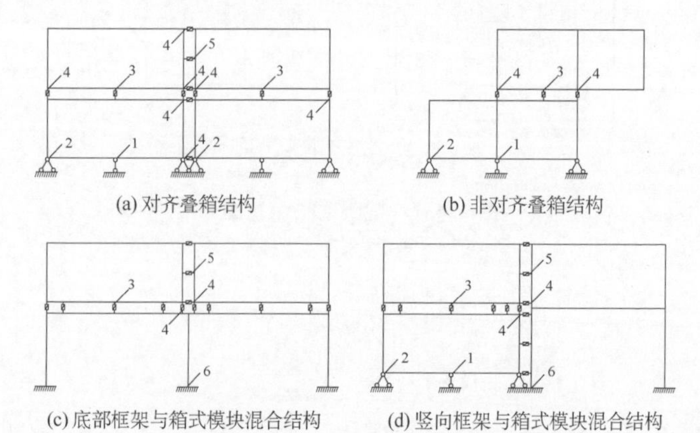

(a) 对齐叠箱结构　(b) 非对齐叠箱结构

(c) 底部框架与箱式模块混合结构　(d) 竖向框架与箱式模块混合结构

1—链杆；2—铰；3—梁连接弹簧；4—角部连接弹簧；5—柱连接弹簧；6—固定支座

图 8.1.2　叠箱结构和钢框架与箱式模块混合结构

8.1.3 箱式模块化轻型钢结构房屋用于承载重量较大的设备时，宜将设备与主体结构进行可靠连接。

8.2 结构分析

8.2.1 箱式模块化轻型钢结构体系的结构计算应符合下列规定：

1 箱式模块结构可按弹性体系进行整体内力和变形计算，模块柱、模块梁可按杆系模型建模。

2 当相邻箱体的模块柱与柱、模块梁与梁之间存在连接，且该连接对约束变形和传递内力有较大影响时，应在整体建模中准确模拟该连接特性对结构整体和相邻构件的受力作用。连接的抗弯、抗剪、抗拉和抗压刚度取值应有理论和试验依据。

3 相邻模块间的连接模拟应按实际构造确定，应考虑其竖向传递压力、拉力和水平向传递剪力。角点连接允许相对转动时，应作为铰接节点处理。假定为刚接性质的节点应有可靠的构造措施保证。连接相对构件轴线存在偏心时，应在建模中准确反映。

4 模块侧壁符合本标准第 8.2.5 条关于蒙皮作用的规定时，可按支撑杆件等效建模。

5 悬挑箱结构应确保传力明确，验算局部受力，并应进行抗倾覆计算。

8.2.2 箱式模块化轻型钢结构体系应进行吊装验算，吊装宜在 6 级风以内进行。吊装验算应根据吊装方式、吊点位置、吊具设计、吊装顺序、临时支架方法进行验算，保证吊装过程中构件的应力及变形在规范允许的范围内，并应对吊装节点进行验算。重力荷载宜考虑动力系数，动力系数可取 1.3。

8.2.3 箱式模块化轻型钢结构体系应考虑制作、安装、检修过程中所受的荷载工况，荷载应按实际情况考虑，且检修集中荷载标准值不应小于 1.5 kN，并应作最不利荷载布置。

8.2.4 当箱式模块采用钢板作为壁板,壁板与箱体之间具有可靠焊接时,宜考虑箱式模块化房屋墙体蒙皮效应对箱体抗侧承载力和刚度的影响。考虑蒙皮效应时,应考虑墙板与主体结构的连接以及板面开洞的影响。当无可靠依据时,应采用与实际构造及尺寸相同的试件经试验后确定其力学性能指标。

8.2.5 楼面和屋面板应根据实际情况,考虑采用弹性楼板或刚性楼板对箱体模块自身承载力和刚度的影响。采用弹性楼板时,应根据楼板刚度及楼板之间的连接节点刚度确定平面内的等效刚度。

8.2.6 钢框架与箱式模块组合结构体系,对于竖向贯通的钢框架,箱式模块与框架结构所承担的地震剪力按照抗侧刚度进行分配;对于框架仅布置在底部的组合结构,底框架的地震作用效应放大20%。

8.3 构件设计

8.3.1 箱式模块钢构件应进行强度、稳定、变形或刚度计算,计算应符合现行国家标准《钢结构设计标准》GB 50017 的相关规定。

8.3.2 箱式模块柱截面可采用钢管、H 型钢;结构梁截面可采用钢管、H 型钢、槽钢、钢桁架;支撑可采用钢管、H 型钢和圆钢。

8.3.3 箱式模块墙板可采用波纹钢板、ALC 条板;波纹钢板可作为抗侧力构件。底板可采用压型钢板组合楼盖、钢筋混凝土叠合楼板;顶板可采用波纹钢板。

8.3.4 当楼板或顶板与梁的上翼缘具有可靠连接时,可以不用考虑梁的整体稳定。

8.4 节点设计

8.4.1 箱式模块化轻型钢结构体系的节点应构造合理、传力明确、安全可靠、便于加工和安装。宜采用全螺栓装配式连接,避免现场焊接。节点设计应考虑制作和安装误差的影响。

8.4.2 箱式模块化轻型钢结构体系的节点设计宜符合高承载力低延性的原则。节点和连接的计算应符合现行国家标准《钢结构设计标准》GB 50017 和《建筑抗震设计规范》GB 50011 的相关规定。

8.4.3 箱式模块化轻型钢结构体系的连接节点采用在梁端连接时，应考虑节点受力偏心产生的影响。

8.4.4 箱式模块化轻型钢结构体系节点螺栓孔可采用大圆孔或长圆孔，大圆孔直径或长圆孔长轴直径应大于螺栓直径 6 mm～8 mm，螺栓应施加预应力。采用大圆孔或长圆孔时，应采用非标准厚型垫片，厚垫片螺栓孔直径大小应为$(d+1.5)$mm，厚垫片应满足预应力作用下的受弯要求。厚垫片覆盖圆孔边缘区域单侧宜大于 $0.5d$，d 为螺栓直径。

8.4.5 柱端带有角件的箱式模块化轻型钢结构体系连接节点可采用如下形式：上、下模块之间的剪切荷载，可采用角件间双头锥与钢板的连接方式承担；上、下模块之间的拉力荷载，可采用上、下侧梁螺栓连接件承担。上、下模块间的压力，由节点接触面传递，见图 8.4.5。

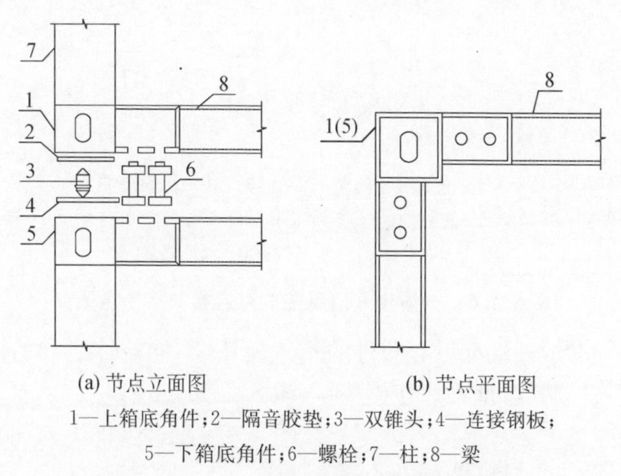

(a) 节点立面图　　(b) 节点平面图

1—上箱底角件；2—隔音胶垫；3—双锥头；4—连接钢板；

5—下箱底角件；6—螺栓；7—柱；8—梁

图 8.4.5 上、下模块双锥头角件连接方式

8.4.6 箱式模块化轻型钢结构体系梁柱连接节点可采用一体化开口节点(图 8.4.6)。

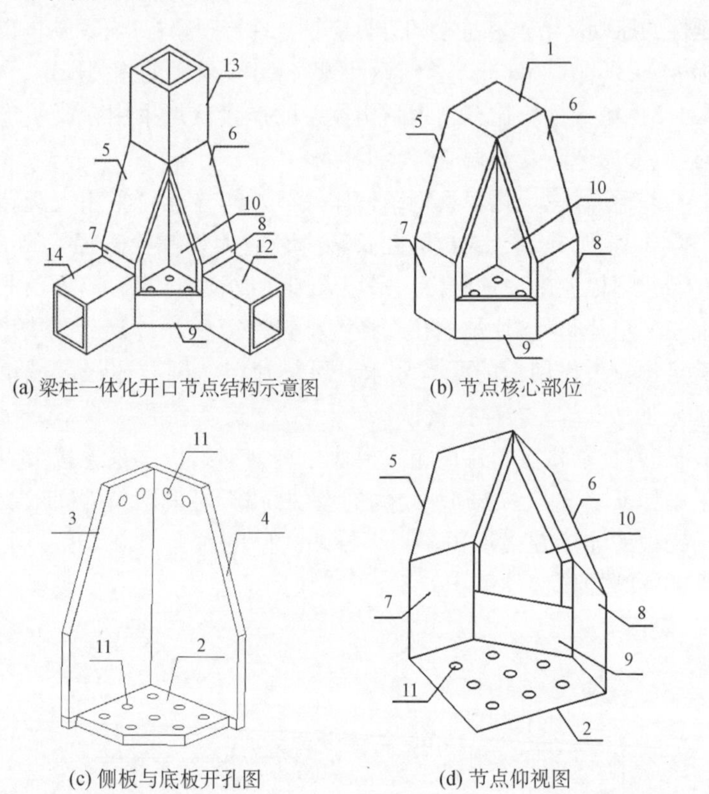

1—节点顶板;2—节点底板;3—侧板 1;4—侧板 2;5—斜侧板 1;6—斜侧板 2;7—梁连接板 1;8—梁端连接板 2;9—开口半封板;10—空当操作区;11—螺孔;12—水平梁 1;13—立柱;14—水平梁 2

图 8.4.6 一体化开口梁柱节点连接结构示意图

8.4.7 对于柱端部设有角件的箱式模块,不同箱体之间的连接,可采用梁端开口型梁柱连接节点(图 8.4.7)。

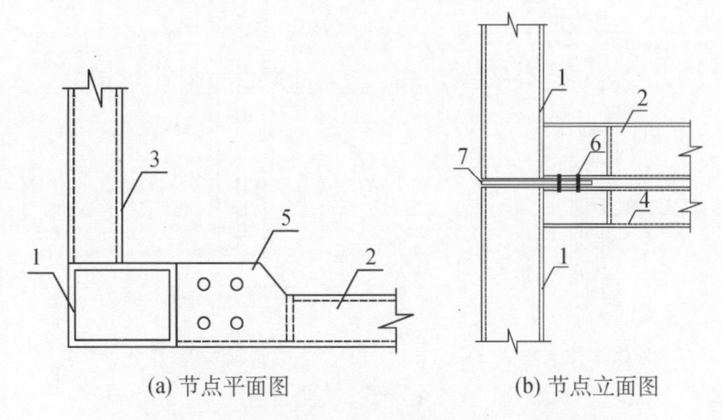

1—模块立柱；2—长边底梁；3—短边梁；4—长边顶梁；
5—节点板；6—螺栓；7—水平连接板

图 8.4.7 梁端开口型梁柱连接节点结构示意图

8.4.8 当箱式模块化轻型钢结构房屋上、下叠箱时，可采用连接件连接叠箱处上、下梁，使上、下梁叠合而产生组合作用。

8.5 柱脚及基础设计

8.5.1 箱式模块化轻型钢结构体系的基础设计应符合现行国家标准《建筑地基基础设计规范》GB 50007 的规定。

8.5.2 临时建筑采用螺旋钢桩基础时，螺旋钢桩基础设计应符合现行国家标准《太阳能发电站支架基础技术规范》GB 51101 和现行行业标准《建筑地基处理技术规范》JGJ 79 的规定。

8.5.3 箱式模块化轻型钢结构房屋与基础之间的连接宜采用锚栓或过渡段连接。采用过渡段连接时，箱式模块与过渡段之间的连接可采用螺栓连接。

8.5.4 箱式模块与基础之间的连接可采用预应力锚栓柱脚（图 8.5.4）。

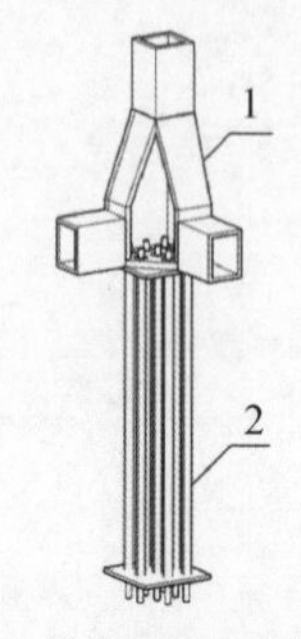

(a) 整体结构示意图

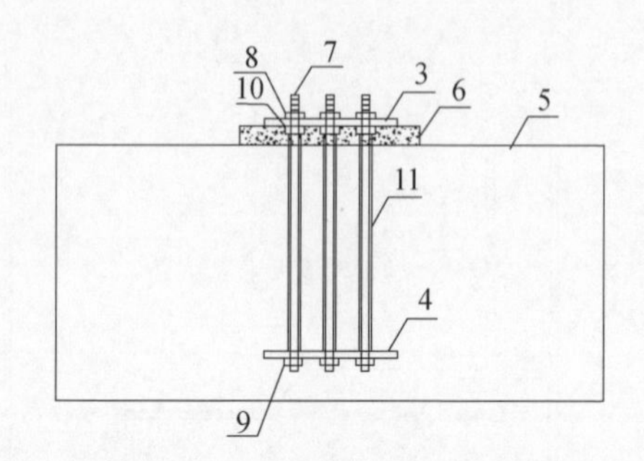

(b) 预应力锚栓系统结构示意图

1—柱脚；2—预应力锚栓系统；3—上预埋板；4—下预埋板；

5—基础；6—细石砂浆层；7—锚栓；8—上螺母；

9—下螺母；10—调节螺母；11—PVC 套筒

图 8.5.4　柱脚刚性节点示意图

9 轻型钢结构防护要求

9.1 一般规定

9.1.1 本章规定适用于微侵蚀性、弱侵蚀性、中等侵蚀性大气环境下的轻型钢结构防腐与防火保护设计。位于高侵蚀性大气环境、高温环境及水中、土中等其他介质环境中的钢结构防护应按国家现行相关标准设计。

9.1.2 轻型钢结构应按结构构件的重要性、大气环境侵蚀性分类和防护层设计工作年限确定合理的防腐涂装设计方案。

9.1.3 除临时建筑的轻型钢结构外，轻型钢结构防护层设计工作年限不应低于 7 年；使用中难以维护的轻型钢结构构件，防护层设计工作年限不应低于 12 年。

9.1.4 轻型钢结构宜选用不易锈蚀且便于涂装和维护的截面及构造形式。当大气环境分类不低于中等侵蚀性时，除冷弯薄壁型钢龙骨体系房屋结构外，轻型钢结构的主要受力构件不宜采用冷弯薄壁型钢，在有条件时可选择耐候钢。

9.1.5 钢结构设计文件中应注明轻型钢结构定期检查和维护要求。

9.2 钢结构防腐构造与涂装要求

9.2.1 处于中等侵蚀环境中难以检查维护位置的主要受力构件，除冷弯薄壁型钢龙骨体系房屋结构外，不宜采用壁厚小于 3 mm 的封闭截面构件或壁厚小于 5 mm 的非封闭截面构件，节点板不宜小于 6 mm。

9.2.2 轻型钢结构构件宜采用易于涂装和维护的实腹式或闭口构件截面形式，闭口截面应进行封闭；当采用缀合截面的杆件时，型钢间的空隙宽度应满足涂装施工和维护的要求。

9.2.3 冷弯薄壁型钢龙骨体系中的冷弯薄壁型钢构件宜采用热浸镀锌防腐，其配套使用的自攻螺钉等紧固件宜采用涂镀锌工艺防腐，涂镀锌层厚度为 10 μm。采用热浸镀锌等防护措施的连接构件，其耐腐蚀性能不应低于主体材料。对于处于中等及以下环境的建筑，承重型钢构件镀层的双面镀锌量应不低于 220 g/m^2；对于处于恶劣环境的建筑，承重型钢构件镀层的双面镀锌量应不低于 275 g/m^2。非承重型钢构件镀层的双面镀锌量应不低于 120 g/m^2。也可采用防护效果不低于以上要求的铝锌合金镀层或其他金属镀层防腐。必要时，构件截面应考虑腐蚀裕量。

9.2.4 不同金属材料接触的部位，应采取避免接触腐蚀的隔离措施。

9.2.5 当柱脚底面位于地面以下时，所埋入部分表面应做除锈处理，可采用混凝土包裹(保护层厚度不应小于 50 mm)，包裹的混凝土高出室外地面不应小于 150 mm，室内地面不宜小于 50 mm，并应采取措施防止水分残留；当柱脚底面位于地面以上时，柱脚底面应高出室外地面不应小于 100 mm，室内地面不宜小于 50 mm。

9.2.6 钢材表面原始锈蚀等级、除锈方法与等级要求应符合现行国家标准《涂覆涂料前钢材表面处理表面清洁度的目视评定 第 1 部分：未涂覆过的钢材表面和全面清除原有涂层后的钢材表面的锈蚀等级和处理等级》GB/T 8923.1 的规定。

9.2.7 处于弱腐蚀环境和中等腐蚀环境的承重构件，工厂制作涂装前，其表面应采用喷射或抛射除锈方法，除锈等级不应低于 Sa2；现场采用手工和动力工具除锈方法，除锈等级不应低于 St2。防锈漆的种类与钢材表面除锈等级应匹配，符合表 9.2.7 的规定。

表 9.2.7 钢材表面最低除锈等级

涂料品种	除锈等级
油性酚醛、醇酸等底漆或防锈漆	St2
高氯化聚乙烯、氯化橡胶、氯磺化聚乙烯、环氧树脂、聚氨酯等底漆或防锈漆	Sa2
无机富锌、有机硅、过氯乙烯等底漆	Sa2 ½

9.2.8 应根据环境侵蚀性分类和钢结构涂装系统的设计工作年限合理选用涂料品种。

9.2.9 当环境侵蚀作用分类为弱侵蚀和中等侵蚀时，室内钢结构漆膜总厚度分别不宜小于 125 μm 和 150 μm；位于室外和有特殊要求的部位，宜增加涂层厚度 20 μm～40 μm，其中室内钢结构底漆厚度不宜小于 50 μm，室外钢结构底漆厚度不宜小于 75 μm。

9.3 钢结构的防火保护

9.3.1 轻型钢结构的防火设计、钢结构构件的设计耐火极限应符合现行国家标准《建筑设计防火规范》GB 50016 的有关规定。

9.3.2 防火涂料施工前，钢结构构件应按本章第 9.2 节的规定进行除锈，并进行防锈底漆涂装或镀锌等。底漆漆膜厚度不应小于 50 μm；当处于中等侵蚀环境和室外环境时，底漆厚度不应小于 75 μm。底漆不应与防火涂料产生化学反应，并能结合良好。

9.3.3 应根据钢结构构件的耐火极限等要求，确定防火涂层的形式、性能及厚度要求。当钢构件的耐火时间不能达到规定的设计耐火极限要求时，应进行防火保护设计。轻型钢结构应按现行国家标准《建筑钢结构防火技术规范》GB 51249 进行抗火性能验算。

9.3.4 采用板材外包防火构造时，钢结构构件应按本章第 9.2 节的规定进行除锈，并进行底漆和面漆的涂装保护或镀锌等;板材外包防火构造的耐火性能,应有国家检测机构的检测认定或满足国家现行有关标准的规定。

9.3.5 当采用混凝土外包和板材外贴防火构造时,钢结构构件应进行除锈,混凝土外包或板材外贴的厚度及构造要求应满足有关标准的规定。

10 轻型钢结构制作

10.1 一般规定

10.1.1 轻型钢结构的制作应充分考虑薄壁结构的特点，采取有效措施，防止过大的变形。

10.1.2 轻型钢结构制作企业应具备相应的钢结构工程加工制作能力。企业应有相应的技术标准、质量控制及检验制度。

10.1.3 轻型钢结构的制作应按现行国家标准《钢结构工程施工规范》GB 50755、《钢结构焊接规范》GB 50661 和《钢结构工程施工质量验收标准》GB 50205 的规定执行；钢板剪力墙的制作，可按现行行业标准《钢板剪力墙技术规程》JGJ/T 380 的规定执行；门式刚架体系房屋结构的制作，可按现行行业标准《门式刚架轻型房屋钢构件》JG 144 的规定执行。

10.1.4 轻型钢结构制作所采用的材料应具有质量合格证明文件、检验报告等，其品种、规格、性能等应符合国家现行有关标准和订货合同约定，并应符合设计要求。

10.1.5 轻型钢结构制作前，应根据已批准的设计文件进行深化设计。轻型钢结构深化设计可分为钢结构深化设计和钢结构施工详图设计。钢结构深化设计成果应由设计单位确认，钢结构施工详图设计成果应由深化设计单位确认。当需要修改时，应经原设计单位同意和签署文件后方可生效。

10.1.6 轻型钢结构构件在制作前，应根据设计文件、施工详图的要求和制作单位的技术条件编制加工工艺文件，制订合理的工艺流程和建立质量检验制度。

10.1.7 轻型钢结构加工制作及质量验收时，必须采用经计量检定、校准合格且在其有效期内的计量器具。

10.1.8 轻型钢结构制作单位应按要求对轻型钢结构加工制作文件进行存档。

10.1.9 轻型钢结构制作单位宜采用部品(件)一体化、数字化等生产制造技术,提高生产效率和产品质量。

10.2 钢结构制作原材料

10.2.1 轻型钢结构用主要材料、零(部)件、成品件、标准件等产品应进行进场验收,合格后方可使用。

10.2.2 钢材、焊接材料的抽样复验、检查验收应按照现行国家标准《钢结构工程施工规范》GB 50755、《钢结构工程施工质量验收标准》GB 50205 和现行上海市工程建设规范《轻型钢结构制作及安装验收标准》DG/TJ 08—010 的规定执行。

10.2.3 钢材、焊接材料代用,必须经原设计单位书面批准。

10.2.4 钢材应按种类、材质、炉批号、规格等分类平整堆放,并作好标记,堆放场地应有排水设施。

10.2.5 焊条、焊丝、焊剂等焊接材料,应按牌号、批号、规格分类存放在干燥、通风的焊接材料储藏室内。

10.2.6 焊条、焊剂的保存、烘干应按照现行国家标准《钢结构焊接规范》GB 50661 的规定执行。

10.2.7 焊条外观不应有药皮脱落、焊芯锈蚀等缺陷;焊丝表面应光滑,无毛刺、划痕、锈蚀、氧化皮、油污等缺陷;焊剂不应受潮结块。

10.2.8 涂装材料应按产品说明书的要求进行存储。

10.3 钢构件加工

10.3.1 放样、号料应符合施工详图和工艺文件的要求,并应根据工艺要求预留焊缝收缩余量及切割、加工等加工余量。

10.3.2 钢材切割可采用机械切割、气割、等离子切割、激光切割等方法，选用的切割方法应满足工艺文件的要求。应优先采用数控切割，按设计和工艺要求的尺寸以及焊接收缩、加工余量及割缝宽度等尺寸，编制切割程序。

10.3.3 厚度不大于 6 mm 薄钢板宜采用等离子切割，厚度不大于 12 mm 的钢板可采用剪板机剪切，更厚的钢板可采用气割。不大于∟90×10 的角钢可剪切，更大的角钢宜锯切，也可采用气割。切割允许偏差应符合现行国家标准《钢结构工程施工规范》GB 50755 和《钢结构工程施工质量验收标准》GB 50205 的规定。

10.3.4 碳素结构钢在环境温度低于－16℃，低合金高强度结构钢在环境温度低于－12℃时，不得进行剪切、冲孔。

10.3.5 冷矫正可直接在设备上进行，碳素结构钢在环境温度低于－16℃，低合金高强度结构钢在环境温度低于－12℃时，不应进行冷矫正和冷弯曲。

10.3.6 当零件采用热加工成型时，可根据材料的含碳量选择不同的加热温度。加热温度应控制在 900℃～1 000℃；碳素结构钢和低合金结构钢在温度分别下降到 700℃和 800℃前，应结束加工；低合金高强度结构钢的加热矫正或成型均应自然冷却。

10.3.7 过焊孔宜用锁口机加工，可采用划线切割，其切割面的平面度、割纹深度及局部缺口深度均应符合现行国家标准《钢结构工程施工质量验收标准》GB 50205 的规定。

10.3.8 对数量较多的相同孔组，宜采用数控钻或套模方式制孔，冷弯薄壁型钢构件宜采用冲孔的方式制孔。

10.3.9 构件的组装宜在专用的平台上进行，组装用的平台和胎架应符合构件组装的精度要求，并具有足够的强度和刚度，经检查验收后才能使用。

10.3.10 组装 H 形截面构件时，翼缘和腹板必须校正平直，并用活动胎具卡紧，焊接时严格按顺序施焊，减小焊接变形。焊接变形过大的构件，可采用冷作或局部加热方式矫正。

10.3.11 冷弯薄壁型钢构件在运输、堆放和吊装等过程中造成的变形和镀层受损，应进行矫正和修补。

10.3.12 冷弯薄壁型钢构件不宜进行热切割，其切割面和剪切面应无裂纹、锯齿和大于 5 mm 的非设计缺角。冷弯薄壁型钢切割允许偏差为±2 mm。

10.3.13 冷弯薄壁型钢构件预冲的安装孔尺寸公差为±3 mm，两预冲的安装孔孔距公差为±3 mm，两孔中心间距不得小于 80 mm，孔中心偏移公差为±1.5 mm。

10.3.14 模块单元组成的部件、构件及连接件应在工厂制作。模块单元的组装宜在工厂进行。

10.4 构件外形尺寸

10.4.1 钢构件外观要求无明显弯曲变形，翼缘板、端部边缘平直。翼缘表面和腹板表面不应有明显的凹凸面、损伤和划痕，以及焊瘤、油污、泥砂、毛刺等。

10.4.2 单节钢柱、多节钢柱、焊接实腹钢梁、钢桁架、支撑系统钢构件外形尺寸的允许偏差，应符合现行国家标准《钢结构工程施工质量验收标准》GB 50205 的相关规定。

10.4.3 钢板剪力墙构件外形尺寸的允许偏差，应符合现行国家标准《钢结构工程施工质量验收标准》GB 50205 和现行行业标准《钢板剪力墙技术规程》JGJ/T 380 的相关规定。

10.4.4 冷弯薄壁型钢构件外形尺寸的允许偏差，应符合现行国家标准《钢结构工程施工质量验收标准》GB 50205 和现行行业标准《低层冷弯薄型钢房屋建筑技术规程》JGJ 227 的相关规定。

10.4.5 模块单元、模块单元部件、构件制作尺寸的允许偏差，应符合现行国家标准《钢结构工程施工质量验收标准》GB 50205 和现行行业标准《轻钢模块化钢结构组合房屋技术标准》JGJ/T

466的相关规定。

10.5 构件焊缝

10.5.1 钢结构构件的各种连接焊缝，应根据设计文件或设计图纸要求的焊缝质量等级选择相应的焊接工艺进行施焊，在产品加工时，同一断面上拼板焊缝间距不宜小于200 mm。

10.5.2 焊缝无损探伤应按现行国家标准《焊缝无损检测超声检测技术、检测等级和评定》GB/T 11345和现行行业标准《钢结构超声波探伤及质量分级法》JG/T 203的规定进行探伤。焊缝质量等级和探伤比例应符合表10.5.2的规定。

表10.5.2 焊缝质量等级及无损检测要求

焊缝质量等级		一级	二级	三级
内部缺陷超声波探伤	缺陷评定等级	Ⅱ	Ⅲ	—
	检验等级	B级	B级	—
	检测比例	100%	20%	—

注：二级焊缝检测比例的计数方法应按以下原则确定：工厂制作焊缝按照每条焊缝长度计算百分比，且探伤长度不小于200 mm；当焊缝长度小于200 mm时，应对整条焊缝探伤；现场安装焊缝应按照同一类型、同一施焊条件的焊缝条数计算百分比，且不应少于3条焊缝。

10.5.3 经探伤检验不合格的焊缝，除需将不合格部位的焊缝返修外，尚应加倍进行复检；当复检仍不合格时，应将该焊缝进行百分之百探伤检查。

10.6 涂装工程施工

10.6.1 钢结构防腐涂装施工应在钢构件组装、预拼装工程检验批的施工质量验收合格后进行。钢结构防火涂装施工应在钢结构安装工程和防腐涂装工程检验批施工质量验收合格后进行。

当设计文件规定构件可不进行防腐涂装时，安装验收合格后可直接进行防火涂装施工。

10.6.2 涂装前，钢材表面除锈等级应满足设计要求并符合现行国家标准《涂覆涂料前钢材表面处理表面清洁度的目视评定　第1部分：未涂覆过的钢材表面和全面清除原有涂层后的钢材表面的锈蚀等级和处理等级》GB/T 8923.1 的规定。处理后的钢材表面不应有焊渣、焊疤、灰尘、油污、水和毛刺等。当设计无要求时，钢材表面除锈等级应符合表 10.6.2 的规定。

表 10.6.2　各种底漆或防锈漆要求最低的除锈等级

涂料品种	除锈等级
油性酚醛、醇酸等底漆或防锈漆	Sa2 或 Sa2 ½
高氯化聚乙烯、氯化橡胶、氯磺化聚乙烯、环氧树脂、聚氨酯等底漆或防锈漆	Sa2 ½
无机富锌、有机硅、过氯乙烯等底漆	Sa2 ½

10.6.3 当设计要求或施工单位首次采用某涂料和涂装工艺时，应按现行国家标准《钢结构工程施工质量验收标准》GB 50205 的规定进行涂装工艺评定，评定结果应满足设计要求并符合国家现行标准的要求。

10.6.4 防腐涂料、涂装遍数、涂装间隔、涂层厚度均应满足设计文件、涂料产品标准要求。当设计对涂层厚度等无要求时，应按照本标准第 10 章的要求进行。

10.6.5 涂装时，环境温度和相对湿度应符合涂料产品说明书的要求。

10.6.6 涂层质量及厚度应符合现行国家标准《钢结构工程施工质量验收标准》GB 50205 的规定。

10.6.7 在施工过程中，应及时对钢构件连接部位、钢构件涂层受损部位进行涂装及涂层缺陷修补。钢构件连接部位涂装及涂层缺陷修补应符合现行国家标准《钢结构工程施工规范》

GB 50755和《钢结构工程施工质量验收标准》GB 50205的规定。

10.6.8 涂装完成后，构件的标志、标记和编号应清晰完整。

10.6.9 防火涂料的粘结强度、抗压强度应符合现行国家标准《钢结构防火涂料》GB 14907的规定，检查方法应符合现行国家标准《建筑构件防火喷涂材料性能试验方法》GB 9978的规定。

10.6.10 膨胀型防火涂料、非膨胀型防火涂料的涂层厚度及隔热性能应满足国家现行标准有关耐火极限的要求，且不应小于200 μm。当采用厚涂型防火涂料涂装时，80%及以上涂层面积应满足国家现行标准有关耐火极限的要求，且最薄处厚度不应低于设计要求的85%。

10.6.11 超薄型防火涂料涂层表面不应出现裂纹；薄涂型防火涂料涂层表面裂纹宽度不应大于0.5 mm；厚涂型防火涂料涂层表面裂纹宽度不应大于1 mm。

10.6.12 构件表面的涂装系统材料应相互兼容。

10.6.13 涂装施工时，应采取相应的环境保护和劳动保护措施。

11 轻型钢结构安装

11.1 一般规定

11.1.1 轻型房屋钢结构的安装应由施工单位编制施工组织设计文件，应符合相关结构工程施工质量验收规范和设计文件要求，并报监理单位审批。安装程序应保证结构的稳定性和不导致永久性变形。

11.1.2 安装前，应按构件明细表核对进场的构件，查验产品合格证；对于重要构件，宜根据设计文件、现行国家标准《钢结构通用规范》GB 55066、《钢结构工程施工质量验收标准》GB 50205、现行上海市工程建设规范《轻型钢结构制作及安装验收标准》DG/TJ 08—010 和本标准相关规定进行复验；查验合格后方可安装。

11.1.3 轻型钢结构的柱、梁、屋架、支撑等主要构件安装就位后，应立即进行校正、固定。对不能形成稳定空间体系的结构，应及时进行临时加固。

11.1.4 钢结构构件在运输、存放、吊装过程损坏的涂层，应按原涂装规定予以修复。

11.1.5 冷弯薄壁型钢结构安装过程中应采取措施避免撞击，受撞击变形的杆件应校正到位。

11.1.6 吊装作业必须在起重设备的额定起重范围内进行；用于吊装的钢丝绳、吊装带、卸扣、吊钩等吊具应经检查合格，并应在额定许用荷载范围内使用。

11.1.7 当采用吊装耳板进行构件吊装时，若需去除耳板，可采用气割或碳弧气刨方式在离母材 3 mm～5 mm 位置切除，严禁采用锤击方式去除。

11.1.8 单层轻型钢结构安装工程可按变形缝、空间刚度单元、施工段等划分成一个或若干个检验批；多层轻型钢结构安装工程可按楼层或施工段等划分成一个或若干个检验批。

11.1.9 施工过程中，应按施工方案和施工技术标准的要求对各工序进行质量控制。施工质量验收应符合设计文件、现行国家标准《钢结构工程施工质量验收规范》GB 50205 和现行上海市工程建设规范《轻型钢结构制作及安装验收规程》DG/TJ 08—010 的相关规定。

11.2 基础和地脚螺栓(锚栓)

11.2.1 钢结构安装前，应对建筑物的定位轴线、基础轴线、基础位置和尺寸、地脚螺栓位置和尺寸等进行检查，并应办理交接验收。

11.2.2 基础顶面直接作为承重构件（柱、墙）支承面时，其支承面、地脚螺栓（锚栓）位置和尺寸的允许偏差应符合表 11.2.2 的规定。当地脚螺栓（锚栓）的埋设精度要求较高时，可采用预留孔、二次埋设的工艺。

表 11.2.2 支承面、地脚螺栓(锚栓)位置和尺寸的允许偏差(mm)

<table>
<tr><th colspan="3">项目</th><th>允许偏差</th></tr>
<tr><td rowspan="3">支承面</td><td colspan="2">标高</td><td>±3.0</td></tr>
<tr><td colspan="2">水平度</td><td>$l/1\,000$</td></tr>
<tr><td colspan="2">边长</td><td>$l/1\,000$</td></tr>
<tr><td rowspan="5">地脚螺栓（锚栓）</td><td colspan="2">中心偏移</td><td>5.0</td></tr>
<tr><td rowspan="2">外露长度</td><td>$d \leqslant 30$</td><td>$0 \sim 1.2d$</td></tr>
<tr><td>$d > 30$</td><td>$0 \sim 1.0d$</td></tr>
<tr><td rowspan="2">螺纹长度</td><td>$d \leqslant 30$</td><td>$0 \sim 1.2d$</td></tr>
<tr><td>$d > 30$</td><td>$0 \sim 1.0d$</td></tr>
</table>

续表11.2.2

项目		允许偏差
预留孔	中心偏移	10.0
	深度	±10.0

注：l 为构件跨度或长度；d 为地脚螺栓（锚栓）的直径。

11.2.3 采用二次浇筑的外露式钢柱脚，当设计无要求时，柱底板与基础顶面间宜预留 50 mm～80 mm 的间隙，待钢柱校正完毕后应及时采用无收缩的灌浆料或细石混凝土填实间隙。采用二次浇筑工艺的基础顶面允许偏差应符合表 11.2.3 的规定，地脚螺栓（锚栓）位置和尺寸的允许偏差应符合表 11.2.2 的规定。地脚螺栓（锚栓）宜在柱底设置调整螺母。

表 11.2.3 二次浇筑工艺基础顶面的允许偏差(mm)

项目	允许偏差
标高	±6.0
水平度	l/1 000
边长	l/1 000

注：l 为构件跨度或长度。

11.3 轻型钢框架体系结构安装

11.3.1 结构安装宜以每节钢柱形成的框架为单位，划分多个流水作业段，并应符合下列规定：

1 吊装机械的起重性能应满足流水段内最重构件的吊装要求。

2 每节流水段内的柱长度应根据工厂加工、运输堆放、现场吊装等因素确定，分节位置宜在梁顶标高以上 1.0 m～1.3 m 处。

3 流水段的划分应与土建施工相适应。

4 每节流水段可根据结构特点和现场条件在平面上划分流

水区进行施工。

5 特殊流水区的划分应符合设计文件的要求。

11.3.2 标准节框架的安装宜采用节间综合安装法和按构件分类的大流水安装法，并应符合下列规定：

1 框架吊装时，可采用整个流水段内先柱后梁或局部先柱后梁的顺序，应形成空间稳定体系后再扩展安装。

2 应避免单柱长时间处于悬臂状态。若存在失稳风险，应及时增设临时支撑。

3 楼承板应穿插在框架施工过程中安装，且宜落后框架一个节段安装。

4 在钢柱节段未完成焊接（或螺栓紧固）之前，不应浇筑上方楼层的楼面混凝土。

11.3.3 每安装一节钢柱后，应对柱顶做一次标高实测，标高偏差值超过 5 mm 时应进行调整。标高调整应符合下列规定：

1 一次调整不宜超过 5 mm。

2 钢柱的截短、填板宜在制作厂完成。

3 安装时柱顶标高宜控制在负公差内。

11.3.4 钢梁安装应符合下列规定：

1 钢梁宜采用两点起吊，就位后应立即进行临时固定。

2 钢梁校正完成后应及时完成永久性连接。

11.4 冷弯薄壁型钢龙骨体系结构安装

11.4.1 冷弯薄壁型钢龙骨体系结构安装宜采用先墙后梁的顺序，并应及时安装临时支撑，在形成空间稳定体系后再扩展安装。

11.4.2 冷弯薄壁型钢龙骨墙体安装应符合下列规定：

1 墙体宜按钢龙骨安装、预埋管线安装、填充材料安装和覆面板安装的顺序进行施工。

2 钢龙骨可拼装成稳定结构单元后整体吊装，亦可散件安装。采用散件安装时，宜根据结构布置进行分区，并按底导梁安装、墙端立柱安装、顶导梁安装、中间立柱安装和其他龙骨安装的顺序进行施工。

3 填充材料应在轻钢龙骨和预埋管线质量验收合格后进行安装。

4 覆面板应在填充材料质量验收合格后进行安装。

11.4.3 冷弯薄壁型钢龙骨墙体的表面应平整、无划痕、无锈蚀、无裂痕，其外形尺寸、立柱间距、洞口位置及其他构件位置应满足设计要求，当设计无要求时，应符合表11.4.3的规定。

表11.4.3 轻钢龙骨墙体施工允许偏差(mm)

检查项目	允许偏差
长度	－5.0～0
高度	±2.0
对角线	±3.0
填充材料平整度	±5.0
立面垂直度	h/1 000，且≤3.0
表面平整度	h/1 000，且≤3.0
墙体立柱间距	±3.0
洞口位置	2.0
其他构件位置	3.0
立柱与底梁及顶梁的间隙	0～3.0
自攻螺钉位置	3.0

注：h 为墙体高度。

11.4.4 冷弯薄壁型钢梁安装应符合下列规定：

1 钢梁宜采用散件安装，亦可采用分块吊装法。

2 楼(屋)面梁系统未全部安装完毕前，钢梁不应单独承受人群等施工荷载。

3 楼(屋)面板未安装前，钢梁间宜设置平面临时支撑。

11.5 分层装配支撑钢框架体系结构安装

11.5.1 分层装配支撑钢框架体系结构安装应符合下列规定：

1 结构安装应遵循分层装配的原则，上层结构应在下层主体结构安装完毕且验收合格后进行安装。

2 每层主体结构施工应按柱、支撑和梁的顺序进行。当安装过程结构存在不稳定状态时，应及时增设临时支撑，在形成空间稳定体系后再扩展安装。

11.5.2 钢柱安装的允许偏差应满足设计要求；当设计无要求时，应符合表11.5.2的规定。

表11.5.2 钢柱安装的允许偏差(mm)

项目	允许偏差	图例
柱脚底座中心线对定位轴线的偏移Δ	2.0	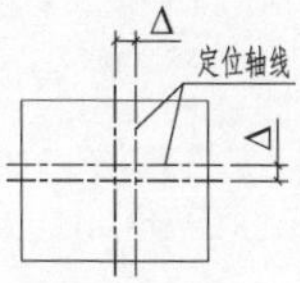 Δ 定位轴线 Δ
柱基准点标高	±2.0	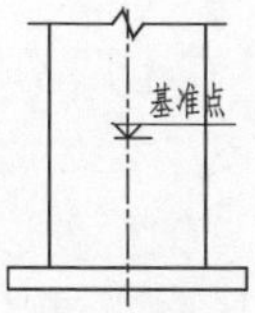 基准点
柱轴线垂直度Δ	$h/1\,000$	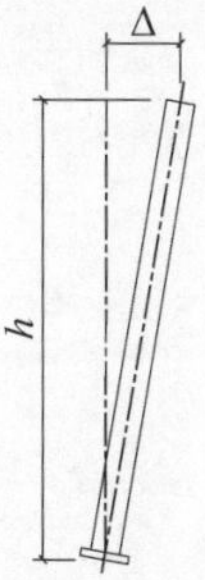 Δ h

续表11.5.2

项目		允许偏差	图例
同一层柱的各柱顶高度差Δ	连接同一根钢梁的相邻柱	$l/1\,000$ 且≤5.0	
	其他柱	5.0	

11.5.3 柔性支撑应在施工初期、中期和主体完工时分三次进行张紧，张紧装置应采用套筒螺栓且应有止退措施，并应符合下列规定：

1 应在本层钢梁安装前对本层支撑进行初次拧紧。

2 应在本层钢结构安装完毕及楼板安装前，进行第二次拧紧。

3 应在钢结构主体与全部楼板安装完毕后进行第三次拧紧。

4 应根据套筒螺栓规格采用不同的预拉力，M14、M16、M18、M20、M22、M24、M27、M30 的套筒螺栓预拉力可采用扭矩扳手分别施加扭矩值 17 N·m、26 N·m、37 N·m、51 N·m、70 N·m、89 N·m、130 N·m、180 N·m 进行控制。

5 在上层构件安装前，应使下层柱间支撑处于张紧状态，并调整已安装层的垂直度及安装精度。

11.5.4 钢梁安装应从有支撑的柱群开始，并应双向同时安装，尽快形成闭合结构。

11.5.5 装配式楼板的安装应与钢梁形成可靠连接，且不应影响上层结构柱和上层墙板连接件的安装。

11.6 箱式模块化轻型钢结构体系结构安装

11.6.1 模块部件、构件的尺寸偏差应符合表 11.6.1 的规定。

表 11.6.1　模块部件、构件的允许偏差(mm)

项目			允许偏差
模块地板	外形尺寸偏差	≥3 600	−5.0～0
		<3 600	−4.0～0
	对角线		±4.0
	边框梁外侧腹板平整度		l/1 000,且≤4.0
	相邻楼板高低差		2.0
	底部六点支撑状态下,楼板平整度		l/1 000,且≤3.0
	自由状态下,次梁下表面平整度		l/1 000,且≤3.0
模块顶板	外形尺寸偏差	≥3 600	−5.0～0
		<3 600	−4.0～0
	对角线		±4.0
	边框梁外侧腹板平整度		l/1 000,且≤4.0
	自由状态下,吊顶板平整度		l/1 000,且≤3.0
	吊顶板间接缝间隙		1.5
	装配式吊顶板接缝直线度		2.0
模块墙板	长度		−2.0～0
	宽度		−2.0～0
	厚度		±1.0
	对角线		±4.0
	表面平整度		1.0
角柱	长度		−2.0～0
	截面尺寸		±1.0
	端板与角柱侧面的垂直度		1.5°
	两端板的平行度		1.5°
	立柱连接孔间距		±1.0

注:l 为模块部(构)件的长度。

11.6.2　模块单元的组装宜在工厂完成;当运输受限时,可采用工地组装。模块单元的尺寸偏差应符合表 11.6.2 的规定。

表 11.6.2　模块单元的允许偏差(mm)

项目			允许偏差
模块单元外形尺寸	边长	≥3 600	−5.0～0
		<3 600	−4.0～0
	顶(底)面对角线		±4.0
	侧面对角线		±5.0
模块单元整体垂直度			h/1 000,且≤3.0
模块单元墙体平面度	表面平整度		2.0
	与楼面垂直度		3.0
	接缝间隙		0～1.5
	接缝直线度		2.0
模块单元顶板挠度			l/1 500,且≤10.0
模块单元地板挠度			l/1 500,且≤10.0
梁、柱截面扭曲			±2.0
门窗	长度		±1.5
	宽度		±1.5
	对角线		±3.0

注:l 为模块单元长度。

11.6.3　模块化钢结构体系结构安装应符合下列规定:

1　宜采用模块单元整体吊装法,安装前模块单元应验收合格。

2　模块单元安装时,宜按标高、水平位形和垂直度的顺序进行校正。

3　安装过程结构存在不稳定状态时,应及时采取临时加固措施。

4　当采用螺栓连接时,相邻模块单元之间应通过压板和螺栓固定。

5 安装过程出现损伤应立即矫正修补，不得使用无法矫正修补的模块。

6 不应利用已安装就位的模块结构作为起重设备的支承点。

11.6.4 对于开洞面积较大或具有敞开面的模块单元，应对运输、堆放和吊装等工况进行受力和变形复核，必要时应增设临时加强措施。

11.6.5 应根据模块单元的结构形式、尺寸和重量等选配合适的吊索具，吊索水平夹角不应小于45°，且不宜大于60°。

11.6.6 模块化钢结构体系主体结构安装的允许偏差应满足设计要求。当设计无要求时，应符合表11.6.6的规定。

表11.6.6 模块化钢结构体系主体结构安装的允许偏差(mm)

项目	允许偏差	图例
地板中心线对定位轴线的偏移Δ	5.0	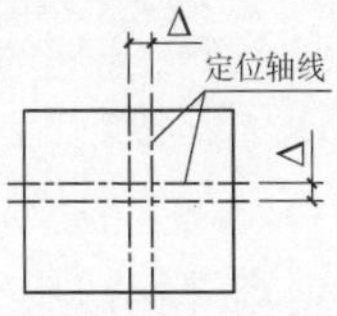 Δ 定位轴线 Δ
单层模块结构垂直度Δ	h/1 000 且≤5.0	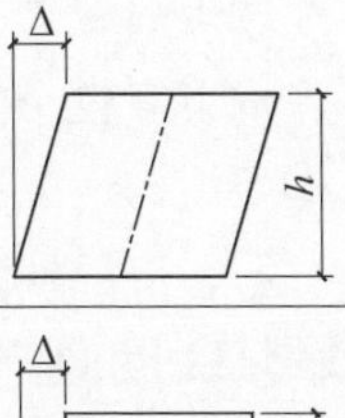 Δ h
整体垂直度Δ	h/1 000+10 且≤30.0	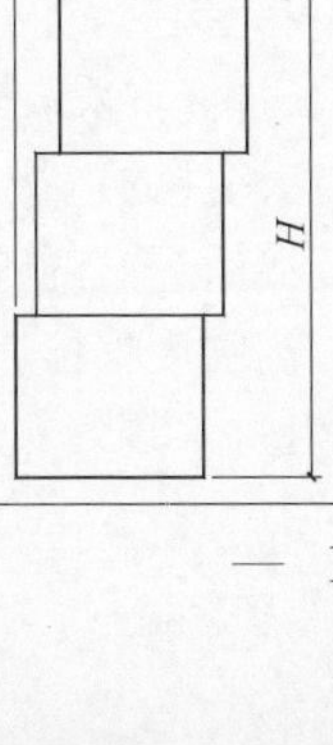 Δ H

续表11.6.6

项目	允许偏差	图例
模块顶部标高差Δ	5.0	Δ
主体结构的整体平面弯曲Δ	L/1 200 且≤20.0	Δ L

11.7 焊接和紧固件连接

11.7.1 现场焊缝焊接顺序应符合下列规定：

1 现场焊接宜选用抗风性能较好的药芯焊丝 CO_2 气体保护焊或采用自保护药芯焊丝气体保护焊方法。

2 现场焊接接头应在构件校正、安装定位后进行焊接。

3 现场焊缝较多时，应先焊拘束度较大而不能自由收缩的焊缝，后焊拘束度较小的焊缝。

4 框架结构现场接头的焊接顺序应先焊上层梁接头，其次焊下层梁接头，再焊柱间接头，最后焊中层梁接头；平面接头应从中心部位对称向外施焊。

5 单元接头应根据构件截面大小对称施焊。

6 长焊缝宜采取分段退焊，分段长度宜为 400 mm～500 mm。

7 当构件的连接为焊接和高强度螺栓并用的连接方式时，应按先栓接后焊接的顺序施工。

11.7.2 高强度螺栓连接应符合下列规定：

1 对进入现场的高强度螺栓连接副应进行复检，螺栓、螺母、垫圈的性能等级和材料应与设计文件相一致，且应符合现行国家标准《钢结构用扭剪型高强度螺栓连接副》GB/T 3632 和《钢结构用高强度大六角头螺栓、大六角螺母、垫圈技术条件》GB/T 1231 的规定。

2 对于高强度螺栓摩擦型连接，应按现行国家标准《钢结构工程施工质量验收标准》GB 50205 的规定对摩擦面的抗滑移系数进行复验。

3 严禁将使用过的高强度螺栓连接副用于永久性连接。高强度螺栓连接副在使用前保管时间超过 6 个月时，若包装完整且未破坏出厂状态，可按照现行国家标准《钢结构工程施工质量验收标准》GB 50205 的规定，重新进行扭矩系数和紧固轴力的检测，检测合格后使用。

4 安装高强度螺栓时，严禁强行穿入。对于高强度螺栓承压型连接，当不能自由穿入时，应根据螺栓孔实际排布进行连接板的重加工，严禁在未经施工图编制单位同意的情况下进行扩孔。对于高强度螺栓摩擦型连接，当不能自由穿入时，应用铰刀修整螺栓孔，修整后的螺栓孔最大直径不应大于 1.2 倍螺栓直径，且修孔数量不应超过该节点螺栓数量的 25%。

5 高强度螺栓在初拧、复拧和终拧时，应由螺栓群中央顺序向外拧紧，并应从接头刚度大的部位向约束小的方向拧紧。

11.7.3 普通螺栓连接应符合下列规定：

1 普通螺栓紧固应从中间开始对称向两侧推进施拧。

2 大型接头宜采用初拧、复拧的方式紧固。

3 设计有防松动要求时，应采取有防松动装置的螺母或弹簧垫圈，弹簧垫圈应放置在螺母侧。

11.7.4 自攻螺钉、拉铆钉、射钉等安装应符合下列规定：

1 用于连接薄钢板的自攻螺钉、拉铆钉、射钉等，其规格尺寸应与被连接钢板相匹配，其间距、边距等应符合设计文件的要求。

2 不等厚的冷弯薄壁型钢构件连接时，螺钉应从较薄的构件穿入较厚的构件。

3 螺钉拧紧后，应保证螺钉外露丝扣不少于 3 扣。

4 自攻螺钉、拉铆钉、射钉等与连接钢板应紧固密贴，外观应排列整齐。

5 射钉施工时，穿透深度不应小于 10 mm。

11.7.5 自攻螺钉(非自攻自钻螺钉)连接板上的预制孔径 d_0，可按下式计算：

$$d_0 = 0.7d + 0.2t\text{，且 } d_0 \leqslant 0.9d \tag{11.7.5}$$

式中：d——自攻钉的公称直径(mm)；

t——连接板的总厚度(mm)。

附录A 门式刚架体系房屋结构附加设计规定

A.0.1 本附录适用于现行国家标准《门式刚架轻型房屋钢结构技术规范》GB 51022 规定的单层房屋钢结构的设计。

A.0.2 门式刚架轻型房屋钢结构结构设计，除应符合本附录外，尚应符合国家现行有关标准的规定。

A.0.3 当采用非金属的大型预制装配式墙板时，在风荷载及地震作用下的柱顶水平位移值，无吊车时不应大于 $h/120$，有吊车时应符合现行国家标准《门式刚架轻型房屋钢结构技术规范》GB 51022 的规定，但不应大于 $h/240$；抗风柱的挠度限值：当墙体为压型钢板时不应大于 $h/150$，当墙体为脆性材料时不应大于 $h/240$。h 为刚架柱高度。

A.0.4 屋面梁挠度限值：当压型钢板屋面无吊顶时不大于 $L/180$，尚有吊顶时不大于 $L/240$；且不大于 $i/6$。L 为屋面梁跨度，i 为屋面坡度。

A.0.5 当双坡建筑的屋面坡度在 20°～30°范围内时，其屋面积雪应采用不均匀分布情况，其他坡度按均匀分布考虑；当多坡建筑的屋面坡度不大于 1/20 时，其内屋面可不考虑不均匀分布的情况。

A.0.6 当屋面雪荷载存在积雪堆积、漂移等不均匀分布时，设计时按下列规定采用：

1 屋面板和檩条按不均匀分布的情况采用，积雪堆积和漂移部位尚应考虑其影响。

2 刚架斜梁按全跨积雪的均匀分布及不均匀分布情况采用，桁架式屋架及拱壳尚须考虑半跨积雪的均匀分布情况。

3 刚架柱可按全跨积雪的均匀分布情况采用。

A.0.7 门式刚架轻型房屋宜采用单坡或双坡屋面，不宜设置女儿墙。

A.0.8 局部夹层的受力体系宜采用梁柱刚接框架结构，对地震设防烈度为7度及以下的结构也可采用梁柱铰接加支撑的结构形式。有局部夹层的轻型房屋钢结构可在两个主轴方向分别计算并仅对夹层部位作三维补充分析。

A.0.9 门式刚架轻型房屋的屋面坡度限值：当屋面采用暗扣或螺钉外板时，不宜小于1/20；当屋面采用直立缝锁边外板时，不宜小于1/30；当屋面采用轻型卷材防水材料时，不宜小于1/40。

A.0.10 檩间支撑设置位置应与计算假定一致，可采用拉杆或压杆。当采用压杆时，斜拉条的布置方向应与采用拉杆时方向相反。当屋面外板为浮动式连接时，不应考虑屋面板对檩条上翼缘的约束作用；当内衬板与檩条有可靠连接时，可考虑对檩条有约束作用。

A.0.11 当房屋宽度超过60 m时，对无吊车房屋内柱纵向柱列宜适当设置柱间支撑。同一柱列采用不同形式或不同刚度的柱间支撑时，应按刚度进行内力分配。

A.0.12 梁柱刚接连接节点附近构件的隅撑应双侧设置，其他位置可单侧设置。当构件的截面高度大于1 300 mm时，宜设置可靠的侧向支撑体系。

A.0.13 刚架构件的平面外稳定性计算应结合构件的隅撑设置进行，不可直接按隅撑的间距作为平面外计算长度进行计算。

A.0.14 高强度螺栓连接设计时，如计算取用的构件摩擦面抗滑移系数不大于0.15，构件摩擦面可直接涂刷油漆。镀锌构件的摩擦面抗滑移系数可按0.15取用。

A.0.15 锚栓宜采用Q235或Q355钢制作，锚栓端部应设置弯钩或锚件。设置弯钩时弯钩长度应不小于4倍锚栓直径，锚栓锚固长度应符合现行国家标准《混凝土结构设计规范》GB 50010的有关规定。每个柱脚不宜少于4个锚栓，锚栓直径不宜小于

24 mm。柱脚锚栓宜采用双螺母。

A.0.16 张紧受拉的圆钢支撑拉杆，当端部采用直接穿透构件腹板连接形式时，拉杆直径不宜大于 22 mm，否则应对构件腹板进行加强或采用焊接连接板的连接形式。

A.0.17 与吊车梁连接的螺栓应采取有效的防松动措施。

A.0.18 当采用连续搭接檩条时，搭接构造及搭接长度应由试验确定，对 Z 型檩条每侧搭接长度不得小于 1.5 倍檩条高度，C 型檩条每侧搭接长度不得小于 3 倍檩条高度。

A.0.19 埋入式柱脚，当周边有混凝土浇筑时，可不另行设置抗剪键。

附录 B　L 形截面柱的承载力计算

B.0.1　L 形截面柱(图 B.0.1)的强度应按下列公式计算：

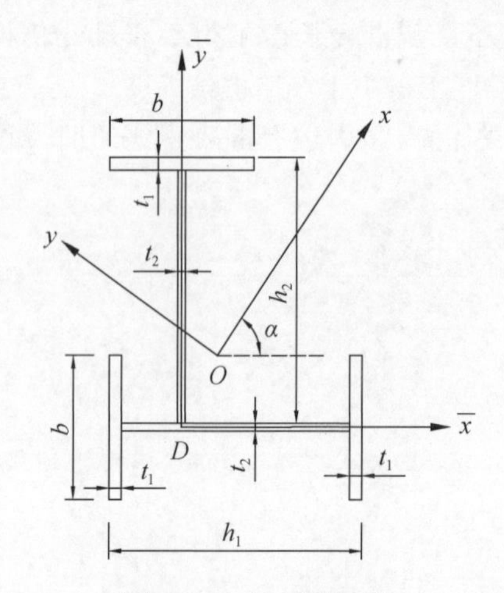

图 B.0.1　L 形截面柱

$$\frac{N}{A}\pm\frac{M_x}{I_x}y\pm\frac{M_y}{I_y}x\pm\frac{B_\omega}{I_\omega}\omega_s\leqslant f \tag{B.0.1-1}$$

$$\frac{V_xS_y}{I_yt}+\frac{V_yS_x}{I_xt}+\frac{M_\omega S_\omega}{I_\omega t}+\frac{M_kt}{I_k}\leqslant f_v \tag{B.0.1-2}$$

式中：　N ——柱轴力设计值；

M_x，M_y ——对柱截面形心主坐标轴 x、y 的弯矩设计值；

V_x，V_y ——柱截面形心主坐标轴 x、y 的剪力设计值；

B_ω ——弯曲扭转双力矩设计值，$B_\omega=\int_A\sigma_\omega\omega_S\mathrm{d}A=$

$E\dfrac{d^2\phi}{dz^2}\int_A \omega_S^2 dA$；

M_ω ——翘曲扭矩设计值，$M_\omega = EI_\omega \dfrac{d^3\phi}{dz^3}$；

M_k ——扭矩设计值，$M_k = GI_k \dfrac{d\phi}{dz}$；

ϕ ——截面的扭转角，以右手螺旋规律确定其正负号；

S_x，S_y ——验算点以上截面对柱截面形心主坐标轴 x、y 的截面面积矩；

I_x，I_y ——对柱截面形心主坐标轴 x、y 的截面惯性矩；

I_ω ——扇性惯性矩，$I_\omega = \dfrac{1}{3}\sum_A (\omega_{S\cdot i}^2 + \omega_{S\cdot i}\omega_{S\cdot i+1} + \omega_{S\cdot i+1}^2) t_i b_i$；

I_k ——抗扭惯性矩，$I_k = \sum_{i=1}^{n} I_{k\cdot i} = \dfrac{1}{3}\sum_{i=1}^{n} b_i t_i^3$；

S_w ——扇形面积矩，$S_w = \int_0^s w_s t ds$；

ω_S ——主扇性坐标；

$\omega_{S\cdot i}$，$\omega_{S\cdot i+1}$ ——横截面中第 i 个板件的两端点 i 和 $i+1$ 的主扇性坐标；

b_i，t_i ——第 i 个板件的宽度和厚度。

B.0.2 L形截面柱(图B.0.1)的轴心受压的稳定性应符合下式要求：

$$\frac{N}{\varphi A} \leqslant f \tag{B.0.2}$$

式中：φ ——L形截面柱受压的稳定系数，应根据L形截面柱的换算长细比 λ 按现行国家标准《钢结构设计规范》GB 50017 中b类截面的数表采用。

B.0.3 L形截面柱(图B.0.1)压弯稳定性应符合下式要求：

$$\frac{P}{\varphi A}+\frac{\beta_{\mathrm{tx}}M_{\mathrm{x}}}{\varphi_{\mathrm{bx}}W_{\mathrm{x}}}+\frac{\beta_{\mathrm{ty}}M_{\mathrm{y}}}{\varphi_{\mathrm{by}}W_{\mathrm{y}}}-\frac{2(\beta_{\mathrm{y}}M_{\mathrm{x}}+\beta_{\mathrm{x}}M_{\mathrm{y}})}{i_0^2\varphi A}\leqslant f \tag{B.0.3-1}$$

$$i_0^2=\frac{I_{\mathrm{x}}+I_{\mathrm{y}}}{A}+x_0^2+y_0^2 \tag{B.0.3-2}$$

$$\beta_{\mathrm{x}}=\frac{\int_A x(x^2+y^2)\mathrm{d}A}{2I_y}-x_0 \tag{B.0.3-3}$$

$$\beta_{\mathrm{y}}=\frac{\int_A y(x^2+y^2)\mathrm{d}A}{2I_{\mathrm{x}}}-y_0 \tag{B.0.3-4}$$

$$\varphi_{\mathrm{bx}}=\frac{\pi^2EI_{\mathrm{y}}}{W_{\mathrm{x}}f_{\mathrm{y}}(\mu_{\mathrm{y}}l)^2}\left[\beta_{\mathrm{y}}+\sqrt{\beta_{\mathrm{y}}^2+\frac{I_\omega}{I_{\mathrm{y}}}+\frac{GI_{\mathrm{k}}}{\pi^2EI_{\mathrm{y}}}(\mu_{\mathrm{y}}l)^2}\right] \tag{B.0.3-5}$$

$$\varphi_{\mathrm{by}}=\frac{\pi^2EI_{\mathrm{x}}}{W_{\mathrm{y}}f_{\mathrm{y}}(\mu_{\mathrm{x}}l)^2}\left[\beta_{\mathrm{x}}+\sqrt{\beta_{\mathrm{x}}^2+\frac{I_\omega}{I_{\mathrm{x}}}+\frac{GI_{\mathrm{k}}}{\pi^2EI_{\mathrm{x}}}(\mu_{\mathrm{x}}l)^2}\right] \tag{B.0.3-6}$$

式中：l——构件长度；

x_0，y_0——形心主坐标轴 x、y 的截面剪心坐标；

W_{x}，W_{y}——形心主坐标轴 x、y 的截面模量；

β_{x}——L 形截面柱关于 x 轴的不对称常数，当 M_{x} 作用下受压区位于剪心同一侧时，β_{x} 和 M_{x} 取正号，反之则取负号；

β_{y}——L 形截面柱关于 y 轴的不对称常数，当 M_{y} 作用下受压区位于剪心同一侧时，β_{y} 和 M_{y} 取正号，反之则取负号；

φ_{bx}，φ_{by}——分别为对 x、y 轴的受弯整体稳定系数，其值不大

于1.0，当值大于0.6时，应按现行国家标准《钢结构设计规范》GB 50017的规定进行折减；

β_{tx}，β_{ty}——等效弯矩系数，应按现行国家标准《钢结构设计规范》GB 50017的规定取值；

μ_x，μ_y——分别为对x、y轴的计算长度系数，应按表B.0.3取值。

表B.0.3 计算长度系数取值表

约束条件	μ_x	μ_y	μ_ω
两端简支	1.0	1.0	1.0
两端固定	0.5	0.5	0.5
一端固定，一端简支	0.7	0.7	0.7
一端固定，一端自由	2.0	2.0	2.0

B.0.4 当L形截面柱采用图B.0.1形式时，截面几何性质可按表B.0.4取值；换算长细比可按下列简化式计算：

$$\lambda=\frac{1}{\sqrt{0.44\alpha-0.693\sqrt{\alpha^2-2.27(\lambda_x^2+\lambda_y^2+\lambda_\omega^2)/(\lambda_x\lambda_y\lambda_\omega)^2}}} \tag{B.0.4-1}$$

$$\alpha=\frac{1}{\lambda_x^2}(1-y_0^2/i_0^2)+\frac{1}{\lambda_y^2}(1-x_0^2/i_0^2)+\frac{1}{\lambda_\omega^2} \tag{B.0.4-2}$$

$$\lambda_x=\frac{\mu_x l}{\sqrt{I_x/A}} \tag{B.0.4-3}$$

$$\lambda_y=\frac{\mu_y l}{\sqrt{I_y/A}} \tag{B.0.4-4}$$

$$\lambda_\omega=\frac{\mu_w l}{\sqrt{\frac{I_\omega}{Ai_0^2}+\frac{(\mu_w l)^2 GI_k}{\pi^2 EAi_0^2}}} \tag{B.0.4-5}$$

式中：λ_x，λ_y——分别为对 x、y 轴的长细比；

λ_w——扭转长细比；

μ_w——扭转屈曲的计算长度系数，按表 B.0.3 取值。

表 B. 0. 4　图 B. 0. 1 的 L 形截面几何性质

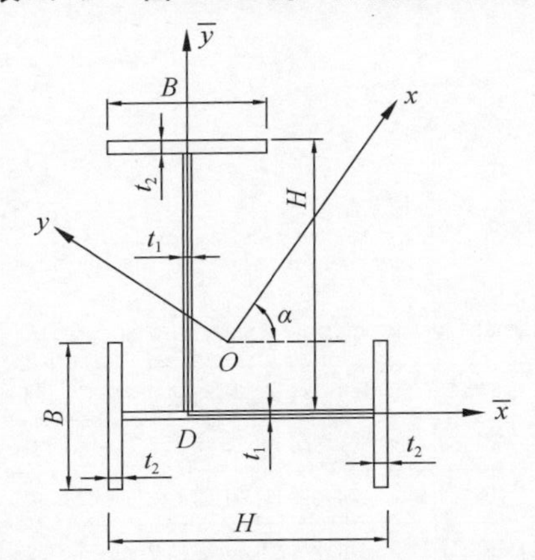

序号	$H\times B\times t_1\times t_2$	截面面积 $A(mm^2)$	形心坐标 (mm)		剪心坐标 (mm)		夹角 (°)	惯性矩				惯性半径 (mm)		不对称截面常数		
			$\overline{x}_0$	$\overline{y}_0$	x_0	y_0	α	I_x (cm^4)	I_y (cm^4)	I_k (cm^4)	I_ω (cm^6)	i_x	i_y	i_0^2 (cm^2)	β_x (cm)	β_y (cm)
1	100×50×5×7	1 945	14.5	29.5	−24.7	−16.8	27.3	376.5	172	2.48	1 095.7	4.40	2.97	37.1	4.07	2.15
2	150×75×5×7	2 970	21.8	44.2	−37.5	−24.8	28.2	1 303.0	826	3.75	8 492.0	6.62	4.55	84.8	6.13	3.13
3	200×100×5.5×8	4 468	29.2	58.9	−50.4	−32.8	28.5	3 515.1	1 680.9	7.23	41 100	8.87	6.13	154.4	8.16	4.11

续表B. 0. 4

序号	$H\times B\times t_1\times t_2$	截面面积 A(mm²)	形心坐标 (mm)		剪心坐标 (mm)		夹角 (°)	惯性矩				惯性半径 (mm)		不对称截面常数		
			$\overline{x}_0$	$\overline{y}_0$	x_0	y_0	α	I_x (cm⁴)	I_y (cm⁴)	I_k (cm⁴)	I_ω (cm⁶)	i_x	i_y	i_0^2 (cm²)	β_x (cm)	β_y (cm)
4	250×125×6×9	6 213	36. 6	73. 7	−63. 2	−40. 8	28. 7	7 688. 9	3 708. 0	12. 55	141 520	11. 1	7. 73	240. 1	10. 2	5. 09
5	300×150×6. 5×9	7 774. 5	43. 7	88. 1	−75. 7	−48. 8	28. 8	13 693. 5	6 602. 9	16. 22	354 500	13. 3	9. 22	342. 2	12. 3	6. 11
6	350×175×7×11	10 444	51. 5	103. 4	−89. 0	−56. 8	29. 0	25 578. 4	12 469. 6	30. 98	933 280	15. 7	10. 9	475. 9	14. 2	7. 04
7	400×200×8×13	13 888	59. 0	118. 4	−101. 9	−65. 0	29. 0	44 669. 1	21 800. 9	57. 04	2 147 100	17. 9	12. 5	624. 7	16. 3	8. 03
8	450×200×9×14	16 122	72. 9	131. 9	−124. 2	−67. 2	31. 2	64 926. 0	29 943. 0	75. 90	3 002 700	20. 1	13. 6	787. 9	20. 4	8. 38
9	500×200×10×16	19 120	86. 9	145. 7	−146. 1	−68. 9	32. 8	95 181. 1	41 980. 9	113. 90	4 315 300	22. 3	14. 8	978. 5	24. 5	8. 62

注：表中形心坐标为工程坐标系 $\overline{x}Dy$ 中的坐标值，而剪心坐标为形心柱坐标系中的坐标值。

附录C　单边高强度螺栓连接

C.0.1　单边高强度螺栓的性能等级为10.9S，单边高强度螺栓连接副的材质、性能等应符合现行国家标准《钢结构用扭剪型高强度螺栓连接副》GB/T 3632以及本标准附录D的规定。

C.0.2　单边高强度螺栓的预拉力设计值应按表C.0.2采用。

表C.0.2　单边高强度螺栓的预拉力设计值 P(kN)

螺栓的性能等级	螺栓公称直径			
	M16	M20	M24	M30
10.9S	100	155	225	355

C.0.3　单边高强度螺栓连接应按下列规定计算：

1　在受剪连接中，每个单边高强度螺栓的承载力设计值应按下式计算：

$$N_v^b = k_1 k_2 n_f \mu P \tag{C.0.3-1}$$

式中：N_v^b——单个单边高强度螺栓的抗剪承载力设计值(kN)；

k_1——系数，对冷弯薄壁型钢结构(板厚 $t \leqslant 6$ mm)取0.8，其他情况取0.9；

k_2——大圆孔的孔型系数，对于M20和M24螺栓，取0.9，对于其他规格螺栓取0.85；

n_f——传力摩擦面数目；

μ——摩擦面的抗滑移系数；

P——一个高强度螺栓的预拉力设计值(kN)，按表C.0.2采用。

2　在螺栓杆轴方向受拉的连接中，每个单边高强度螺栓的承载力设计值应按下式计算：

$$N_t^b = 0.8P \tag{C.0.3-2}$$

式中：N_t^b ——单个单边高强度螺栓的抗拉承载力设计值(kN)。

3 当单边高强度螺栓摩擦型连接同时承受摩擦面间的剪力和螺栓杆轴方向的外拉力时，承载力应符合下式要求：

$$\frac{N_v}{N_v^b} + \frac{N_t}{N_t^b} \leqslant 1 \tag{C.0.3-3}$$

式中：N_v ——某个单边高强度螺栓所承受的剪力(kN)；

N_t ——某个单边高强度螺栓所承受的拉力(kN)。

C.0.4 单边高强度螺栓连接应符合下列构造要求：

1 单边高强度螺栓应采用大圆孔，孔径应按表C.0.4-1匹配。

2 单边高强度螺栓孔距和边距的容许间距应按表C.0.4-2的规定采用。

表C.0.4-1 单边高强度螺栓连接的孔径匹配(mm)

参数	螺栓公称直径			
	M16	M20	M24	M30
螺栓头直径	22	28	36	42
大圆孔直径	23.5	29.5	37.5	43.5

表C.0.4-2 单边高强度螺栓孔距和边距

<table>
<tr><th>名称</th><th colspan="3">位置和方向</th><th>最大容许间距
(取二者的较小值)</th><th>最小容许间距</th></tr>
<tr><td rowspan="5">中心间距</td><td colspan="3">外排(垂直内力方向或顺内力方向)</td><td>$5.3d_0$ 或 $12t$</td><td rowspan="5">$2.23d_0$</td></tr>
<tr><td rowspan="3">中间排</td><td colspan="2">垂直内力方向</td><td>$10.6d_0$ 或 $24t$</td></tr>
<tr><td rowspan="2">顺内力方向</td><td>构件受压力</td><td>$8d_0$ 或 $18t$</td></tr>
<tr><td>构件受拉力</td><td>$10.6d_0$ 或 $24t$</td></tr>
<tr><td colspan="3">沿对角线方向</td><td>—</td></tr>
</table>

续表 C.0.4-2

<table>
<tr><th>名称</th><th colspan="2">位置和方向</th><th>最大容许间距
（取二者的较小值）</th><th>最小容许间距</th></tr>
<tr><td rowspan="3">中心至构件边缘距离</td><td colspan="2">顺内力方向</td><td rowspan="3">$2.6d_0$ 或 $8t$</td><td>$1.63d_0$</td></tr>
<tr><td rowspan="2">垂直内力方向</td><td>剪切边或手工气割边</td><td rowspan="2">$1.67d_0$</td></tr>
<tr><td>轧制边、自动气割或锯割边</td></tr>
</table>

注：1. d_0 为单边高强度螺栓连接板的孔径（表 C.0.4-1）；t 为外层较薄板件的厚度。

2. 钢板边缘与刚性构件（如角钢、槽钢等）相连的高强度螺栓的最大间距，可按中间排的数值采用。

C.0.5 单边高强度螺栓连接设计时，应考虑施工时钢管等封闭截面的构件内部净空间和工地专用施工工具的可操作空间要求。内部净空间和扭剪型电动扳手可操作空间尺寸宜分别符合表 C.0.5-1 和表 C.0.5-2 的要求。

表 C.0.5-1 单边高强度螺栓连接施工的钢管构件内部最小净空间(mm)

<table>
<tr><th colspan="2">螺栓公称直径</th><th>M16</th><th>M20</th><th>M24</th><th>M30</th></tr>
<tr><td rowspan="2">内部最小净空间</td><td>单侧安装</td><td>Z</td><td>Z</td><td>Z</td><td>Z</td></tr>
<tr><td>对侧安装</td><td>$Z+34$</td><td>$Z+43$</td><td>$Z+50$</td><td>$Z+60$</td></tr>
</table>

注：Z 为单边螺栓总长度。

表 C.0.5-2 扭剪型电动扳手可操作空间尺寸(mm)

参考尺寸	a	b	示意图
扭剪型电动扳手	50	$400+c$	

C.0.6 单边高强度螺栓外伸式端板连接为梁端头焊以外伸式端

板，再与冷成型钢管或箱形截面构件通过单边高强度螺栓摩擦型连接形成(图 C.0.6)。连接可同时承受轴力、弯矩与剪力，适用于采用封闭截面构件的轻型钢结构框架(刚架)梁柱连接。

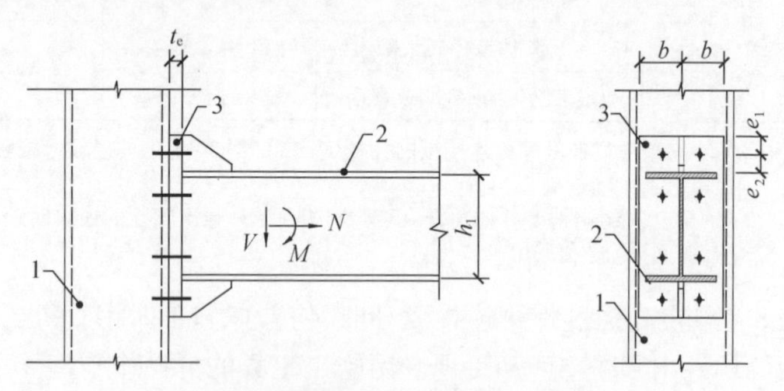

1—矩形钢管柱；2—H 形钢梁；3—端板

图 C.0.6　单边螺栓外伸式端板连接

C.0.7　单边高强度螺栓外伸式端板连接应采用刚性连接，并应进行在弯矩、剪力和轴力作用下的强度验算：

1　采用梁端的最不利荷载组合进行承载力验算。

2　进行螺栓群承载力验算时，宜假定螺栓群绕梁下翼缘中心转动。

3　当端板宽度 b_{ep} 与梁翼缘宽度 b_{bf} 不满足以下要求时(mm)，需在梁上、下翼缘两侧焊接加劲板，使其与端板齐宽，加劲肋长度取其自身宽度的 2 倍，厚度不小于梁翼缘的厚度。

$$b_{ep}-b_{bf}\leqslant 25 \tag{C.0.7}$$

C.0.8　单边高强度螺栓外伸式端板连接可采用在柱内设置内隔板、加厚柱壁、钢管内灌注混凝土等方式限制管壁变形和提高连接刚度。其中，内隔板中心线一般应与梁翼缘中心线齐平；加厚柱壁的范围宜取端板端部向上、下各延伸 1 倍的端板外伸段长度(图 C.0.8)；当采用灌注混凝土方式时，混凝土应柱内通长灌注。

C.0.9　单边高强度螺栓外伸式端板连接采用 4 排 8 螺栓布置

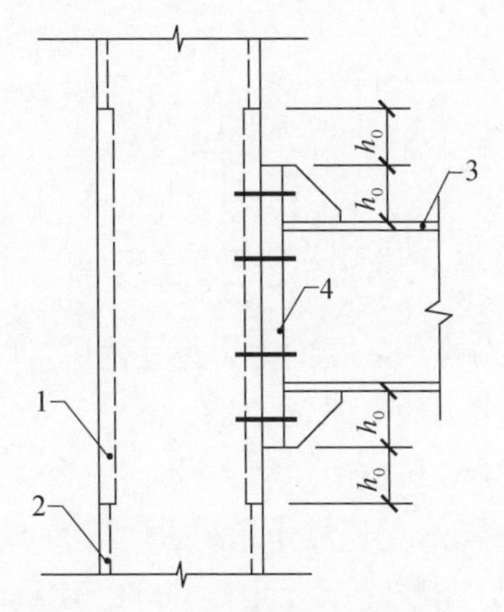

1—厚柱壁段；2—薄柱壁段；3—H形钢梁；4—端板

图 C.0.8 加厚柱壁段示意图

(图 C.0.8)，当柱中心线之间的梁跨度不小于临界跨度时，连接可作为刚接。临界跨度根据相邻梁、柱截面尺寸按本标准附录 E 查表确定。

C.0.10 当单边高强度螺栓外伸式端板连接采用刚性连接，柱内灌注混凝土且对应于梁翼缘的柱腹板部位设置内隔板时，节点域的受剪承载力应按下列规定计算：

$$\beta_{v}V \leqslant \frac{1}{\gamma}V_{u}^{j} \tag{C.0.10-1}$$

$$V_{u}^{j}=\frac{2N_{y}h_{c0}+4M_{uw}+4M_{uj}+0.5N_{cv}h_{c0}}{h_{b}} \tag{C.0.10-2}$$

$$N_{y}=\min\left(\frac{a_{c}h_{b}f_{w}}{\sqrt{3}},\ \frac{t_{c}h_{b}f}{\sqrt{3}}\right) \tag{C.0.10-3}$$

$$M_{uw}=\frac{h_{b}^{2}t_{c}[1-\cos(\sqrt{3}h_{c0}/h_{b})]f}{6} \tag{C.0.10-4}$$

$$M_{uj}=\frac{1}{4}b_{c0}t_{j}^{2}f_{j} \tag{C.0.10-5}$$

$$N_{cv}=\frac{2b_{c0}h_{c0}f_c}{4+\left(\frac{h_{c0}}{h_b}\right)^2} \qquad (C.0.10\text{-}6)$$

$$V=\frac{2M_c-V_bh_{c0}}{h_b} \qquad (C.0.10\text{-}7)$$

式中： V——节点域承受的剪力设计值(kN)；

β_v——剪力放大系数，取1.3；

V_u^j——节点域抗剪承载力设计值(kN)；

γ——系数（无地震作用组合时，$\gamma=\gamma_0$，γ_0 为结构重要性系数，按现行国家标准《建筑结构可靠性设计统一标准》GB 50068 的规定选取；有地震作用组合时，$\gamma=\gamma_{RE}$，γ_{RE} 为承载力抗震调整系数，此处取0.85）；

M_c——节点上、下柱弯矩设计值的平均值(kN·m)，弯矩对节点顺时针作用时为正；

V_b——节点左、右梁端剪力设计值的平均值(kN)，剪力对节点中心逆时针作用时为正；

t_c，t_j——钢柱管壁、内隔板厚度(mm)；

f_w，f，f_j——焊缝、钢柱管壁、内隔板钢材的抗拉强度设计值(N/mm^2)；

b_{c0}，h_{c0}——分别为钢管翼缘与腹板方向的管内混凝土截面宽度(mm)；

h_b——钢梁截面的高度(mm)；

a_c——钢管角部的有效焊缝厚度(mm)。

若钢管柱内仅灌注混凝土，未在对应于梁翼缘的柱腹板部位设置内隔板时，节点抗剪承载力限值按下式计算：

$$V_u^j=\frac{2N_yh_{c0}+4M_{uw}+0.5N_{cv}h_{c0}}{h_b} \qquad (C.0.10\text{-}8)$$

若钢管柱内仅在对应于梁翼缘的柱腹板部位设置内隔板，未灌注混凝土时，节点域应符合国家标准《钢结构设计标准》GB 50017—2017 第 12.3.3 条的有关规定。

C.0.11 外伸式端板连接的端板厚度 t_e 应根据以下公式验算：

1 当外伸式端板未设置加劲肋时

$$t_e \geqslant \sqrt{\frac{3ne_2N_{t1}}{b_{ep}f_{ep}}} \tag{C.0.11-1}$$

2 当外伸式端板设置加劲肋时

$$t_e \geqslant \sqrt{\frac{3ne_2e_wN_{t1}}{[b_{ep}e_w+2e_2(e_2+e_w)]f_{ep}}} \tag{C.0.11-2}$$

式中：n——螺栓的列数；

N_{t1}——一个单边螺栓的受拉承载力设计值(kN)；

e_2——螺栓中心至梁翼缘板表面的距离(mm)，见图 C.0.11；

e_w——加劲肋一侧，单列螺栓中心或多列螺栓中心总间距的中点至梁腹板表面的距离(mm)；

f_{ep}——端板的抗拉强度设计值(N/mm^2)。

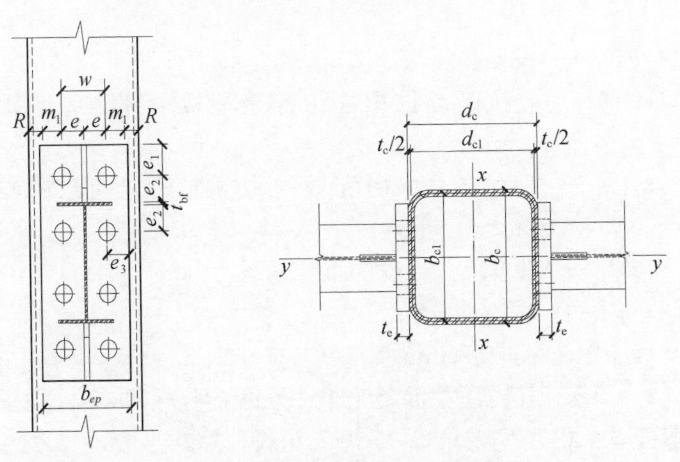

图 C.0.11 螺栓端板连接布置图

C. 0. 12 工字梁腹板厚度 t_{bw} 应按下式进行验算：

$$\frac{N_{t2}}{t_{bw}e_{w}} \leqslant f_{bw} \tag{C. 0. 12}$$

式中：N_{t2}——梁翼缘第二排一个螺栓的轴向拉力设计值(kN)；

f_{bw}——梁腹板的抗拉强度设计值(N/mm²)。

C. 0. 13 当单边高强度螺栓外伸式端板连接采用刚性连接时，钢管柱壁的受弯极限承载力 $M_{cf,\,pl}$ 应大于梁的受弯塑性承载力 $M_{b,\,pl}$，即

$$M_{cf,\,pl} > M_{b,\,pl} \tag{C. 0. 13-1}$$

钢管柱壁的受弯极限承载力 $M_{cf,\,pl}$ 应按下列规定计算：

1 当钢管柱内未灌注混凝土且未设内隔板时，计算公式如下：

$$M_{cf,\,pl} = F_{bf,\,t}(h + u/2) \tag{C. 0. 13-2}$$

$$F_{bf,\,t} = \frac{M_{L}}{m}[2 \cdot \sqrt{8m(b_{c1} + 2w + 4m)} + 4u] \tag{C. 0. 13-3}$$

式中：$F_{bf,\,t}$——梁受拉翼缘传递至管壁的拉力(kN)；

h——受拉区双排螺栓中心至端板下部边缘的距离(mm)；

w，u——垂直内力方向和顺内力方向的螺栓孔中心距(mm)；

M_{L}——柱壁单位长度的抗弯承载力(kN·m/m)，$M_{L} = 0.25f \cdot t_{c}^{2}$；

m——长度值(mm)，$m = (b_{c1} - w)/2$。

2 当钢管柱内灌注混凝土但未设置内隔板时，钢管柱壁的受弯极限承载力仍按式(C. 0. 13-2)进行计算。

3 当钢管柱内未灌注混凝土但对应于梁翼缘的柱腹板部位

设置内隔板时，钢管柱壁承载力按下列公式计算：

$$M_{cf,pl}=F_{bf,t}h_{b1} \tag{C.0.13-4}$$

$$F_{bf,t}=8M_L\sqrt{\frac{3(b_{c1}+w+2m)}{m}} \tag{C.0.13-5}$$

式中：h_{b1}——梁上、下翼缘中心线之间的距离(mm)。

4 当钢管柱内灌注混凝土且对应于梁翼缘的柱腹板部位设置内隔板时，按式(C.0.13-4)计算管壁承载力。

C.0.14 为防止钢管管壁发生剪切破坏，应满足以下要求：

$$\frac{N_{t1}}{t_c(2e_w+e_2)}\leqslant f_v \tag{C.0.14-1}$$

$$\frac{N_{t1}+N_{t2}}{t_c(2e_w+2e_2)}\leqslant f_v \tag{C.0.14-2}$$

式中：f_v——钢管管壁抗剪强度设计值(N/mm²)。

C.0.15 当单边高强度螺栓外伸式端板连接采用4排16螺栓布置(图C.0.15)时，可简化为4排8螺栓布置(图C.0.11)，并按式(C.0.12)计算连接的柱壁承载力，但式中的螺栓端板布置几何参数e、w、m_1、e_1、e_2按下列公式确定：

$$e=a_1+a_2/2 \tag{C.0.15-1}$$

$$w=2a_1+a_2 \tag{C.0.15-2}$$

$$m_1=a_3+a_2/2 \tag{C.0.15-3}$$

$$e_1=a_4 \tag{C.0.15-4}$$

$$e_2=a_5 \tag{C.0.15-5}$$

式中：a_1——螺孔中心到端板中心线之间的距离(mm)；

a_2——螺孔中心之间的距离(mm)；

a_3——垂直内力方向螺孔中心到端板边缘之间的距离(mm)；

a_4——顺内力方向螺孔中心到端板边缘之间的距离(mm)；

a_5——螺孔中心到钢梁翼缘表面之间的距离(mm)。

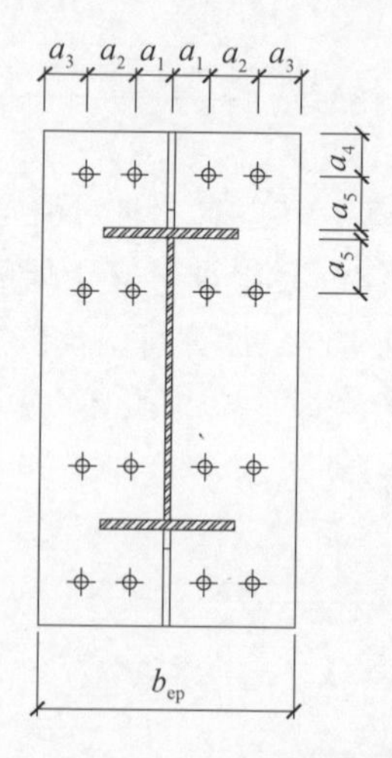

图 C.0.15　4 排 16 螺栓端板布置图

C.0.16　单边高强度螺栓外伸式端板连接的构造应符合下列规定：

1　端板连接应采用摩擦型单边高强度螺栓连接。

2　端板厚度 t_e 不宜小于 16 mm，且不宜小于连接螺栓的直径。

3　连接螺栓至板件边缘的距离在满足螺栓施拧条件下应采用最小间距紧凑布置；端板螺栓竖向最大间距不应大于 400 mm。

4　端板外伸部位宜设加劲肋。

5　梁端翼缘板与端板的焊接应采用全熔透焊缝，腹板厚度大于等于 16 mm 时采用全熔透焊缝。

附录 D　钢结构用单边高强度螺栓连接副技术条件

D. 0. 1　本附录规定了钢结构用分体式单向高强螺栓连接副及其螺栓、套筒、垫圈、分体式垫片的分类、技术要求、试验方法、检验规则、标志及包装。

D. 0. 2　分体式单向高强螺栓由圆头螺栓、垫圈、分体式垫片、套筒、螺母、操作杆、底座和顶针 8 个部件组成，如图 D. 0. 2-1、图 D. 0. 2-2 所示。各个部件的尺寸、性能等级及材料应符合本附录的规定。

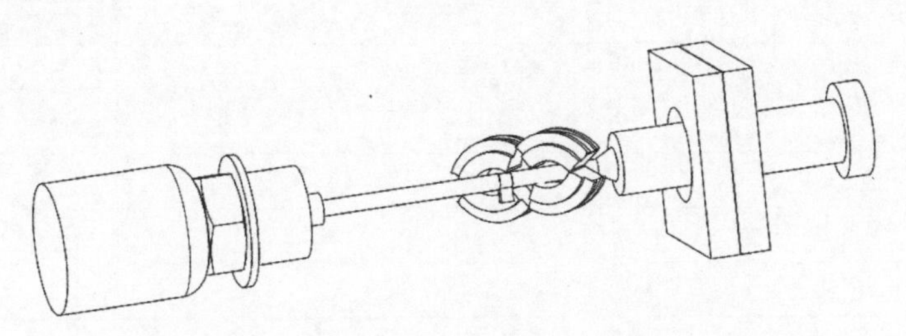

图 D. 0. 2-1　分体式单向高强螺栓安装过程示意图

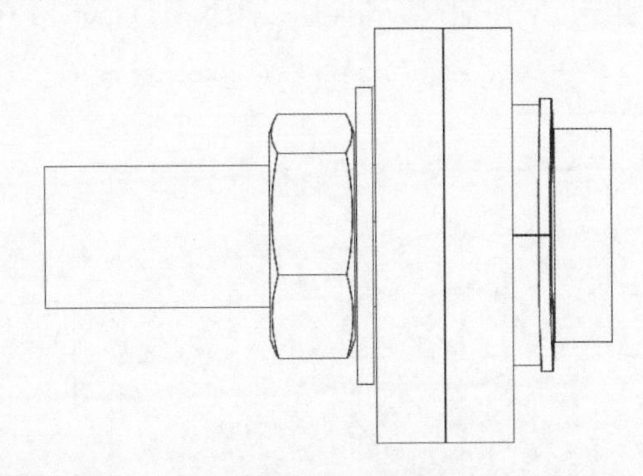

图 D. 0. 2-2　分体式单向高强螺栓安装完成示意图

D.0.3 螺栓、套筒、分体式垫片、垫圈等的性能等级和材料应符合表 D.0.3 的规定。

表 D.0.3 螺栓、套筒、分体式垫片、垫圈等的性能等级和材料

类别	性能等级	推荐材料	标准编号	表面处理
螺栓	10.9S	20MnTiB ML20MnTiB	GB/T 3077 GB/T 6478	—
		35VB 35CrMo	GB/T 3632(附录 A) GB/T 3077	
套筒	—	20	GB/T 699	—
分体式垫片	—	45	GB/T 699	调质处理 盐浴氮化
垫圈	—	45、35	GB/T 699	—
螺母	10H	45、35 ML35	GB/T 699 GB/T 6478	—
	8H			
操作杆	—	45	GB/T 699	—
底座	—	Al	—	—
顶针	—	Sla 树脂	—	—

D.0.4 分体式单向高强螺栓各个部件的规格尺寸应符合现行国家标准《钢结构用扭剪型高强度螺栓连接副》GB/T 3632 的有关规定。

表 D.0.4-1 分体式垫片详细规格尺寸

型号	分体式垫片尺寸(mm)
M16	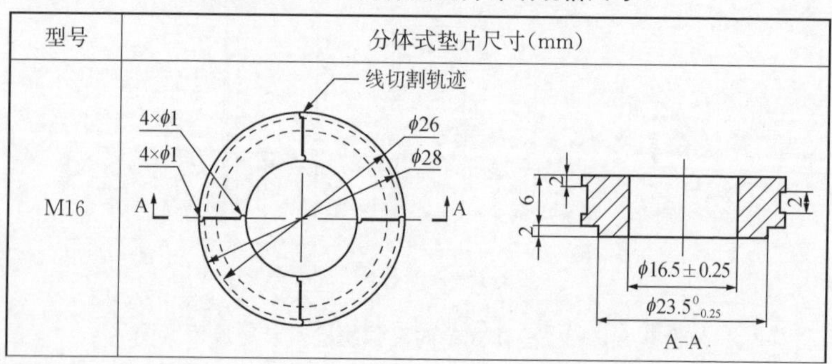

续表 **D. 0. 4-1**

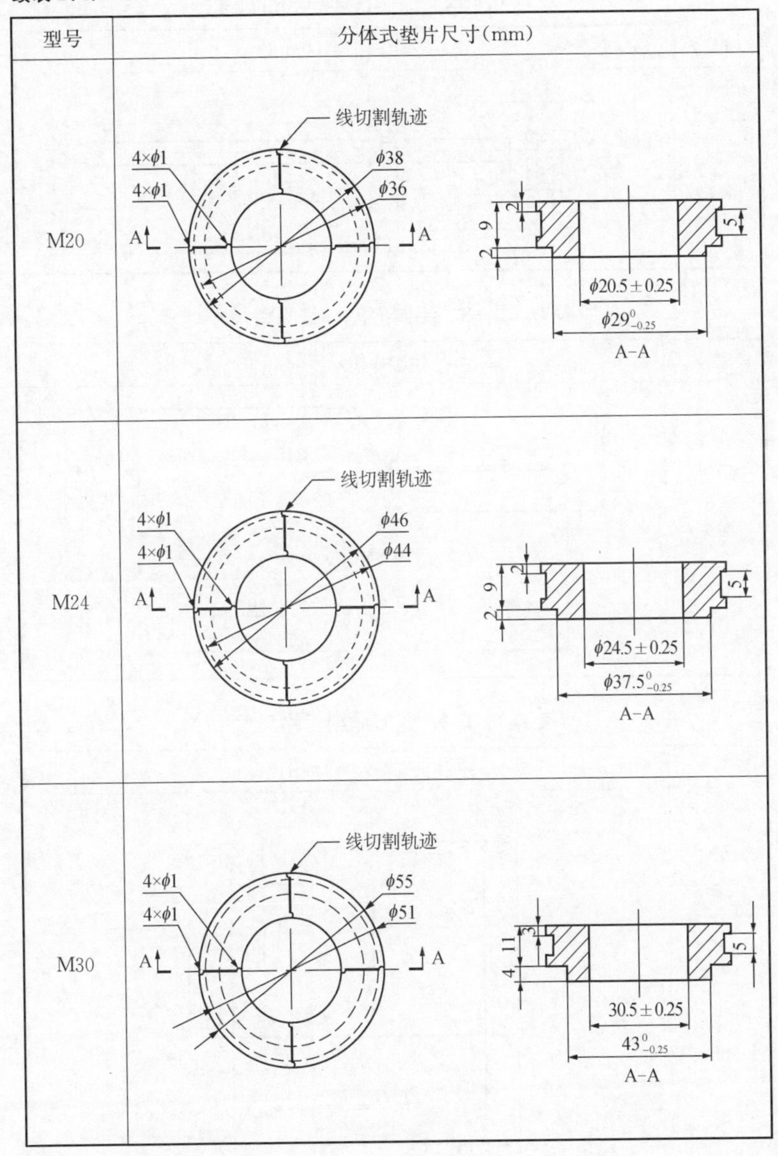
型号
分体式垫片尺寸(mm)
M20
线切割轨迹
4×ϕ1
4×ϕ1
ϕ38
ϕ36
A
A
2
9
2
5
ϕ20.5±0.25
ϕ29⁰₋₀.₂₅
A-A
M24
线切割轨迹
4×ϕ1
4×ϕ1
ϕ46
ϕ44
A
A
2
9
2
5
ϕ24.5±0.25
ϕ37.5⁰₋₀.₂₅
A-A
M30
线切割轨迹
4×ϕ1
4×ϕ1
ϕ55
ϕ51
A
A
3
11
4
5
30.5±0.25
43⁰₋₀.₂₅
A-A

表 D. 0. 4-2　操作杆详细规格尺寸

型号	操作杆尺寸(mm)
通用	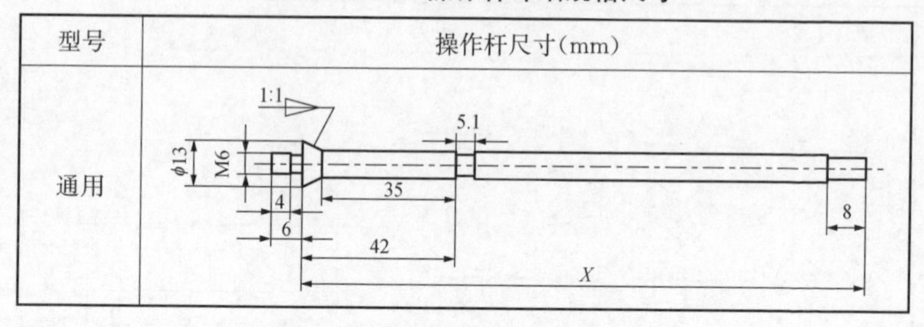

表 D. 0. 4-3　铝制底座详细规格尺寸

型号	铝制底座尺寸(mm)
通用	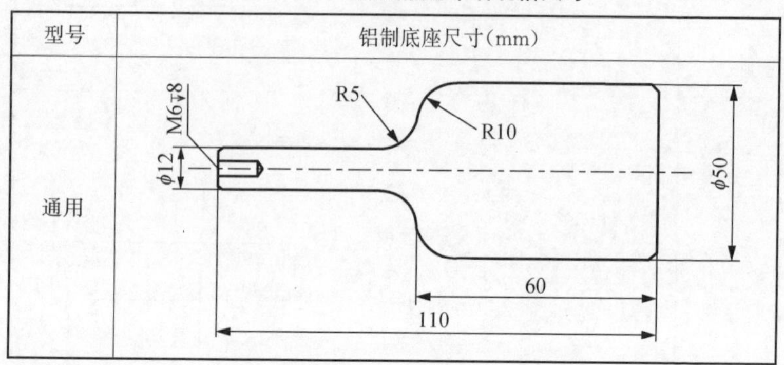

表 D. 0. 4-4　套筒详细规格尺寸

型号	套筒尺寸(mm)
M16	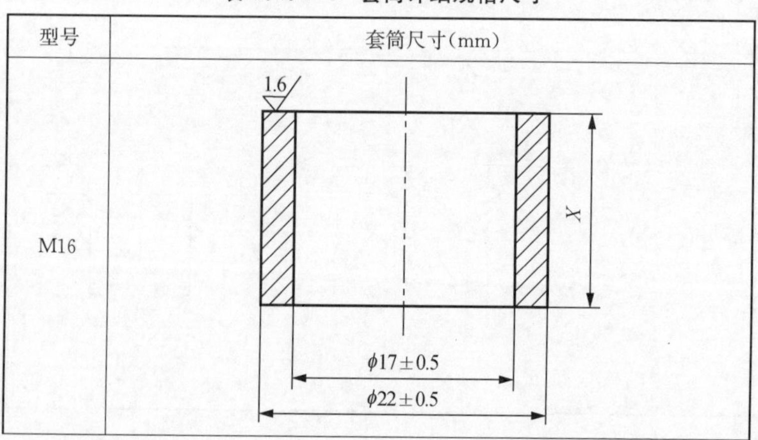

续表 D. 0. 4-4

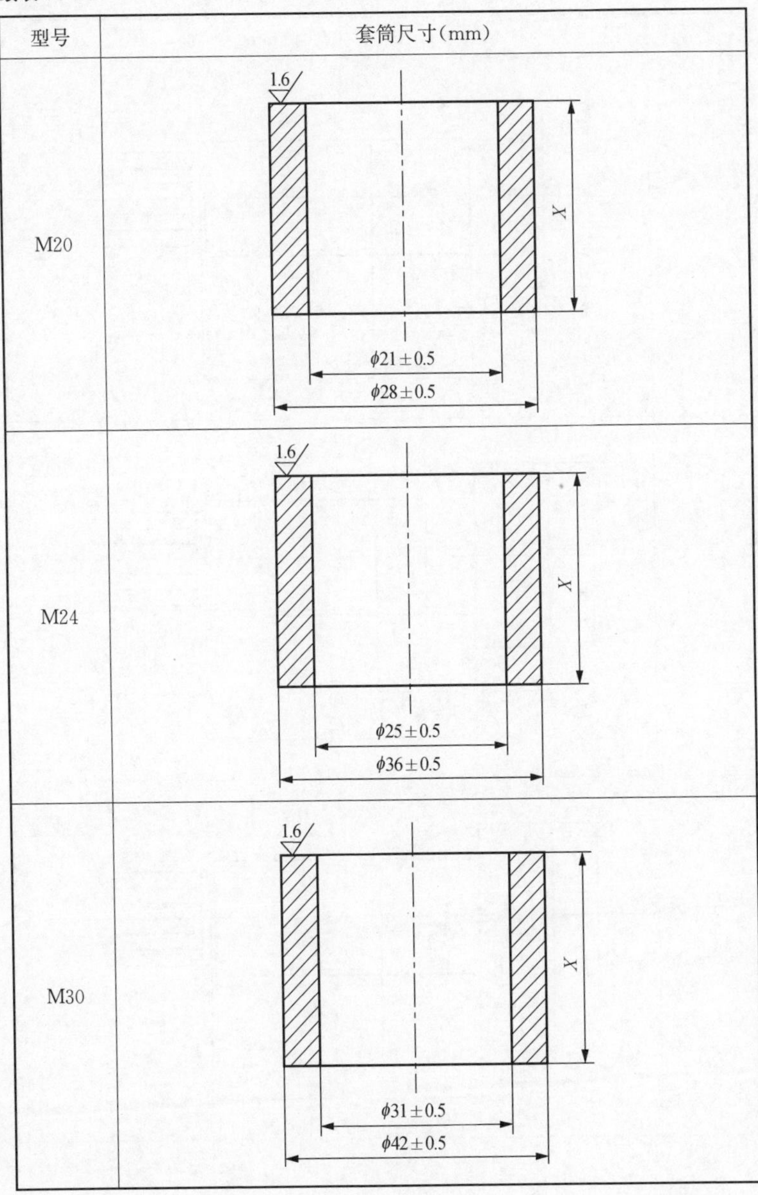

型号	套筒尺寸(mm)
M20	1.6 X $\phi 21 \pm 0.5$ $\phi 28 \pm 0.5$
M24	1.6 X $\phi 25 \pm 0.5$ $\phi 36 \pm 0.5$
M30	1.6 X $\phi 31 \pm 0.5$ $\phi 42 \pm 0.5$

表 D.0.4-5　螺栓加工详细规格尺寸

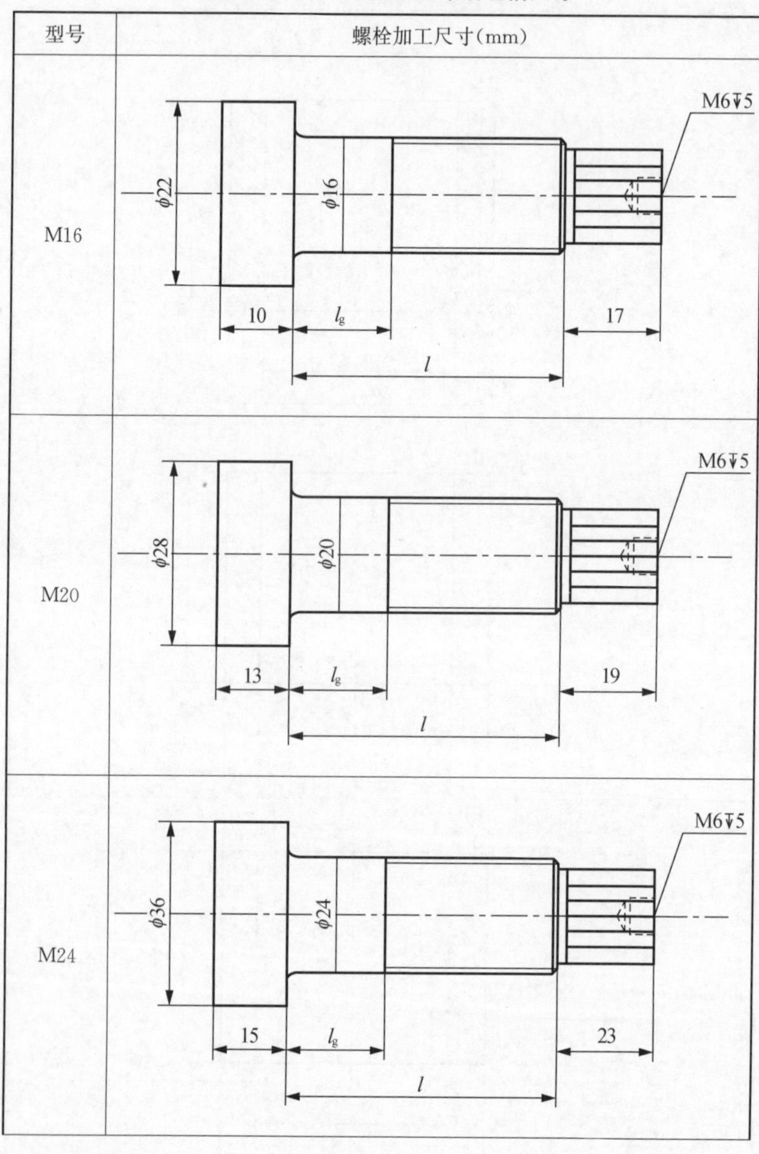

续表 D.0.4-5

型号	螺栓加工尺寸(mm)
M30	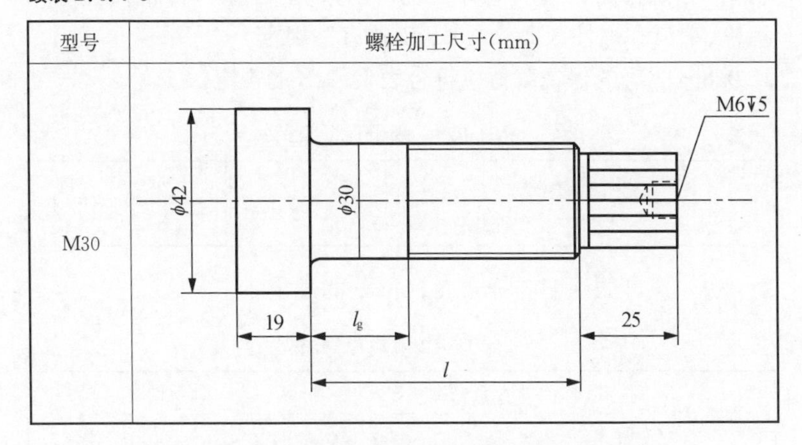

D.0.5 制造厂应将制造螺栓的材料取样，经与螺栓制造中相同的热处理工艺处理后，制成试件进行拉伸试验和常温冲击试验，其结果应符合表 D.0.5 的规定。

表 D.0.5 螺栓材料试件机械性能要求

性能等级	抗拉强度 R_m(MPa)	规定非比例延伸强度 $R_{p0.2}$(MPa)	断后伸长率 A(%)	断后收缩率 Z(%)	冲击吸收功 A_{kU2}(J)
		不小于			
10.9S	1 040～1 240	940	10	42	47

D.0.6 进行螺栓实物楔负载试验时，拉力载荷应在表 D.0.6 规定的范围内，且断裂应发生在螺纹部分或螺纹与螺栓交接处。

表 D.0.6 螺栓实物机械性能要求

螺纹规格 d		M16	M20	M24	M30
公称应力截面积 A_s(mm^2)		157	245	353	561
10.9S	拉力载荷	163～195	255～304	367～438	583～696

D.0.7 螺栓的脱碳层应符合现行国家标准《紧固件机械性能 螺栓、螺钉和螺柱》GB/T 3098.1 的有关规定。

D.0.8 螺母的保证载荷应符合表 D.0.8 的规定。

表 D.0.8 螺母保证载荷

螺纹规格 D			M16	M20	M24	M30
性能等级	10H	保证载荷(kN)	163	255	367	583

D.0.9 螺母的硬度应符合表 D.0.9 的规定。

表 D.0.9 螺母硬度

性能等级	洛氏硬度		维氏硬度	
	min	max	min	max
10H	98 HRB	32 HRC	222 HV30	304 HV30

D.0.10 垫圈的硬度为 329 HV30～436 HV30(35 HRC～45 HRC)。

D.0.11 螺纹的基本尺寸应符合现行国家标准《普通螺纹基本尺寸》GB/T 196 对粗牙普通螺纹的规定。螺栓螺纹公差带和螺母螺纹公差带应符合现行国家标准《普通螺纹公差》GB/T 197 的有关规定。

D.0.12 螺栓、螺母的表面缺陷应符合现行国家标准《紧固件表面缺陷 螺栓、螺钉》GB/T 5779.1 和《紧固件表面缺陷 螺母》GB/T 5779.2 的规定。

D.0.13 套筒、分体式垫片、垫圈不允许有裂缝、毛刺、浮锈和影响使用的凹痕、划伤。

D.0.14 螺栓、螺母、垫圈的其他尺寸及形位公差应符合现行国家标准《紧固件公差 螺栓、螺钉、螺柱和螺母》GB/T 3103.1 或《紧固件公差 平垫圈》GB/T 3103.3 有关 C 级产品的规定。

D.0.15 螺栓、螺母、垫圈均应进行保证连接副扭矩系数和防锈的表面处理(可以是相同的或不同的),经处理后的连接副紧固轴力应符合现行国家标准《钢结构用扭剪型高强度螺栓连接副》GB/T 3632 中表 12 的规定，特殊情况按客户的要求执行。分体式垫片经整体调质处理，调质硬度为 260 HBW～290 HBW，热处理工艺采用盐浴氮化，达到 500 HV0.1，层深 0.3 mm。

D.0.16 螺栓试验应按现行国家标准《钢结构用扭剪型高强度螺栓连接副》GB/T 3632 的规定进行拉伸试验、冲击试验、保载荷载试验、芯部硬度试验、脱碳试验。M12 螺栓试验应按现行国家标准《钢结构用高强度大六角头螺栓、大六角螺母、垫圈技术条件》GB/T 1231 的规定进行拉伸试验、冲击试验、保载荷载试验、芯部硬度试验、脱碳试验。

D.0.17 同一性能等级、材料、炉号、规格、机械加工、热处理工艺、表面处理工艺的螺栓、套筒、螺母、垫圈、分体式垫片为同批。分别由同批螺栓、套筒、螺母、垫圈、分体式垫片组成的连接副为同批连接副。

D.0.18 螺栓、套筒、螺母、垫圈、分体式垫片的尺寸、外观及表面缺陷的检验抽样方案应按现行国家标准《紧固件验收检查》GB/T 90.1 的规定执行。

D.0.19 分体式单向高强螺栓安装时各个螺栓之间的间距及与构件边缘的距离(图 D.0.19)应符合表 D.0.19 的规定。

表 D.0.19 各型号螺栓的使用范围

型号	适用板厚(mm)	最小螺栓中距 X(mm)	最小螺栓内边距 Y(mm)	最小内部预留空间 K(mm)
M16	6～89	66	33	$L+80$
M20	6～111	80	40	$L+90$
M24	6～161	94	47	$L+100$
M30	6～149	112	56	$L+110$

注：L 为所选用螺栓的公称长度尺寸。

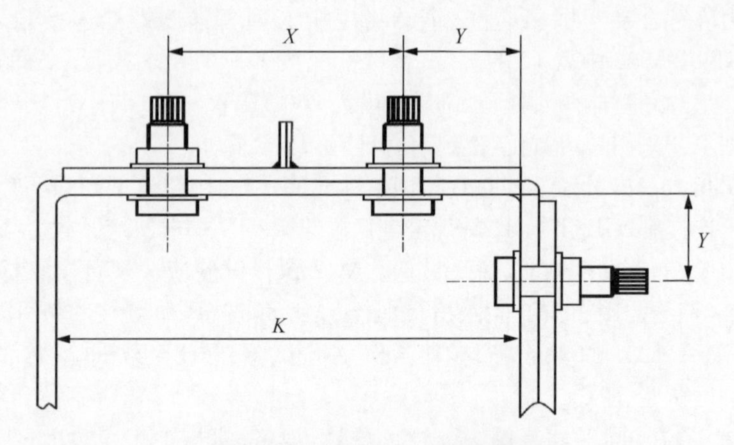

图 D.0.19　螺栓安装间距示意图

附录 E　单边高强度螺栓外伸式端板刚性连接临界跨度表

表 E.0.1　有支撑框架且未设置内隔板的梁柱刚性连接临界跨度(m)

梁截面＼柱截面	200×4	200×5	200×6	200×8	200×10	220×5	220×6	220×8	220×10	220×12	250×5	250×6	250×8	250×10	250×12	280×5	280×6	280×8	280×10	280×12
100×50×3×3	4.0	1.7	0.8	0.5	0.4	2.3	1.1	0.8	0.6	0.5	3.2	1.6	1.1	0.9	0.8	4.4	2.3	1.6	1.4	1.2
100×50×3.2×4.5	5.4	2.3	1.1	0.7	0.6	3.1	1.5	1.0	0.8	0.7	4.4	2.2	1.5	1.3	1.1	5.9	3.0	2.2	1.8	1.6
100×100×6×8	16.3	7.1	3.4	1.8	1.3	9.3	4.6	2.7	2.0	1.7	13.2	6.7	4.2	3.3	2.9	17.9	9.2	6.1	4.9	4.4
120×120×3.2×4.5	14.8	6.4	3.1	1.5	0.9	8.5	4.2	2.2	1.5	1.2	12.0	6.1	3.6	2.6	2.2	16.2	8.4	5.2	4.0	3.5
120×120×4.5×6	19.3	8.4	4.0	1.9	1.2	11.0	5.5	2.9	2.0	1.5	15.7	8.0	4.6	3.4	2.8	21.2	10.9	6.8	5.2	4.5
150×75×3×3	9.5	4.1	2.0	1.1	0.8	5.4	2.7	1.6	1.2	0.9	7.7	3.9	2.5	1.8	1.5	10.4	5.4	3.5	2.7	2.3
150×75×3.2×4.5	13.0	5.6	2.7	1.5	1.1	7.4	3.7	2.2	1.6	1.3	10.5	5.3	3.3	2.5	2.1	14.2	7.3	4.8	3.7	3.1
150×75×4.5×6	17.0	7.4	3.6	2.0	1.4	9.7	4.8	2.8	2.1	1.7	13.8	7.0	4.4	3.3	2.7	18.6	9.6	6.3	4.8	4.1
150×100×3.2×4.5	16.5	7.2	3.5	1.8	1.1	9.4	4.7	2.6	1.8	1.4	13.4	6.8	4.0	2.9	2.4	18.1	9.3	5.8	4.4	3.7
150×100×4.5×6	21.7	9.4	4.5	2.3	1.5	12.4	6.1	3.4	2.3	1.8	17.6	8.9	5.3	3.9	3.1	23.7	12.3	7.6	5.8	4.8

续表 E. 0. 1

柱截面 梁截面	200×4	200×5	200×6	200×8	200×10	220×5	220×6	220×8	220×10	220×12	250×5	250×6	250×8	250×10	250×12	280×5	280×6	280×8	280×10	280×12
150×150×4.5×6	31.1	13.5	6.5	2.6	1.2	17.7	8.8	4.0	2.3	1.4	25.2	12.8	6.6	4.4	3.2	34.0	17.6	9.9	7.0	5.6
150×150×6×8	40.2	17.5	8.4	3.4	1.6	23.0	11.4	5.2	3.0	1.8	32.7	16.6	8.6	5.7	4.2	44.0	22.8	12.8	9.0	7.2
200×100×3×3	16.6	7.2	3.5	1.7	1.0	9.5	4.7	2.5	1.6	1.2	13.4	6.8	3.9	2.7	2.0	18.1	9.3	5.6	4.0	3.1
200×100×3.2×4.5	22.7	9.9	4.8	2.3	1.4	13.0	6.4	3.4	2.2	1.6	18.4	9.3	5.3	3.7	2.8	24.8	12.8	7.7	5.5	4.3
200×100×4.5×6	30.1	13.0	6.3	3.1	1.9	17.2	8.5	4.5	2.9	2.1	24.4	12.4	7.0	4.8	3.7	32.8	17.0	10.1	7.2	5.7
200×100×6×8	39.1	17.0	8.2	4.0	2.5	22.3	11.0	5.8	3.8	2.7	31.7	16.1	9.1	6.3	4.8	42.7	22.1	13.2	9.4	7.4
200×125×3.2×4.5	27.4	11.9	5.7	2.5	1.3	15.6	7.7	3.7	2.3	1.5	22.2	11.3	6.0	4.0	2.9	29.9	15.5	8.8	6.1	4.7
200×125×4.5×6	36.2	15.7	7.6	3.3	1.8	20.7	10.2	4.9	3.0	2.0	29.3	14.9	7.9	5.2	3.9	39.5	20.4	11.6	8.1	6.2
200×125×6×8	47.2	20.5	9.9	4.3	2.3	26.9	13.3	6.4	3.9	2.6	38.3	19.4	10.3	6.8	5.0	51.5	26.6	15.1	10.5	8.1
200×150×3.2×4.5	32.1	13.9	6.7	2.6	1.1	18.3	9.0	4.0	2.1	1.2	26.0	13.2	6.6	4.1	2.8	35.0	18.1	9.8	6.5	4.9
200×150×4.5×6	42.4	18.4	8.9	3.4	1.5	24.2	11.9	5.2	2.8	1.5	34.3	17.4	8.7	5.4	3.7	46.3	23.9	12.9	8.6	6.4
200×150×6×8	55.3	24.0	11.6	4.4	1.9	31.5	15.6	6.8	3.7	2.0	44.8	22.7	11.3	7.0	4.8	60.4	31.2	16.8	11.2	8.4
250×100×3×3	21.0	9.1	4.4	2.1	1.2	11.9	5.9	3.0	1.9	1.3	17.0	8.6	4.7	3.1	2.3	22.8	11.8	6.8	4.7	3.5
250×100×3.2×4.5	28.4	12.3	5.9	2.8	1.6	16.2	8.0	4.1	2.6	1.8	23.0	11.7	6.4	4.3	3.1	31.0	16.0	9.3	6.4	4.7
250×125×3.2×4.5	34.0	14.8	7.1	3.0	1.5	19.4	9.6	4.5	2.6	1.6	27.5	14.0	7.5	4.6	3.2	37.1	19.2	10.5	7.0	5.2

续表 E. 0. 1

柱截面 梁截面	200×4	200×5	200×6	200×8	200×10	220×5	220×6	220×8	220×10	220×12	250×5	250×6	250×8	250×10	250×12	280×5	280×6	280×8	280×10	280×12
250×125×4.5×6	45.2	19.6	9.4	4.0	2.1	25.7	12.7	5.9	3.4	2.1	36.6	18.5	9.6	6.1	4.2	49.2	25.4	14.0	9.3	6.8
250×125×4.5×8	56.4	24.5	11.8	5.0	2.6	32.2	15.9	7.4	4.3	2.7	45.7	23.2	12.0	7.6	5.3	61.5	31.8	17.5	11.7	8.6
250×125×6×8	59.1	25.6	12.4	5.2	2.7	33.7	16.6	7.8	4.5	2.8	47.8	24.3	12.5	7.9	5.5	64.4	33.3	18.3	12.2	9.0
250×150×3.2×4.5	39.6	17.2	8.3	3.0	1.3	22.6	11.1	4.7	2.4	1.3	32.0	16.2	7.8	4.7	3.0	43.2	22.3	11.6	7.5	5.3
250×150×4.5×6	52.5	22.8	11.0	4.0	1.7	29.9	14.8	6.3	3.2	1.7	42.5	21.6	10.4	6.2	4.0	57.3	29.6	15.4	9.9	7.0
250×150×4.5×8	66.1	28.7	13.8	5.1	2.1	37.7	18.6	7.9	4.1	.2.1	53.5	27.2	13.1	7.8	5.1	72.1	37.3	19.4	12.5	8.8
250×150×6×8	68.8	29.8	14.4	5.3	2.2	39.2	19.4	8.2	4.2	2.2	55.7	28.2	13.6	8.1	5.3	75.0	38.8	20.2	13.0	9.2
300×150×3.2×4.5	46.3	20.1	9.7	3.5	1.4	26.4	13.0	5.4	2.7	1.3	37.5	19.0	8.9	5.1	3.2	50.5	26.1	13.3	8.2	5.6
300×150×4.5×6	61.7	26.8	12.9	4.6	1.9	35.1	17.4	7.1	3.6	1.8	49.9	25.3	11.9	6.9	4.3	67.2	34.7	17.6	11.0	7.5
300×150×4.5×8	77.3	33.5	16.2	5.8	2.3	44.1	21.7	9.0	4.5	2.2	62.5	31.7	14.9	8.6	5.4	84.2	43.5	22.1	13.7	9.4
300×150×6×8	81.0	35.1	16.9	6.1	2.4	46.2	22.8	9.4	4.7	2.3	65.5	33.2	15.6	9.0	5.6	88.2	45.6	23.2	14.4	9.8
320×150×5×8	82.8	35.9	17.3	6.1	2.4	47.2	23.3	9.5	4.7	2.3	67.0	34.0	15.8	9.0	5.5	90.2	46.6	23.5	14.4	9.7
350×175×4.5×6	/	/	/	/	/	/	/	/	/	/	64.1	32.5	13.8	7.1	3.8	86.3	44.6	20.9	12.0	7.5
350×175×6×8	/	/	/	/	/	/	/	/	/	/	84.1	42.6	18.1	9.3	5.0	113.2	58.5	27.4	15.7	9.8
400×200×6×8	/	/	/	/	/	/	/	/	/	/	62.7	35.7	14.6	7.3	4.2	85.1	48.5	19.9	10.0	5.8

续表 E.0.1

柱截面 / 梁截面	200×4	200×5	200×6	200×8	200×10	220×5	220×6	220×8	220×10	220×12	250×5	250×6	250×8	250×10	250×12	280×5	280×6	280×8	280×10	280×12
400×150×8×13	77.9	38.8	21.9	8.9	4.5	52.1	29.5	12.0	6.0	3.5	75.1	42.7	17.4	8.7	5.0	101.9	58.0	23.8	11.9	6.8
400×200×8×13	/	/	/	/	/	/	/	/	/	/	95.3	54.2	22.1	11.1	6.3	129.3	73.6	30.2	15.1	8.6
450×200×8×12	/	/	/	/	/	/	/	/	/	/	98.1	55.7	22.8	11.4	6.5	133.0	75.7	31.1	15.5	8.9

柱截面 / 梁截面	300×6	300×8	300×10	300×12	350×6	350×8	350×10	350×12	400×8	400×10	400×12	400×14	450×8	450×10	450×12	450×14	500×8	500×10	500×12	500×14	500×16
100×50×3×3	2.7	2.0	1.7	1.5	4.1	3.0	2.6	2.4	4.3	3.7	3.5	2.0	5.8	5.1	4.8	2.8	7.6	6.6	6.2	3.7	2.3
100×50×3.2×4.5	3.7	2.7	2.2	2.0	5.5	4.1	3.5	3.2	5.8	5.0	4.7	2.7	7.9	6.9	6.4	3.7	10.2	8.9	8.4	4.9	3.1
100×100×6×8	11.1	7.5	6.1	5.5	16.7	11.7	9.8	9.1	16.9	14.4	13.4	7.7	22.9	19.8	18.6	10.8	29.9	26.0	24.5	14.4	9.0
120×120×3.2×4.5	10.1	6.4	5.0	4.5	15.1	10.1	8.2	7.4	14.7	12.1	11.1	6.4	20.0	16.7	15.5	9.0	26.1	22.1	20.6	12.1	7.6
120×120×4.5×6	13.2	8.4	6.6	5.8	19.7	13.2	10.7	9.7	19.1	15.8	14.5	8.3	26.1	21.8	20.2	11.7	34.0	28.7	26.8	15.7	9.8
150×75×3×3	6.5	4.3	3.3	2.8	9.7	6.6	5.3	4.6	9.5	7.6	6.7	3.8	12.8	10.4	9.2	5.3	16.7	13.7	12.1	7.1	4.4
150×75×3.2×4.5	8.8	5.9	4.6	3.9	13.2	9.1	7.2	6.2	13.0	10.4	9.1	5.2	17.5	14.2	12.5	7.3	22.8	18.6	16.4	9.7	6.0
150×75×4.5×6	11.6	7.7	6.0	5.1	17.3	11.9	9.4	8.1	17.0	13.7	11.9	6.9	23.0	18.7	16.4	9.6	29.9	24.4	21.6	12.7	7.9
150×100×3.2×4.5	11.3	7.2	5.5	4.7	16.8	11.2	8.8	7.7	16.1	12.9	11.3	6.5	21.9	17.7	15.7	9.1	28.6	23.3	20.7	12.2	7.6

续表 E. 0. 1

梁截面 \ 柱截面	300×6	300×8	300×10	300×12	350×6	350×8	350×10	350×12	400×8	400×10	400×12	400×14	450×8	450×10	450×12	450×14	500×8	500×10	500×12	500×14	500×16
150×100×4.5×6	14.8	9.4	7.2	6.1	22.1	14.7	11.6	10.0	21.2	16.9	14.8	8.5	28.8	23.2	20.5	12.0	37.5	30.5	27.1	15.9	10.0
150×150×4.5×6	21.2	12.4	9.0	7.4	31.6	19.8	15.1	13.0	28.8	22.5	19.8	11.3	39.4	31.4	27.9	16.2	51.7	41.7	37.4	21.9	13.7
150×150×6×8	27.4	16.0	11.6	9.6	41.0	25.6	19.5	16.8	37.3	29.2	25.6	14.6	51.1	40.7	36.2	21.0	67.1	54.1	48.4	28.3	17.7
200×100×3×3	11.3	6.9	5.0	4.0	16.8	10.8	8.0	6.5	15.5	11.7	9.6	5.5	21.0	16.1	13.3	7.8	27.4	21.1	17.6	10.3	6.5
200×100×3.2×4.5	15.5	9.5	6.9	5.5	23.1	14.8	11.0	8.9	21.2	16.1	13.2	7.6	28.8	22.1	18.3	10.6	37.6	29.0	24.1	14.2	8.9
200×100×4.5×6	20.4	12.5	9.1	7.2	30.5	19.5	14.5	11.8	28.1	21.3	17.5	10.0	38.1	29.2	24.2	14.1	49.7	38.4	31.9	18.8	11.7
200×100×6×8	26.6	16.3	11.8	9.4	39.7	25.4	18.9	15.4	36.5	27.7	22.7	13.1	49.6	38.0	31.5	18.3	64.7	50.0	41.6	24.4	15.3
200×125×3.2×4.5	18.6	10.9	7.7	6.1	27.8	17.2	12.7	10.3	24.9	18.7	15.4	8.8	34.0	25.9	21.5	12.5	44.5	34.2	28.6	16.8	10.5
200×125×4.5×6	24.6	14.4	10.2	8.1	36.8	22.8	16.7	13.6	33.0	24.7	20.4	11.7	44.9	34.2	28.5	16.5	58.8	45.2	37.8	22.2	13.8
200×125×6×8	32.1	18.8	13.4	10.5	47.9	29.7	21.8	17.7	43.0	32.3	26.6	15.2	58.6	44.6	37.1	21.6	76.6	58.9	49.3	28.9	18.0
200×150×3.2×4.5	21.8	12.2	8.4	6.5	32.6	19.5	14.1	11.3	28.4	21.1	17.4	9.9	38.9	29.4	24.5	14.2	51.1	39.0	32.8	19.2	12.0
200×150×4.5×6	28.8	16.1	11.1	8.6	43.0	25.8	18.6	15.0	37.5	27.9	22.9	13.1	51.4	38.9	32.4	18.8	67.5	51.6	43.3	25.4	15.8
200×150×6×8	37.6	21.1	14.5	11.2	56.1	33.6	24.3	19.6	49.0	36.4	29.9	17.1	67.1	50.7	42.2	24.5	88.0	67.3	56.5	33.1	20.6
250×100×3×3	14.2	8.4	5.9	4.4	21.2	13.2	9.4	7.3	18.9	13.8	10.7	6.2	25.7	18.9	14.9	8.7	33.5	24.8	19.6	11.5	7.2
250×100×3.2×4.5	19.3	11.4	8.0	6.0	28.8	17.9	12.8	9.9	25.7	18.7	14.6	8.4	34.8	25.6	20.2	11.7	45.4	33.7	26.7	15.7	9.8

续表 E. 0. 1

梁截面 \ 柱截面	300×6	300×8	300×10	300×12	350×6	350×8	350×10	350×12	400×8	400×10	400×12	400×14	450×8	450×10	450×12	450×14	500×8	500×10	500×12	500×14	500×16
250×125×3. 2×4. 5	23. 1	13. 1	8. 9	6. 7	34. 5	20. 7	14. 6	11. 3	29. 9	21. 6	16. 9	9. 7	40. 8	29. 8	23. 6	13. 7	53. 3	39. 4	31. 3	18. 4	11. 5
250×125×4. 5×6	30. 7	17. 4	11. 9	8. 9	45. 8	27. 5	19. 4	15. 0	39. 7	28. 6	22. 4	12. 9	54. 2	39. 6	31. 3	18. 2	70. 8	52. 3	41. 6	24. 4	15. 2
250×125×4. 5×8	38. 3	21. 8	14. 8	11. 1	57. 2	34. 3	24. 2	18. 7	49. 6	35. 8	28. 1	16. 1	67. 7	49. 5	39. 2	22. 8	88. 5	65. 4	52. 0	30. 5	19. 1
250×125×6×8	40. 1	22. 8	15. 5	11. 6	59. 9	35. 9	25. 4	19. 6	52. 0	37. 5	29. 4	16. 8	70. 9	51. 9	41. 0	23. 8	92. 7	68. 5	54. 5	32. 0	20. 0
250×150×3. 2×4. 5	26. 9	14. 6	9. 6	7. 0	40. 1	23. 2	16. 1	12. 3	33. 9	24. 1	18. 9	10. 8	46. 4	33. 7	26. 7	15. 5	60. 9	44. 7	35. 7	20. 9	13. 0
250×150×4. 5×6	35. 7	19. 3	12. 8	9. 3	53. 2	30. 9	21. 4	16. 4	44. 9	32. 0	25. 1	14. 3	61. 6	44. 7	35. 4	20. 5	80. 8	59. 3	47. 3	27. 7	17. 3
250×150×4. 5×8	44. 9	24. 3	16. 1	11. 8	67. 1	38. 9	27. 0	20. 6	56. 6	40. 4	31. 6	18. 0	77. 6	56. 3	44. 6	25. 8	101. 8	74. 8	59. 7	35. 0	21. 8
250×150×6×8	46. 7	25. 3	16. 7	12. 3	69. 7	40. 4	28. 0	21. 5	58. 6	42. 0	32. 9	18. 7	80. 7	58. 6	46. 4	26. 9	105. 9	77. 8	62. 0	36. 4	22. 6
300×150×3. 2×4. 5	31. 4	16. 6	10. 6	7. 5	46. 9	26. 5	17. 8	13. 1	38. 6	26. 7	20. 1	11. 5	52. 9	37. 2	28. 4	16. 4	69. 4	49. 4	37. 9	22. 2	13. 8
300×150×4. 5×6	41. 8	22. 1	14. 2	10. 0	62. 4	35. 3	23. 7	17. 5	51. 4	35. 5	26. 8	15. 3	70. 4	49. 6	37. 8	21. 9	92. 4	65. 8	50. 5	29. 6	18. 4
300×150×4. 5×8	52. 4	27. 7	17. 7	12. 5	78. 3	44. 2	29. 7	21. 9	64. 4	44. 6	33. 6	19. 1	88. 3	62. 1	47. 4	27. 4	115. 8	82. 5	63. 4	37. 1	23. 1
300×150×6×8	54. 9	29. 0	18. 6	13. 1	82. 0	46. 4	31. 2	23. 0	67. 5	46. 7	35. 2	20. 1	92. 5	65. 1	49. 6	28. 8	121. 4	86. 5	66. 4	38. 9	24. 2
320×150×5×8	56. 1	29. 4	18. 6	13. 0	83. 8	47. 0	31. 3	22. 7	68. 4	46. 8	34. 8	19. 9	93. 7	65. 3	49. 2	28. 5	123. 0	86. 7	65. 7	38. 5	24. 0
350×175×4. 5×6	53. 7	26. 4	15. 9	10. 5	80. 1	42. 8	27. 5	19. 3	62. 8	41. 8	30. 4	17. 2	86. 5	58. 8	43. 5	25. 1	113. 9	78. 6	58. 6	34. 3	21. 3
350×175×6×8	70. 5	34. 6	20. 9	13. 8	105. 1	56. 2	36. 1	25. 3	82. 4	54. 8	39. 9	22. 6	113. 5	77. 1	57. 1	32. 9	149. 4	103. 1	76. 9	45. 0	27. 9

续表 E.0.1

梁截面 \ 柱截面	300×6	300×8	300×10	300×12	350×6	350×8	350×10	350×12	400×8	400×10	400×12	400×14	450×8	450×10	450×12	450×14	500×8	500×10	500×12	500×14	500×16
400×200×6×8	58.0	23.9	12.0	6.9	85.3	35.2	17.7	10.1	48.6	24.5	14.0	8.8	64.0	32.3	18.5	11.6	81.5	41.2	23.6	14.7	9.8
400×150×8×13	69.4	28.5	14.3	8.2	102.0	42.1	21.1	12.1	58.1	29.2	16.7	10.4	76.6	38.6	22.0	13.8	97.5	49.2	28.1	17.5	11.7
400×200×8×13	88.1	36.2	18.1	10.3	129.5	53.4	26.8	15.3	73.7	37.1	21.2	13.2	97.2	49.0	28.0	17.4	123.7	62.4	35.7	22.3	14.8
450×200×8×12	90.6	37.2	18.7	10.6	133.2	54.9	27.6	15.7	75.8	38.2	21.8	13.6	100.0	50.4	28.8	17.9	127.2	64.2	36.7	22.9	15.2

注:梁为 H 形截面,柱为矩形钢管截面,"/"表示梁柱截面尺寸不搭配(由于柱角部存在圆弧段,因此钢管柱边长宜比梁翼缘宽度大 50 mm 以上),下同。

表 E.0.2 有支撑框架且设置内隔板的梁柱刚性连接临界跨度(m)

梁截面 \ 柱截面	200×4	200×5	200×6	200×8	200×10	220×5	220×6	220×8	220×10	220×12	250×5	250×6	250×8	250×10	250×12	280×5	280×6	280×8	280×10	280×12
100×50×3×3	1.3	0.6	0.3	0.2	0.1	0.7	0.4	0.2	0.1	0.1	1.0	0.5	0.3	0.2	0.1	1.3	0.7	0.4	0.3	0.1
100×50×3.2×4.5	1.7	0.8	0.4	0.2	0.1	1.0	0.5	0.3	0.2	0.1	1.3	0.7	0.4	0.3	0.2	1.7	0.9	0.6	0.4	0.2
100×100×6×8	5.3	2.3	1.1	0.6	0.4	3.0	1.5	0.8	0.5	0.4	4.1	2.1	1.2	0.7	0.5	5.4	2.8	1.6	1.0	0.6
120×120×3.2×4.5	4.8	2.1	1.0	0.5	0.3	2.7	1.3	0.6	0.4	0.3	3.6	1.9	1.0	0.6	0.4	4.8	2.5	1.4	0.8	0.5
120×120×4.5×6	6.3	2.7	1.3	0.6	0.4	3.5	1.7	0.8	0.5	0.4	4.8	2.4	1.3	0.8	0.5	6.3	3.2	1.8	1.1	0.6
150×75×3×3	3.0	1.3	0.7	0.3	0.2	1.7	0.8	0.4	0.3	0.2	2.3	1.2	0.7	0.4	0.2	3.1	1.6	0.9	0.5	0.3

续表 E. 0. 2

梁截面 \ 柱截面	200×4	200×5	200×6	200×8	200×10	220×5	220×6	220×8	220×10	220×12	250×5	250×6	250×8	250×10	250×12	280×5	280×6	280×8	280×10	280×12
150×75×3.2×4.5	4.2	1.8	0.9	0.5	0.3	2.3	1.2	0.6	0.4	0.2	3.2	1.6	0.9	0.5	0.3	4.2	2.2	1.3	0.7	0.4
150×75×4.5×6	5.5	2.4	1.2	0.6	0.4	3.1	1.5	0.8	0.5	0.3	4.2	2.1	1.2	0.7	0.4	5.6	2.9	1.7	1.0	0.5
150×100×3.2×4.5	5.3	2.3	1.1	0.5	0.3	3.0	1.5	0.7	0.4	0.3	4.1	2.1	1.1	0.6	0.4	5.4	2.8	1.5	0.9	0.4
150×100×4.5×6	7.0	3.1	1.5	0.7	0.4	3.9	2.0	1.0	0.6	0.4	5.4	2.7	1.4	0.8	0.5	7.1	3.7	2.0	1.2	0.6
150×150×4.5×6	10.1	4.4	2.2	0.8	0.5	5.6	2.8	1.1	0.6	0.5	7.7	3.9	1.8	1.0	0.7	10.1	5.2	2.6	1.5	0.8
150×150×6×8	13.2	5.8	2.8	1.0	0.6	7.3	3.7	1.5	0.8	0.7	10.1	5.1	2.3	1.3	0.9	13.3	6.8	3.4	1.9	1.1
200×100×3×3	5.3	2.3	1.1	0.5	0.3	3.0	1.5	0.7	0.4	0.2	4.1	2.1	1.0	0.6	0.3	5.3	2.8	1.4	0.8	0.4
200×100×3.2×4.5	7.4	3.2	1.6	0.7	0.4	4.1	2.0	1.0	0.5	0.3	5.6	2.8	1.4	0.8	0.4	7.4	3.8	2.0	1.1	0.5
200×100×4.5×6	9.8	4.3	2.1	0.9	0.5	5.5	2.7	1.3	0.7	0.4	7.5	3.8	1.9	1.0	0.5	9.8	5.1	2.7	1.4	0.7
200×100×6×8	12.9	5.6	2.8	1.2	0.7	7.2	3.6	1.7	0.9	0.6	9.8	5.0	2.5	1.4	0.7	12.9	6.7	3.5	1.9	0.9
200×125×3.2×4.5	8.9	3.9	1.9	0.8	0.4	4.9	2.5	1.1	0.6	0.4	6.8	3.4	1.6	0.9	0.5	8.9	4.6	2.3	1.2	0.6
200×125×4.5×6	11.8	5.2	2.5	1.0	0.5	6.6	3.3	1.4	0.8	0.5	9.0	4.6	2.1	1.1	0.6	11.9	6.1	3.1	1.6	0.8
200×125×6×8	15.5	6.8	3.3	1.3	0.7	8.6	4.3	1.9	1.0	0.7	11.9	6.0	2.8	1.5	0.8	15.6	8.0	4.0	2.2	1.1
200×150×3.2×4.5	10.4	4.5	2.2	0.8	0.4	5.8	2.9	1.1	0.6	0.4	7.9	4.0	1.8	0.9	0.5	10.4	5.4	2.5	1.3	0.7
200×150×4.5×6	13.8	6.0	3.0	1.0	0.5	7.7	3.8	1.5	0.8	0.6	10.5	5.3	2.3	1.2	0.7	13.9	7.1	3.4	1.8	0.9

续表 E.0.2

梁截面 \ 柱截面	200×4	200×5	200×6	200×8	200×10	220×5	220×6	220×8	220×10	220×12	250×5	250×6	250×8	250×10	250×12	280×5	280×6	280×8	280×10	280×12
200×150×6×8	18.2	7.9	3.9	1.4	0.7	10.1	5.0	2.0	1.0	0.8	13.9	7.0	3.1	1.6	1.0	18.3	9.4	4.5	2.4	1.2
250×100×3×3	6.8	3.0	1.4	0.6	0.3	3.8	1.9	0.8	0.4	0.2	5.2	2.6	1.3	0.6	0.3	6.8	3.5	1.8	0.9	0.4
250×100×3.2×4.5	9.2	4.0	2.0	0.8	0.4	5.1	2.6	1.2	0.6	0.3	7.0	3.6	1.7	0.9	0.4	9.3	4.8	2.4	1.2	0.5
250×125×3.2×4.5	11.1	4.8	2.4	0.9	0.5	6.1	3.1	1.3	0.6	0.4	8.4	4.3	1.9	1.0	0.5	11.1	5.7	2.8	1.4	0.6
250×125×4.5×6	14.8	6.5	3.2	1.2	0.6	8.2	4.1	1.7	0.9	0.5	11.3	5.7	2.6	1.3	0.7	14.8	7.6	3.7	1.9	0.9
250×125×4.5×8	18.6	8.1	4.0	1.5	0.8	10.4	5.1	2.1	1.1	0.7	14.2	7.2	3.3	1.7	0.9	18.7	9.6	4.7	2.4	1.1
250×125×6×8	19.5	8.5	4.2	1.6	0.8	10.8	5.4	2.2	1.1	0.7	14.9	7.5	3.4	1.8	0.9	19.6	10.1	4.9	2.5	1.2
250×150×3.2×4.5	12.9	5.6	2.8	0.9	0.5	7.2	3.6	1.3	0.7	0.5	9.8	5.0	2.1	1.0	0.6	12.9	6.6	3.0	1.5	0.7
250×150×4.5×6	17.2	7.5	3.7	1.2	0.6	9.6	4.8	1.8	0.9	0.6	13.1	6.6	2.8	1.4	0.8	17.2	8.9	4.1	2.0	1.0
250×150×4.5×8	21.8	9.5	4.7	1.6	0.8	12.0	6.0	2.3	1.1	0.8	16.7	8.4	3.6	1.8	1.0	21.9	11.3	5.2	2.6	1.3
250×150×6×8	22.7	9.9	4.9	1.6	0.8	12.6	6.3	2.4	1.2	0.8	17.3	8.8	3.7	1.9	1.0	22.8	11.7	5.4	2.7	1.3
300×150×3.2×4.5	15.1	6.6	3.2	1.1	0.5	8.4	4.2	1.5	0.7	0.5	11.5	5.8	2.4	1.1	0.6	15.2	7.8	3.5	1.7	0.8
300×150×4.5×6	20.3	8.9	4.3	1.4	0.7	11.3	5.6	2.0	1.0	0.6	15.4	7.8	3.2	1.5	0.8	20.3	10.5	4.6	2.3	1.0
300×150×4.5×8	25.6	11.2	5.5	1.8	0.8	14.2	7.1	.6	1.2	0.8	19.5	9.9	4.1	2.0	1.0	25.7	13.2	5.9	2.9	1.3
300×150×6×8	26.8	11.7	5.7	1.9	0.9	14.9	7.4	2.7	1.3	0.9	20.5	10.4	4.3	2.1	1.1	26.9	13.9	6.2	3.0	1.4

续表 E. 0. 2

梁截面 \ 柱截面	200×4	200×5	200×6	200×8	200×10	220×5	220×6	220×8	220×10	220×12	250×5	250×6	250×8	250×10	250×12	280×5	280×6	280×8	280×10	280×12
320×150×5×8	27.5	12.0	5.9	1.9	0.9	15.3	7.6	2.8	1.3	0.8	21.0	10.6	4.3	2.1	1.1	27.6	14.2	6.3	3.0	1.4
350×175×4.5×6	/	/	/	/	/	/	/	/	/	/	19.9	10.1	3.7	1.7	0.9	26.2	13.5	5.5	2.6	1.2
350×175×6×8	/	/	/	/	/	/	/	/	/	/	26.1	13.3	4.9	2.2	1.2	34.4	17.7	7.2	3.4	1.6
400×200×6×8	/	/	/	/	/	/	/	/	/	/	12.8	7.4	3.2	1.8	1.2	17.3	10.0	4.3	2.3	1.5
400×150×8×13	15.9	8.1	4.8	2.2	1.3	10.8	6.3	2.8	1.6	1.1	15.4	8.9	3.9	2.1	1.4	20.7	11.9	5.1	2.8	1.8
400×200×8×13	/	/	/	/	/	/	/	/	/	/	19.5	11.3	4.9	2.7	1.8	26.2	15.1	6.5	3.5	2.2
450×200×8×12	/	/	/	/	/	/	/	/	/	/	20.2	11.7	5.1	2.8	1.8	27.2	15.7	6.7	3.6	2.3

梁截面 \ 柱截面	300×6	300×8	300×10	300×12	350×6	350×8	350×10	350×12	400×8	400×10	400×12	400×14	450×8	450×10	450×12	450×14	500×8	500×10	500×12	500×14	500×16
100×50×3×3	0.8	0.5	0.3	0.2	1.1	0.8	0.5	0.2	1.1	0.7	0.3	0.2	1.4	0.9	0.4	0.3	1.9	1.2	0.6	0.4	0.2
100×50×3.2×4.5	1.1	0.7	0.4	0.2	1.6	1.0	0.6	0.3	1.5	0.9	0.5	0.3	2.0	1.2	0.6	0.4	2.5	1.6	0.8	0.5	0.3
100×100×6×8	3.3	2.0	1.2	0.7	4.8	3.0	1.9	1.0	4.3	2.7	1.5	0.9	5.8	3.7	2.0	1.2	7.5	4.8	2.5	1.6	1.1
120×120×3.2×4.5	2.9	1.7	1.0	0.5	4.3	2.6	1.5	0.8	3.7	2.2	1.1	0.7	4.9	3.0	1.5	0.9	6.4	4.0	1.9	1.2	0.8
120×120×4.5×6	3.9	2.2	1.3	0.7	5.6	3.4	2.0	1.1	4.8	2.9	1.5	0.9	6.5	4.0	2.0	1.2	8.5	5.2	2.6	1.6	1.1

续表 E. 0. 2

梁截面＼柱截面	300×6	300×8	300×10	300×12	350×6	350×8	350×10	350×12	400×8	400×10	400×12	400×14	450×8	450×10	450×12	450×14	500×8	500×10	500×12	500×14	500×16
150×75×3×3	1.9	1.1	0.6	0.3	2.7	1.7	1.0	0.4	2.4	1.4	0.6	0.4	3.2	1.8	0.8	0.5	4.1	2.4	1.0	0.6	0.4
150×75×3.2×4.5	2.6	1.5	0.9	0.4	3.8	2.3	1.3	0.6	3.3	1.9	0.8	0.5	4.4	2.6	1.1	0.7	5.7	3.3	1.4	0.9	0.6
150×75×4.5×6	3.4	2.0	1.2	0.6	5.0	3.0	1.8	0.8	4.3	2.5	1.1	0.7	5.8	3.4	1.5	0.9	7.5	4.4	1.9	1.2	0.8
150×100×3.2×4.5	3.3	1.9	1.1	0.5	4.8	2.8	1.6	0.7	4.0	2.3	1.0	0.7	5.5	3.2	1.4	0.9	7.1	4.2	1.8	1.1	0.8
150×100×4.5×6	4.3	2.5	1.4	0.7	6.3	3.8	2.2	1.0	5.3	3.1	1.4	0.9	7.2	4.2	1.9	1.2	9.4	5.5	2.5	1.5	1.0
150×150×4.5×6	6.2	3.2	1.8	1.0	9.1	5.0	2.9	1.4	7.2	4.2	2.0	1.3	9.8	5.8	2.7	1.7	12.9	7.6	3.5	2.2	1.5
150×150×6×8	8.1	4.2	2.4	1.3	11.9	6.6	3.8	1.9	9.5	5.5	2.7	1.7	12.9	7.6	3.6	2.3	16.9	10.1	4.7	2.9	2.0
200×100×3×3	3.3	1.8	0.9	0.4	4.8	2.7	1.5	0.6	3.8	2.1	0.8	0.5	5.2	2.9	1.1	0.7	6.7	3.7	1.4	0.9	0.6
200×100×3.2×4.5	4.5	2.4	1.3	0.6	6.6	3.7	2.0	0.8	5.3	2.9	1.2	0.7	7.2	4.0	1.6	1.0	9.3	5.2	2.1	1.3	0.9
200×100×4.5×6	6.0	3.3	1.8	0.8	8.8	5.0	2.7	1.1	7.1	3.9	1.6	1.0	9.6	5.3	2.2	1.3	12.5	7.0	2.8	0.7	1.2
200×100×6×8	7.9	4.3	2.3	1.1	11.5	6.6	3.6	1.5	9.4	5.2	2.2	1.4	12.6	7.1	2.9	1.8	16.4	9.2	3.8	2.4	1.6
200×125×3.2×4.5	5.5	2.8	1.5	0.7	7.9	4.4	2.4	1.0	6.2	3.4	1.4	0.9	8.5	4.7	1.9	1.2	11.0	6.1	2.5	1.5	1.0
200×125×4.5×6	7.3	3.8	2.0	0.9	10.6	5.8	3.2	1.4	8.3	4.6	1.9	1.2	11.3	6.3	2.6	1.6	14.7	8.2	3.4	2.1	1.4
200×125×6×8	9.3	4.9	2.7	1.3	13.9	7.7	4.2	1.9	11.0	6.1	2.6	1.6	14.9	8.3	3.5	2.2	19.4	10.9	4.6	2.8	1.9
200×150×3.2×4.5	6.4	3.1	1.7	0.8	9.3	4.9	2.6	1.2	7.1	3.9	1.6	1.0	9.7	5.3	2.2	1.4	12.6	7.0	2.9	1.8	1.2

续表 E. 0. 2

梁截面 \ 柱截面	300×6	300×8	300×10	300×12	350×6	350×8	350×10	350×12	400×8	400×10	400×12	400×14	450×8	450×10	450×12	450×14	500×8	500×10	500×12	500×14	500×16
200×150×4.5×6	8.5	4.2	2.2	1.1	12.4	6.5	3.5	1.6	9.4	5.2	2.2	1.4	12.9	7.1	3.0	1.9	16.8	9.4	3.9	2.4	1.6
200×150×6×8	11.2	5.5	2.9	1.5	16.3	8.6	4.7	2.2	12.5	6.9	3.0	1.9	17.0	9.5	4.1	2.6	22.2	12.5	5.4	3.3	2.2
250×100×3×3	4.1	2.2	1.1	0.4	6.0	3.3	1.7	0.7	4.7	2.5	0.9	0.6	6.4	3.4	1.2	0.8	8.3	4.4	1.6	1.0	0.7
250×100×3.2×4.5	5.7	3.0	1.5	0.6	8.3	4.5	2.4	0.9	6.5	3.4	1.3	0.8	8.7	4.6	1.7	1.1	11.3	6.0	2.2	1.4	0.9
250×125×3.2×4.5	6.8	3.4	1.7	0.7	9.9	5.2	2.7	1.1	7.5	3.9	1.5	1.0	10.2	5.4	2.0	1.3	13.3	7.1	2.7	1.7	1.1
250×125×4.5×6	9.1	4.5	2.3	1.0	13.2	7.0	3.7	1.5	10.1	5.3	2.1	1.3	13.7	7.3	2.8	1.8	17.8	9.5	3.7	2.3	1.5
250×125×4.5×8	11.4	5.7	3.0	1.3	16.7	8.9	4.7	1.9	12.7	6.8	2.7	1.7	17.3	9.2	3.7	2.3	22.5	12.1	4.8	2.9	2.0
250×125×6×8	12.0	6.0	3.1	1.4	17.5	9.3	4.9	2.0	13.3	7.1	2.8	1..8	18.1	9.7	3.8	2.4	23.6	12.7	5.0	3.1	2.1
250×150×3.2×4.5	7.9	3.7	1.9	0.9	11.5	5.9	3.0	1.3	8.5	4.4	1.8	1.1	11.6	6.1	2.4	1.5	15.1	8.1	3.1	1.9	1.3
250×150×4.5×6	10.6	5.0	2.6	1.2	15.4	7.9	4.1	1.7	11.4	6.0	2.4	1.5	15.5	8.2	3.3	2.0	20.2	10.8	4.2	2.6	1.8
250×150×4.5×8	13.4	6.4	3.3	1.5	19.6	10.0	5.2	2.2	14.5	7.7	3.2	2.0	19.7	10.6	4.3	2.7	25.8	13.9	5.6	3.4	2.3
250×150×6×8	14.0	6.6	3.4	1.6	20.3	10.4	5.4	2.3	15.1	8.0	3.3	2.1	20.5	11.0	4.4	2.8	26.8	14.5	5.8	3.6	2.4
300×150×3.2×4.5	9.3	4.3	2.1	0.9	13.5	6.7	3.4	1.3	9.7	4.9	1.9	1.2	13.2	6.8	2.5	1.6	17.3	8.9	3.3	2.0	1.4
300×150×4.5×6	12.4	5.8	2.8	1.2	18.1	9.0	4.5	1.8	13.0	6.6	2.6	.1.6	17.8	9.1	3.4	2.1	23.2	12.1	4.5	2.8	1.9
300×150×4.5×8	15.7	7.3	3.6	1.6	22.9	11.4	5.8	2.4	16.5	8.5	3.3	2.1	22.5	11.7	4.5	2.8	29.5	15.4	5.9	3.6	2.4

续表 E. 0. 2

梁截面 \ 柱截面	300×6	300×8	300×10	300×12	350×6	350×8	350×10	350×12	400×8	400×10	400×12	400×14	450×8	450×10	450×12	450×14	500×8	500×10	500×12	500×14	500×16
300×150×6×8	16.5	7.6	3.8	1.7	24.0	12.0	6.1	2.5	17.3	8.9	3.5	2.2	3.6	12.2	4.7	2.9	30.9	16.1	6.2	3.8	2.5
320×150×5×8	16.9	7.8	3.8	1.6	24.6	12.2	6.1	2.4	17.6	8.9	3.4	2.2	24.0	12.3	4.7	2.9	31.3	16.2	6.1	3.8	2.5
350×175×4.5×6	16.0	6.9	3.2	1.4	23.4	10.9	5.3	2.1	15.9	7.9	3.0	1.9	21.8	10.9	4.1	2.5	28.7	14.5	5.3	3.3	2.2
350×175×6×8	21.0	9.1	4.2	1.8	30.7	14.3	7.0	2.8	20.9	10.4	3.9	2.5	28.6	14.3	5.4	3.3	37.7	19.0	7.0	4.3	2.9
400×200×6×8	11.9	5.1	2.7	1.7	17.3	7.3	3.9	2.4	10.0	5.2	3.1	2.1	13.1	6.8	4.0	2.6	16.5	8.5	5.0	3.3	2.3
400×150×8×13	14.2	6.1	3.2	2.0	20.7	8.8	4.6	2.8	12.0	6.2	3.7	2.5	15.6	8.1	4.8	3.1	19.8	10.2	6.0	3.9	2.7
400×200×8×13	18.0	7.7	4.1	2.6	26.3	11.1	5.8	3.5	15.2	7.9	4.7	3.1	19.8	10.3	6.1	4.0	25.1	12.9	7.6	4.9	3.5
450×200×8×12	18.7	8.0	4.3	2.6	27.2	11.5	6.0	3.7	15.7	8.2	4.9	3.2	20.6	10.6	6.3	4.1	26.1	13.4	7.9	5.1	3.6

表 E. 0. 3　有支撑框架且灌注混凝土的梁柱刚性连接临界跨度(m)

梁截面 \ 柱截面	200×4	200×5	200×6	200×8	200×10	220×5	220×6	220×8	220×10	220×12	250×5	250×6	250×8	250×10	250×12	280×5	280×6	280×8	280×10	280×12
100×50×3×3	1.5	0.7	0.4	0.2	0.1	1.0	0.5	0.3	0.2	0.2	1.6	0.8	0.4	0.3	0.3	2.3	1.2	0.7	0.5	0.4
100×50×3.2×4.5	2.1	0.9	0.5	0.2	0.2	1.4	0.7	0.4	0.2	0.2	2.2	1.1	0.6	0.4	0.4	3.1	1.7	0.9	0.6	0.6
100×100×6×8	6.4	2.9	1.5	0.7	0.5	4.2	2.2	1.1	0.7	0.7	6.5	3.5	1.8	1.2	1.1	9.4	5.1	2.7	1.9	1.7
120×120×3.2×4.5	5.7	2.6	1.3	0.6	0.4	3.8	2.0	0.9	0.6	0.6	5.9	3.1	1.6	1.0	0.9	8.5	4.6	2.4	1.6	1.3

续表 E. 0. 3

梁截面＼柱截面	200×4	200×5	200×6	200×8	200×10	220×5	220×6	220×8	220×10	220×12	250×5	250×6	250×8	250×10	250×12	280×5	280×6	280×8	280×10	280×12
120×120×4.5×6	7.5	3.4	1.7	0.8	0.5	4.9	2.5	1.2	0.8	0.7	7.7	4.1	2.1	1.4	1.2	11.1	6.0	3.1	2.1	1.8
150×75×3×3	3.6	1.6	0.8	0.4	0.2	2.4	1.2	0.6	0.4	0.3	3.8	2.0	1.0	0.6	0.5	5.4	2.9	1.4	0.9	0.7
150×75×3.2×4.5	5.0	2.2	1.1	0.5	0.3	3.3	1.7	0.8	0.5	0.4	5.1	2.7	1.3	0.8	0.7	7.4	4.0	2.0	1.3	1.0
150×75×4.5×6	6.5	2.9	1.5	0.7	0.4	4.3	2.2	1.0	0.6	0.5	6.7	3.6	1.7	1.1	0.9	9.7	5.2	2.6	1.7	1.3
150×100×3.2×4.5	6.3	2.9	1.4	0.7	0.4	4.2	2.2	1.0	0.6	0.5	6.5	3.5	1.7	1.1	0.8	9.4	5.1	2.5	1.6	1.3
150×100×4.5×6	8.3	3.7	1.9	0.9	0.5	5.5	2.8	1.3	0.8	0.7	8.6	4.6	2.2	1.4	1.1	12.4	6.6	3.3	2.1	1.7
150×150×4.5×6	11.9	5.4	2.7	1.2	0.8	7.8	4.1	1.9	1.2	1.0	12.3	6.5	3.2	2.0	1.6	17.7	9.5	4.7	3.0	2.4
150×150×6×8	15.5	7.0	3.5	1.6	1.0	10.2	5.3	2.5	1.5	1.3	16.0	8.5	4.1	2.6	2.1	22.9	12.3	6.1	3.9	3.1
200×100×3×3	6.3	2.8	1.4	0.6	0.4	4.1	2.1	1.0	0.6	0.4	6.5	3.4	1.6	0.9	0.7	9.3	5.0	2.4	1.4	1.0
200×100×3.2×4.5	8.7	3.9	2.0	0.8	0.5	5.7	2.9	1.3	0.8	0.6	8.9	4.7	2.2	1.3	0.9	12.8	6.9	3.3	2.0	1.4
200×100×4.5×6	11.5	5.1	2.6	1.1	0.6	7.5	3.9	1.7	1.0	0.7	11.8	6.3	2.9	1.7	1.2	17.0	9.1	4.3	2.6	1.9
200×100×6×8	14.9	6.7	3.4	1.5	0.8	9.8	5.1	2.3	1.3	1.0	15.4	8.2	3.8	2.2	1.6	22.1	11.9	5.6	3.4	2.5
200×125×3.2×4.5	10.4	4.7	2.4	1.0	0.6	6.8	3.6	1.6	0.9	0.7	10.8	5.7	2.6	1.5	1.1	15.5	8.3	3.9	2.4	1.7
200×125×4.5×6	13.8	6.2	3.1	1.3	0.8	9.1	4.7	2.1	1.2	0.9	14.2	7.5	3.5	2.0	1.5	20.5	11.0	5.2	3.1	2.3
200×125×6×8	18.0	8.1	4.1	1.8	1.0	11.8	6.1	2.7	1.6	1.2	18.6	9.8	4.5	2.7	2.0	26.7	14.3	6.8	4.1	3.0

续表 E. 0. 3

梁截面＼柱截面	200×4	200×5	200×6	200×8	200×10	220×5	220×6	220×8	220×10	220×12	250×5	250×6	250×8	250×10	250×12	280×5	280×6	280×8	280×10	280×12
200×150×3.2×4.5	12.2	5.5	2.8	1.2	0.7	8.0	4.2	1.8	1.1	0.8	12.6	6.7	3.1	1.8	1.3	18.1	9.7	4.6	2.8	2.0
200×150×4.5×6	16.1	7.3	3.7	1.6	0.9	10.6	5.5	2.4	1.4	1.1	16.6	8.8	4.1	2.4	1.7	23.9	12.9	6.1	3.7	2.7
200×150×6×8	21.1	9.5	4.8	2.1	1.2	13.8	7.2	3.2	1.9	1.4	21.7	11.5	5.3	3.1	2.3	31.2	16.8	7.9	4.8	3.5
250×100×3×3	7.9	3.6	1.8	0.7	0.4	5.2	2.7	1.2	0.6	0.4	8.2	4.3	1.9	1.1	0.7	11.8	6.3	2.9	1.7	1.1
250×100×3.2×4.5	10.8	4.8	2.5	1.0	0.6	7.1	3.7	1.6	0.9	0.6	11.1	5.9	2.6	1.5	1.0	16.0	8.6	3.9	2.2	1.5
250×125×3.2×4.5	12.9	5.8	2.9	1.2	0.7	8.5	4.4	1.9	1.0	0.7	13.3	7.0	3.1	1.8	1.2	19.1	10.3	4.7	2.7	1.8
250×125×4.5×6	17.1	7.7	3.9	1.6	0.9	11.2	5.8	2.5	1.4	1.0	17.6	9.4	4.2	2.3	1.6	25.4	13.6	6.2	3.6	2.4
250×125×4.5×8	21.4	9.6	4.9	2.0	1.1	14.0	7.3	3.1	1.7	1.2	22.1	11.7	5.2	2.9	2.0	31.7	17.1	7.8	4.5	3.1
250×125×6×8	22.4	10.1	5.1	2.1	1.2	14.7	7.6	3.3	1.8	1.3	23.1	12.2	5.4	3.1	2.1	33.2	17.9	8.2	4.7	3.2
250×150×3.2×4.5	15.0	6.7	3.4	1.4	0.8	9.8	5.1	2.2	1.2	0.8	15.5	8.2	3.6	2.0	1.4	22.2	12.0	5.5	3.1	2.1
250×150×4.5×6	19.9	8.9	4.5	1.9	1.0	13.1	6.8	2.9	1.6	1.1	20.5	10.9	4.8	2.7	1.9	29.5	15.9	7.2	4.2	2.8
250×150×4.5×8	25.1	11.3	5.7	2.4	1.3	16.5	8.5	3.7	2.0	1.4	25.9	13.7	6.1	3.4	2.4	37.2	20.0	9.1	5.2	3.6
250×150×6×8	26.1	11.7	6.0	2.5	1.4	17.1	8.9	3.8	2.1	1.5	26.9	14.3	6.3	3.6	2.4	38.7	20.8	9.5	5.4	3.7
300×150×3.2×4.5	17.5	7.9	4.0	1.6	0.8	11.5	6.0	2.5	1.3	0.9	18.0	9.6	4.1	2.2	1.5	25.9	13.9	6.2	3.4	2.3
300×150×4.5×6	23.3	10.5	5.3	2.1	1.1	15.3	7.9	3.3	1.8	1.2	24.0	12.7	5.5	3.0	2.0	34.5	18.6	8.2	4.6	3.0

续表 E.0.3

梁截面＼柱截面	200×4	200×5	200×6	200×8	200×10	220×5	220×6	220×8	220×10	220×12	250×5	250×6	250×8	250×10	250×12	280×5	280×6	280×8	280×10	280×12
300×150×4.5×8	29.2	13.1	6.7	2.7	1.4	19.2	9.9	4.1	2.2	1.5	30.1	16.0	6.9	3.8	2.5	43.3	23.3	10.3	5.7	3.8
300×150×6×8	30.6	13.8	7.0	2.8	1.5	20.1	10.4	4.3	2.3	1.5	31.6	16.7	7.2	3.9	2.6	45.4	24.4	10.8	6.0	3.9
320×150×5×8	31.2	14.0	7.1	2.8	1.5	20.5	10.6	4.4	2.3	1.5	32.2	17.1	7.3	3.9	2.5	46.3	24.9	11.0	6.0	3.9
350×175×4.5×6	/	/	/	/	/	/	/	/	/	/	30.8	16.3	6.9	3.7	2.3	44.2	23.8	10.3	5.6	3.6
350×175×6×8	/	/	/	/	/	/	/	/	/	/	40.4	21.4	9.1	4.9	3.0	58.0	31.2	13.5	7.3	4.7
400×200×6×8	/	/	/	/	/	/	/	/	/	/	62.7	35.7	14.6	7.3	4.2	85.1	48.5	19.9	10.0	5.7
400×150×8×13	77.9	38.8	21.9	8.9	4.4	52.1	29.5	12.0	6.0	3.5	75.1	42.7	17.4	8.7	5.0	101.9	58.0	23.8	11.9	6.8
400×200×8×13	/	/	/	/	/	/	/	/	/	/	95.3	54.2	22.1	11.1	6.3	129.3	73.6	30.2	15.1	8.6
450×200×8×12	/	/	/	/	/	/	/	/	/	/	98.1	55.7	22.8	11.4	6.5	133.0	75.7	31.1	15.5	8.9

梁截面＼柱截面	300×6	300×8	300×10	300×12	350×6	350×8	350×10	350×12	400×8	400×10	400×12	400×14	450×8	450×10	450×12	450×14	500×8	500×10	500×12	500×14	500×16
100×50×3×3	1.5	0.8	0.6	0.5	2.4	1.3	1.0	0.9	1.9	1.4	1.3	0.8	2.7	2.0	1.8	1.1	3.5	2.6	2.5	1.5	0.9
100×50×3.2×4.5	2.1	1.1	0.8	0.7	3.2	1.8	1.3	1.2	2.6	1.9	1.8	1.0	3.6	2.7	2.5	1.5	4.7	3.6	3.3	2.0	1.2
100×100×6×8	6.3	3.4	2.4	2.2	9.9	5.4	3.9	3.6	8.0	5.9	5.4	3.1	11.0	8.2	7.6	4.5	14.4	10.8	10.2	6.0	3.8

续表 E. 0. 3

梁截面＼柱截面	300×6	300×8	300×10	300×12	350×6	350×8	350×10	350×12	400×8	400×10	400×12	400×14	450×8	450×10	450×12	450×14	500×8	500×10	500×12	500×14	500×16
120×120×3.2×4.5	5.7	3.0	2.0	1.7	8.9	4.8	3.3	2.9	7.0	4.9	4.3	2.5	9.6	6.8	6.0	3.5	12.6	9.1	8.1	4.8	3.0
120×120×4.5×6	7.4	3.9	2.6	2.2	11.6	6.2	4.3	3.7	9.1	6.4	5.6	3.3	12.5	8.9	7.9	4.6	16.5	11.9	10.6	6.2	3.9
150×75×3×3	3.6	1.8	1.2	0.9	5.7	2.9	1.9	1.5	4.3	2.9	2.3	1.4	5.9	4.0	3.3	1.9	7.7	5.3	4.4	2.6	1.6
150×75×3.2×4.5	4.9	2.5	1.6	1.3	7.7	4.0	2.6	2.1	5.8	3.9	3.2	1.9	8.0	5.4	4.5	2.6	10.6	7.2	6.0	3.6	2.2
150×75×4.5×6	6.5	3.2	2.1	1.7	10.1	5.2	3.5	2.8	7.7	5.1	4.2	2.4	10.6	7.2	5.9	3.5	13.9	9.5	7.9	4.7	2.9
150×100×3.2×4.5	6.3	3.2	2.0	1.6	9.8	5.1	3.4	2.7	7.4	5.0	4.1	2.4	10.2	7.0	5.7	3.4	13.5	9.2	7.7	4.5	2.9
150×100×4.5×6	8.2	4.1	2.7	2.1	12.9	6.7	4.4	3.6	9.8	6.6	5.4	3.1	13.5	9.1	7.5	4.4	17.7	12.1	10.1	6.0	3.8
150×150×4.5×6	11.8	5.9	3.8	3.1	18.5	9.6	6.3	5.1	14.0	9.4	7.7	4.5	19.3	13.1	10.8	6.3	25.4	17.4	14.4	8.5	5.4
150×150×6×8	15.3	7.7	5.0	4.0	24.0	12.4	8.2	6.6	18.2	12.2	10.0	5.8	25.0	17.0	14.0	8.2	32.9	22.6	18.8	11.1	7.0
200×100×3×3	6.2	3.0	1.8	1.3	9.8	4.8	3.0	2.2	7.0	4.4	3.3	1.9	9.7	6.2	4.7	2.7	12.8	8.2	6.3	3.7	2.3
200×100×3.2×4.5	8.6	4.1	2.5	1.8	13.4	6.6	4.1	3.0	9.7	6.1	4.6	2.7	13.3	8.5	6.4	3.8	17.5	11.3	8.6	5.1	3.2
200×100×4.5×6	11.3	5.4	3.3	2.4	17.8	8.7	5.4	4.0	12.8	8.1	6.1	3.5	17.6	11.2	8.5	5.0	23.2	14.9	11.4	6.7	4.3
200×100×6×8	14.8	7.1	4.3	3.1	23.2	11.4	7.1	5.2	16.7	10.5	7.9	4.6	23.0	14.7	11.1	6.5	30.3	19.5	14.9	8.8	5.5
200×125×3.2×4.5	10.3	4.9	3.0	2.2	16.2	8.0	4.9	3.7	11.7	7.4	5.5	3.2	16.1	10.2	7.8	4.5	21.1	13.6	10.4	6.1	3.9
200×125×4.5×6	13.6	6.5	4.0	2.9	21.4	10.5	6.5	4.8	15.4	9.7	7.3	4.2	21.3	13.6	10.3	6.0	28.0	18.0	13.8	8.1	5.1

续表 E. 0. 3

柱截面 / 梁截面	300×6	300×8	300×10	300×12	350×6	350×8	350×10	350×12	400×8	400×10	400×12	400×14	450×8	450×10	450×12	450×14	500×8	500×10	500×12	500×14	500×16
200×125×6×8	17.8	8.5	5.2	3.8	27.9	13.7	8.5	6.3	20.1	12.7	9.5	5.5	27.7	17.7	13.4	7.9	36.5	23.5	18.0	10.6	6.7
200×150×3.2×4.5	12.1	5.8	3.5	2.6	19.0	9.3	5.8	4.3	13.7	8.6	6.5	3.8	18.8	12.0	9.1	5.3	24.8	15.9	12.2	7.2	4.5
200×150×4.5×6	16.0	7.7	4.6	3.4	25.1	12.3	7.6	5.7	18.1	11.4	8.5	5.0	24.9	15.9	12.0	7.0	32.7	21.1	16.1	9.5	6.0
200×150×6×8	20.8	10.0	6.1	4.4	32.7	16.1	10.0	7.4	23.6	14.9	11.2	6.5	32.5	20.7	15.7	9.2	42.7	27.5	21.0	12.4	7.8
250×100×3×3	7.8	3.6	2.1	1.4	12.3	5.8	3.5	2.4	8.6	5.2	3.6	2.1	11.8	7.2	5.1	3.0	15.5	9.5	6.9	4.1	2.6
250×100×3.2×4.5	10.7	4.9	2.9	2.0	16.7	7.9	4.7	3.3	11.6	7.0	5.0	2.9	16.0	9.8	7.0	4.1	21.1	13.0	9.3	5.5	3.5
250×125×3.2×4.5	12.7	5.9	3.4	2.4	20.0	9.5	5.6	3.9	13.9	8.4	5.9	3.4	19.1	11.7	8.3	4.9	25.2	15.5	11.2	6.6	4.2
250×125×4.5×6	16.9	7.8	4.5	3.1	26.6	12.6	7.5	5.2	18.5	11.1	7.9	4.6	25.4	15.5	11.1	6.5	33.5	20.6	14.9	8.8	5.5
250×125×4.5×8	21.2	9.8	5.7	3.9	33.2	15.8	9.4	6.5	23.1	13.9	9.9	5.7	31.8	19.4	13.9	8.1	41.9	25.8	18.6	11.0	6.9
250×125×6×8	22.2	10.3	6.0	4.1	34.8	16.5	9.8	6.8	24.2	14.6	10.3	6.0	33.3	20.3	14.5	8.5	43.9	27.0	19.5	11.5	7.3
250×150×3.2×4.5	14.8	6.9	4.0	2.7	23.3	11.0	6.5	4.6	16.2	9.8	6.9	4.0	22.3	13.6	9.7	5.7	29.3	18.0	13.0	7.7	4.8
250×150×4.5×6	19.7	9.1	5.3	3.6	30.9	14.7	8.7	6.1	21.5	13.0	9.2	5.3	29.6	18.0	12.9	7.6	38.9	24.0	17.3	10.2	6.4
250×150×4.5×8	24.8	11.5	6.7	4.6	38.9	18.5	11.0	7.7	27.1	16.3	11.6	6.7	37.3	22.8	16.3	9.5	49.1	30.2	21.8	12.9	8.1
250×150×6×8	25.8	11.9	6.9	4.8	40.5	19.2	11.4	8.0	28.2	17.0	12.0	7.0	38.8	23.7	16.9	9.9	51.1	31.4	22.7	13.4	8.4
300×150×3.2×4.5	17.3	7.8	4.4	2.9	27.2	12.5	7.2	4.8	18.4	10.7	7.3	4.2	25.3	14.9	10.2	6.0	33.3	19.8	13.7	8.1	5.1

续表 E. 0. 3

梁截面 \ 柱截面	300×6	300×8	300×10	300×12	350×6	350×8	350×10	350×12	400×8	400×10	400×12	400×14	450×8	450×10	450×12	450×14	500×8	500×10	500×12	500×14	500×16
300×150×4.5×6	23.0	10.4	5.8	3.8	36.2	16.7	9.6	6.4	24.5	14.3	9.7	5.6	33.7	19.9	13.6	8.0	44.4	26.4	18.3	10.8	6.8
300×150×4.5×8	28.9	13.0	7.3	4.8	45.3	20.9	12.0	8.0	30.7	17.9	12.1	7.1	42.3	24.9	17.1	10.0	55.6	33.1	22.9	13.5	8.5
300×150×6×8	30.3	13.6	7.6	5.0	47.5	21.9	12.6	8.4	32.2	18.8	12.7	7.4	44.3	26.1	17.9	10.5	58.3	34.7	24.0	14.2	8.9
320×150×5×8	30.9	13.8	7.6	5.0	48.5	22.2	12.6	8.3	32.6	18.8	12.6	7.3	44.8	26.2	17.7	10.4	59.0	34.7	23.7	14.0	8.8
350×175×4.5×6	29.5	13.0	7.1	4.5	46.3	20.9	11.7	7.6	30.7	17.4	11.5	6.7	42.3	24.3	16.1	9.5	55.6	32.3	21.6	12.8	8.0
350×175×6×8	38.7	17.1	9.3	5.9	60.7	27.4	15.4	10.0	40.3	22.8	15.1	8.8	55.5	31.9	21.1	12.5	72.9	42.4	28.3	16.8	10.5
400×200×6×8	58.0	23.8	11.9	6.8	85.2	35.1	17.7	10.1	48.5	24.4	13.9	8.7	63.9	32.2	18.4	11.5	81.4	41.1	23.5	14.7	9.8
400×150×8×13	69.4	28.5	14.3	8.2	102.0	42.1	21.1	12.1	58.1	29.2	16.7	10.4	76.6	38.6	22.0	13.8	97.5	49.2	28.1	17.5	11.7
400×200×8×13	88.1	36.2	18.1	10.3	129.5	53.4	26.8	15.3	73.7	37.1	21.2	13.2	97.2	49.0	28.0	17.4	123.7	62.4	35.7	22.2	14.8
450×200×8×12	90.6	37.2	18.7	10.6	133.2	54.9	27.6	15.7	75.8	38.2	21.8	13.6	100.0	50.4	28.8	17.9	127.2	64.2	36.7	22.9	15.2

表 E. 0. 4　无支撑框架且未设置内隔板的梁柱刚性连接临界跨度(m)

梁截面 \ 柱截面	200×4	200×5	200×6	200×8	200×10	220×5	220×6	220×8	220×10	220×12	250×5	250×6	250×8	250×10	250×12	280×5	280×6	280×8	280×10	280×12
100×50×3×3	12.5	5.4	2.6	1.7	1.3	7.1	3.5	2.4	1.9	1.7	10.1	5.1	3.6	2.9	2.6	13.6	7.1	5.1	4.2	3.8
100×50×3.2×4.5	16.8	7.3	3.5	2.3	1.8	9.6	4.7	3.2	2.6	2.2	13.7	6.9	4.8	4.0	3.5	18.4	9.5	6.8	5.7	5.1

续表 E. 0. 4

柱截面 梁截面	200×4	200×5	200×6	200×8	200×10	220×5	220×6	220×8	220×10	220×12	250×5	250×6	250×8	250×10	250×12	280×5	280×6	280×8	280×10	280×12
100×100×6×8	50.9	22.1	10.7	5.8	4.0	29.1	14.4	8.4	6.2	5.2	41.4	21.0	13.2	10.2	8.9	55.8	28.9	19.0	15.3	13.7
120×120×3.2×4.5	46.3	20.1	9.7	4.7	2.9	26.4	13.1	6.9	4.7	3.6	37.6	19.1	11.1	8.2	6.8	50.7	26.2	16.2	12.4	10.8
120×120×4.5×6	60.4	26.2	12.6	6.1	3.8	34.5	17.0	9.0	6.1	4.7	49.0	24.9	14.5	10.6	8.9	66.1	34.2	21.2	16.2	14.1
150×75×3×3	29.7	12.9	6.2	3.5	2.4	16.9	8.4	5.0	3.6	2.9	24.1	12.2	7.7	5.8	4.8	32.5	16.8	10.9	8.4	7.1
150×75×3.2×4.5	40.5	17.6	8.5	4.8	3.3	23.1	11.4	6.8	4.9	4.0	32.9	16.7	10.5	7.9	6.5	44.3	22.9	14.9	11.5	9.7
150×75×4.5×6	53.2	23.1	11.1	6.3	4.4	30.4	15.0	8.9	6.5	5.2	43.1	21.9	13.7	10.3	8.6	58.1	30.1	19.6	15.0	12.7
150×100×3.2×4.5	51.7	22.4	10.8	5.5	3.6	29.5	14.6	8.0	5.5	4.3	41.9	21.3	12.6	9.2	7.5	56.5	29.2	18.2	13.7	11.5
150×100×4.5×6	67.8	29.4	14.2	7.2	4.7	38.7	19.1	10.5	7.3	5.6	55.0	27.9	16.5	12.1	9.8	74.1	38.3	23.9	18.0	15.1
150×150×4.5×6	97.1	42.1	20.3	8.1	3.8	55.4	27.4	12.5	7.2	4.3	78.8	40.0	20.8	13.6	10.1	106.1	54.9	30.9	21.8	17.4
150×150×6×8	125.8	54.6	26.3	10.5	4.9	71.8	35.5	16.2	9.3	5.6	102.0	51.8	26.9	17.7	13.0	137.6	71.1	40.0	28.2	22.5
200×100×3×3	51.8	22.5	10.8	5.3	3.2	29.5	14.6	7.7	5.0	3.6	41.9	21.3	12.1	8.3	6.4	56.5	29.2	17.4	12.5	9.8
200×100×3.2×4.5	71.1	30.8	14.9	7.2	4.4	40.5	20.0	10.5	6.9	5.0	57.6	29.2	16.6	11.5	8.7	77.5	40.1	23.9	17.1	13.4
200×100×4.5×6	94.0	40.8	19.7	9.6	5.9	53.6	26.5	13.9	9.1	6.6	76.1	38.6	21.9	15.1	11.6	102.5	53.0	31.7	22.6	17.8
200×100×6×8	122.3	53.1	25.6	12.5	7.7	69.8	34.5	18.2	11.9	8.6	99.1	50.3	28.6	19.7	15.1	133.5	69.0	41.2	29.4	23.1

续表 E. 0. 4

梁截面 \ 柱截面	200×4	200×5	200×6	200×8	200×10	220×5	220×6	220×8	220×10	220×12	250×5	250×6	250×8	250×10	250×12	280×5	280×6	280×8	280×10	280×12
200×125×3.2×4.5	85.7	37.2	17.9	7.8	4.2	48.9	24.1	11.6	7.1	4.6	69.4	35.2	18.8	12.4	9.1	93.5	48.3	27.5	19.1	14.7
200×125×4.5×6	113.2	49.1	23.7	10.3	5.6	64.6	31.9	15.4	9.3	6.1	91.7	46.5	24.8	16.4	12.0	123.6	63.9	36.3	25.2	19.4
200×125×6×8	147.5	64.0	30.9	13.4	7.3	84.2	41.6	20.1	12.2	8.0	119.5	60.6	32.3	21.4	15.7	161.1	83.3	47.3	32.8	25.4
200×150×3.2×4.5	100.3	43.5	21.0	8.0	3.5	57.2	28.3	12.4	6.7	3.7	81.2	41.2	20.5	12.7	8.7	109.4	56.6	30.5	20.3	15.2
200×150×4.5×6	132.4	57.5	27.7	10.5	4.6	75.5	37.3	16.3	8.8	4.8	107.3	54.4	27.1	16.8	11.5	144.6	74.7	40.3	26.9	20.1
200×150×6×8	172.8	75.0	36.1	13.7	6.0	98.6	48.7	21.3	11.5	6.3	140.0	71.0	35.3	22.0	15.0	188.6	97.5	52.6	35.1	26.2
250×100×3×3	65.5	28.4	13.7	6.5	3.8	37.3	18.4	9.4	5.9	4.0	53.0	26.9	14.8	9.8	7.1	71.4	36.9	21.3	14.6	10.9
250×100×3.2×4.5	88.9	38.6	18.6	8.8	5.2	50.7	25.0	12.7	8.0	5.5	71.9	36.5	20.1	13.3	9.6	96.9	50.1	28.9	19.8	14.8
250×125×3.2×4.5	106.3	46.1	22.2	9.3	4.8	60.6	29.9	14.0	8.1	5.0	86.0	43.6	22.5	14.3	9.9	115.9	59.9	32.9	21.9	16.1
250×125×4.5×6	141.1	61.2	29.5	12.4	6.4	80.5	39.7	18.6	10.8	6.7	114.2	57.9	29.9	19.0	13.2	153.9	79.5	43.7	29.1	21.4
250×125×4.5×8	176.4	76.5	36.9	15.5	8.0	100.6	49.7	23.2	13.5	8.4	142.8	72.4	37.4	23.7	16.5	192.3	99.4	54.7	36.5	26.7
250×125×6×8	184.7	80.1	38.6	16.2	8.4	105.3	52.0	24.3	14.1	8.8	149.5	75.8	39.1	24.8	17.3	201.4	104.1	57.3	38.2	28.0
250×150×3.2×4.5	123.7	53.7	25.9	9.5	4.0	70.5	34.8	14.7	7.6	3.9	100.1	50.8	24.4	14.6	9.4	134.9	69.7	36.3	23.3	16.5
250×150×4.5×6	164.1	71.2	34.3	12.6	5.3	93.6	46.2	19.5	10.1	5.2	132.9	67.4	32.4	19.3	12.5	178.9	92.5	48.2	30.9	21.9

续表 E. 0. 4

梁截面＼柱截面	200×4	200×5	200×6	200×8	200×10	220×5	220×6	220×8	220×10	220×12	250×5	250×6	250×8	250×10	250×12	280×5	280×6	280×8	280×10	280×12
250×150×4. 5×8	206. 7	89. 7	43. 2	15. 9	6. 6	117. 8	58. 2	24. 6	12. 7	6. 6	167. 3	84. 9	40. 8	24. 4	15. 8	225. 4	116. 5	60. 8	38. 9	27. 6
250×150×6×8	215. 0	93. 3	44. 9	16. 5	6. 9	122. 6	60. 5	25. 6	13. 2	6. 8	174. 0	88. 3	42. 5	25. 3	16. 4	234. 4	121. 2	63. 2	40. 5	28. 7
300×150×3. 2×4. 5	144. 8	62. 8	30. 3	10. 8	4. 4	82. 5	40. 7	16. 8	8. 4	4. 1	117. 1	59. 4	27. 8	16. 1	10. 0	157. 7	81. 5	41. 4	25. 7	17. 5
300×150×4. 5×6	192. 7	83. 6	40. 3	14. 4	5. 8	109. 8	54. 2	22. 3	11. 2	5. 5	155. 9	79. 1	37. 1	21. 4	13. 3	210. 0	108. 5	55. 1	34. 3	23. 3
300×150×4. 5×8	241. 5	104. 8	50. 5	18. 1	7. 3	137. 7	68. 0	28. 0	14. 0	6. 9	195. 4	99. 1	46. 5	26. 8	16. 7	263. 1	136. 0	69. 1	42. 9	29. 3
300×150×6×8	253. 1	109. 8	52. 9	18. 9	7. 6	144. 3	71. 2	29. 3	14. 7	7. 2	204. 8	103. 8	48. 7	28. 1	17. 5	275. 8	142. 5	72. 4	45. 0	30. 7
320×150×5×8	258. 7	112. 2	54. 1	19. 2	7. 6	147. 5	72. 8	29. 7	14. 7	7. 1	209. 3	106. 1	49. 3	28. 2	17. 3	281. 8	145. 7	73. 4	45. 1	30. 3
350×175×4. 5×6	/	/	/	/	/	/	/	/	/	/	200. 2	101. 5	43. 1	22. 3	11. 9	269. 5	139. 3	65. 4	37. 7	23. 5
350×175×6×8	/	/	/	/	/	/	/	/	/	/	262. 7	133. 2	56. 5	29. 3	15. 6	353. 6	182. 8	85. 8	49. 5	30. 8
400×200×6×8	/	/	/	/	/	/	/	/	/	/	196. 0	111. 3	45. 4	22. 7	13. 0	265. 9	151. 5	62. 2	31. 2	17. 9
400×150×8×13	243. 3	121. 2	68. 4	27. 7	13. 8	162. 7	92. 1	37. 4	18. 7	10. 7	234. 7	133. 3	54. 4	27. 2	15. 5	318. 2	181. 2	74. 3	37. 1	21. 2
400×200×8×13	/	/	/	/	/	/	/	/	/	/	297. 8	169. 2	69. 0	34. 5	19. 7	403. 9	230. 0	94. 2	47. 1	26. 9
450×200×8×12	/	/	/	/	/	/	/	/	/	/	306. 4	174. 0	71. 0	35. 5	20. 3	415. 5	236. 6	96. 9	48. 5	27. 6

续表 E. 0. 4

柱截面 / 梁截面	300×6	300×8	300×10	300×12	350×6	350×8	350×10	350×12	400×8	400×10	400×12	400×14	450×8	450×10	450×12	450×14	500×8	500×10	500×12	500×14	500×16
100×50×3×3	8.5	6.2	5.2	4.7	12.7	9.5	8.1	7.5	13.5	11.7	10.8	6.3	18.2	15.9	14.9	8.7	23.6	20.7	19.5	11.5	7.2
100×50×3.2×4.5	11.5	8.4	7.0	6.3	17.2	12.8	10.9	10.0	18.2	15.7	14.6	8.4	24.6	21.4	19.9	11.6	31.9	27.9	26.2	15.4	9.7
100×100×6×8	34.8	23.5	19.2	17.3	52.1	36.7	30.7	28.3	52.8	45.0	41.9	24.1	71.7	61.8	58.0	33.8	93.4	81.2	76.7	45.1	28.2
120×120×3.2×4.5	31.6	20.1	15.8	13.9	47.2	31.7	25.7	23.3	45.8	37.8	34.8	20.0	62.5	52.3	48.5	28.2	81.6	68.9	64.3	37.8	23.6
120×120×4.5×6	41.2	26.3	20.5	18.1	61.6	41.4	33.4	30.2	59.7	49.3	45.2	26.0	81.4	68.1	63.0	36.7	106.4	89.8	83.6	49.1	30.7
150×75×3×3	20.2	13.4	10.4	8.9	30.2	20.8	16.5	14.2	29.7	23.9	20.8	12.0	40.2	32.6	28.6	16.7	52.2	42.7	37.7	22.2	13.9
150×75×3.2×4.5	27.6	18.3	14.2	12.1	41.2	28.3	22.5	19.4	40.5	32.5	28.4	16.4	54.8	44.5	39.0	22.8	71.2	58.2	51.4	30.2	18.9
150×75×4.5×6	36.2	24.1	18.7	15.9	54.1	37.2	29.5	25.5	53.2	42.7	37.2	21.4	71.9	58.4	51.2	29.8	93.5	76.4	67.4	39.6	24.8
150×100×3.2×4.5	35.2	22.5	17.2	14.6	52.6	35.1	27.6	23.9	50.4	40.3	35.4	20.3	68.5	55.3	48.9	28.5	89.3	72.7	64.7	38.0	23.8
150×100×4.5×6	46.2	29.5	22.6	19.2	69.0	46.1	36.2	31.4	66.2	52.9	46.4	26.6	89.9	72.6	64.2	37.4	117.2	95.4	84.8	49.8	31.1
150×150×4.5×6	66.2	38.7	28.1	23.2	98.8	61.7	47.0	40.5	90.0	70.4	61.9	35.3	123.3	98.2	87.3	50.6	161.7	130.4	116.8	68.4	42.7
150×150×6×8	85.7	50.1	36.4	30.0	128.1	80.0	60.9	52.4	116.6	91.2	80.1	45.7	159.8	127.2	113.0	65.5	209.6	168.9	151.1	88.6	55.2
200×100×3×3	35.2	21.5	15.6	12.4	52.6	33.6	25.0	20.4	48.3	36.6	30.1	17.3	65.6	50.3	41.6	24.2	85.5	66.1	55.0	32.3	20.2
200×100×3.2×4.5	48.3	29.6	21.4	17.1	72.1	46.1	34.4	27.9	66.3	50.2	41.3	23.7	90.1	69.0	57.1	33.3	117.4	90.7	75.5	44.3	27.7
200×100×4.5×6	63.9	39.1	28.4	22.6	95.4	61.0	45.5	36.9	87.7	66.4	54.6	31.4	119.1	91.3	75.6	44.0	155.2	119.9	99.8	58.6	36.6

续表 E. 0. 4

梁截面 \ 柱截面	300×6	300×8	300×10	300×12	350×6	350×8	350×10	350×12	400×8	400×10	400×12	400×14	450×8	450×10	450×12	450×14	500×8	500×10	500×12	500×14	500×16
200×100×6×8	83. 2	50. 9	36. 9	29. 4	124. 2	79. 5	59. 2	48. 1	114. 2	86. 5	71. 1	40. 8	155. 1	118. 8	98. 4	57. 2	202. 1	156. 2	129. 9	76. 3	47. 7
200×125×3. 2×4. 5	58. 2	34. 1	24. 2	19. 1	87. 0	53. 9	39. 6	32. 1	77. 9	58. 5	48. 2	27. 6	106. 3	80. 9	67. 3	39. 1	138. 9	106. 9	89. 4	52. 5	32. 7
200×125×4. 5×6	77. 0	45. 1	32. 0	25. 2	114. 9	71. 2	52. 3	42. 5	103. 0	77. 3	63. 7	36. 5	140. 5	107. 0	89. 0	51. 7	183. 6	141. 2	118. 1	69. 3	43. 3
200×125×6×8	100. 3	58. 8	41. 7	32. 9	149. 8	92. 8	68. 2	55. 4	134. 3	100. 8	83. 1	47. 6	183. 1	139. 5	116. 0	67. 3	239. 4	184. 2	154. 0	90. 4	56. 4
200×150×3. 2×4. 5	68. 2	38. 2	26. 3	20. 2	101. 8	60. 9	44. 0	35. 5	88. 8	65. 9	54. 2	30. 9	121. 7	91. 9	76. 6	44. 4	159. 6	122. 0	102. 4	60. 0	37. 4
200×150×4. 5×6	90. 0	50. 4	34. 7	26. 7	134. 5	80. 5	58. 1	46. 8	117. 3	87. 1	71. 7	40. 9	160. 7	121. 4	101. 1	58. 6	210. 8	161. 2	135. 3	79. 3	49. 4
200×150×6×8	117. 5	65. 8	45. 3	34. 9	175. 5	105. 1	75. 9	61. 1	153. 1	113. 6	93. 5	53. 3	209. 8	158. 5	132. 0	76. 5	275. 1	210. 4	176. 5	103. 4	64. 4
250×100×3×3	44. 5	26. 3	18. 3	13. 9	66. 4	41. 1	29. 4	22. 7	59. 1	43. 0	33. 6	19. 3	80. 2	59. 0	46. 5	27. 0	104. 5	77. 6	61. 4	36. 1	22. 5
250×100×3. 2×4. 5	60. 3	35. 7	24. 9	18. 9	90. 1	55. 8	39. 9	30. 9	80. 2	58. 3	45. 6	26. 2	108. 9	80. 1	63. 1	36. 7	141. 9	105. 3	83. 3	49. 0	30. 6
250×125×3. 2×4. 5	72. 1	40. 9	27. 9	20. 9	107. 7	64. 6	45. 6	35. 2	93. 4	67. 4	52. 8	30. 2	127. 4	93. 2	73. 7	42. 8	166. 6	123. 1	97. 9	57. 4	35. 8
250×125×4. 5×6	95. 8	54. 4	37. 0	27. 7	143. 0	85. 8	60. 6	46. 7	124. 1	89. 5	70. 2	40. 2	169. 2	123. 8	97. 9	56. 9	221. 2	163. 5	130. 0	76. 3	47. 6
250×125×4. 5×8	119. 8	68. 0	46. 3	34. 7	178. 8	107. 3	75. 7	58. 5	155. 2	111. 9	87. 7	50. 2	211. 6	154. 8	122. 5	71. 1	276. 6	204. 4	162. 6	95. 4	59. 5
250×125×6×8	125. 4	71. 2	48. 5	36. 6	187. 2	112. 3	79. 3	61. 2	162. 4	117. 2	91. 8	52. 6	221. 5	162. 1	128. 2	74. 5	289. 6	214. 1	170. 3	99. 9	62. 3
250×150×3. 2×4. 5	84. 0	45. 5	30. 1	22. 0	125. 4	72. 7	50. 4	38. 6	105. 8	75. 5	59. 0	33. 7	145. 0	105. 2	83. 3	48. 3	190. 2	139. 7	111. 5	65. 3	40. 7
250×150×4. 5×6	111. 4	60. 4	39. 9	29. 2	166. 4	96. 4	66. 9	51. 2	140. 5	100. 2	78. 4	44. 7	192. 5	139. 7	110. 6	64. 1	252. 5	185. 5	148. 0	86. 7	54. 0

续表 E. 0. 4

梁截面 \ 柱截面	300×6	300×8	300×10	300×12	350×6	350×8	350×10	350×12	400×8	400×10	400×12	400×14	450×8	450×10	450×12	450×14	500×8	500×10	500×12	500×14	500×16
250×150×4. 5×8	140. 3	76. 1	50. 3	36. 8	209. 4	121. 5	84. 3	64. 5	177. 0	126. 2	98. 7	56. 3	242. 5	176. 0	139. 4	80. 8	318. 0	233. 7	186. 4	109. 2	68. 0
250×150×6×8	146. 0	79. 1	52. 3	38. 3	217. 9	126. 3	87. 6	67. 1	184. 0	131. 2	102. 7	58. 6	252. 2	183. 0	145. 0	84. 0	330. 8	243. 0	193. 9	113. 6	70. 8
300×150×3. 2×4. 5	98. 2	51. 9	33. 2	23. 4	146. 6	82. 8	55. 7	41. 0	120. 6	83. 4	62. 8	35. 8	165. 3	116. 3	88. 6	51. 3	216. 8	154. 4	118. 5	69. 4	43. 3
300×150×4. 5×6	130. 7	69. 1	44. 2	31. 2	195. 1	110. 3	74. 1	54. 6	160. 6	111. 0	83. 6	47. 7	220. 1	154. 9	118. 1	68. 4	288. 7	205. 6	157. 9	92. 5	57. 6
300×150×4. 5×8	163. 8	86. 6	55. 5	39. 1	244. 6	138. 2	93. 0	68. 5	201. 4	139. 2	104. 9	59. 8	275. 9	194. 2	148. 1	85. 8	316. 9	257. 8	198. 0	116. 0	72. 3
300×150×6×8	171. 7	90. 7	58. 1	40. 9	256. 3	144. 8	97. 4	71. 5	211. 0	145. 9	109. 9	62. 7	289. 1	203. 5	155. 1	89. 9	379. 2	270. 2	207. 5	121. 6	75. 7
320×150×5×8	175. 5	91. 9	58. 3	40. 5	261. 9	146. 8	97. 7	71. 1	213. 8	146. 3	108. 8	62. 0	293. 0	204. 0	153. 6	89. 0	384. 2	270. 9	205. 4	120. 4	75. 0
350×175×4. 5×6	167. 8	82. 6	49. 7	32. 7	250. 4	133. 7	85. 8	60. 4	196. 3	130. 5	94. 9	53. 8	270. 4	183. 8	135. 8	78. 4	355. 9	245. 6	183. 3	107. 2	66. 6
350×175×6×8	220. 2	108. 4	65. 2	42. 9	328. 5	175. 4	112. 6	79. 2	257. 5	171. 2	124. 5	70. 6	354. 8	241. 1	178. 2	102. 9	466. 9	322. 2	240. 5	140. 6	87. 4
400×200×6×8	181. 2	74. 5	37. 4	21. 4	266. 3	109. 9	55. 3	31. 6	151. 7	76. 4	43. 7	27. 3	199. 9	100. 8	57. 7	36. 0	254. 4	128. 5	73. 5	45. 9	30. 6
400×150×8×13	216. 8	89. 0	44. 6	25. 4	318. 7	131. 4	66. 0	37. 6	181. 5	91. 3	52. 1	32. 4	239. 2	120. 5	68. 8	42. 9	304. 5	153. 6	87. 8	54. 7	36. 4
400×200×8×13	275. 2	113. 0	56. 6	32. 2	404. 5	166. 7	83. 7	47. 7	230. 3	115. 8	66. 1	41. 2	303. 5	152. 9	87. 3	54. 4	386. 4	195. 0	111. 4	69. 4	46. 2
450×200×8×12	283. 1	116. 2	58. 2	33. 2	416. 1	171. 5	86. 1	49. 1	236. 9	119. 2	68. 0	42. 3	312. 2	157. 3	89. 8	56. 0	397. 5	200. 6	114. 6	71. 4	47. 5

表 E. 0. 5　无支撑框架且设置内隔板的梁柱刚性连接临界跨度(m)

梁截面＼柱截面	200×4	200×5	200×6	200×8	200×10	220×5	220×6	220×8	220×10	220×12	250×5	250×6	250×8	250×10	250×12	280×5	280×6	280×8	280×10	280×12
100×50×3×3	4.0	1.7	0.9	0.5	0.3	2.2	1.1	0.7	0.4	0.3	3.0	1.5	1.0	0.6	0.4	4.0	2.1	1.3	0.8	0.5
100×50×3.2×4.5	5.4	2.4	1.2	0.7	0.5	3.0	1.5	0.9	0.6	0.4	4.1	2.1	1.3	0.8	0.5	5.4	2.8	1.8	1.1	0.6
100×100×6×8	16.6	7.3	3.6	1.8	1.2	9.2	4.6	2.4	1.6	1.3	12.7	6.5	3.6	2.3	1.6	16.7	8.6	5.1	3.2	2.0
120×120×3.2×4.5	14.9	6.5	3.2	1.4	0.9	8.3	4.1	2.0	1.2	1.0	11.4	5.8	3.0	1.8	1.2	15.0	7.7	4.2	2.5	1.5
120×120×4.5×6	19.5	8.6	4.2	1.9	1.2	10.9	5.4	2.6	1.6	1.3	15.0	7.6	3.9	2.3	1.6	19.7	10.1	5.5	3.3	2.0
150×75×3×3	9.5	4.2	2.0	1.0	0.6	5.3	2.6	1.4	0.8	0.5	7.3	3.7	2.1	1.2	0.6	9.6	4.9	2.8	1.6	0.8
150×75×3.2×4.5	13.1	5.7	2.8	1.4	0.9	7.3	3.6	1.9	1.1	0.7	10.0	5.1	.8	1.6	0.9	13.1	6.8	3.9	2.2	1.1
150×75×4.5×6	17.3	7.6	3.7	1.9	1.1	9.6	4.8	2.5	1.5	1.0	13.2	6.7	3.7	2.2	1.2	17.4	8.9	5.2	3.0	1.5
150×100×3.2×4.5	16.7	7.3	3.6	1.7	1.0	9.3	4.6	2.3	1.3	0.9	12.7	6.5	3.4	1.9	1.1	16.8	8.6	4.8	2.7	1.4
150×100×4.5×6	22.0	9.6	4.7	2.2	1.3	12.3	6.1	3.0	1.8	1.2	16.8	8.5	4.5	2.6	1.5	22.1	11.4	6.3	3.6	1.9
150×150×4.5×6	31.5	13.8	6.8	2.5	1.4	17.5	8.7	3.6	2.0	1.7	24.1	12.2	5.6	3.1	2.1	31.7	16.3	8.1	4.5	2.6
150×150×6×8	41.2	18.0	8.8	3.3	1.8	22.9	11.4	4.7	2.6	2.2	31.5	16.0	7.3	4.1	2.8	41.4	21.4	10.6	6.0	3.5
200×100×3×3	16.7	7.3	3.6	1.6	0.9	9.3	4.6	2.2	1.2	0.7	12.7	6.4	3.2	1.7	0.9	16.7	8.6	4.5	2.4	1.1
200×100×3.2×4.5	23.0	10.1	4.9	2.2	1.2	12.8	6.4	3.0	1.6	1.0	17.6	8.9	4.5	2.4	1.2	23.1	11.9	6.3	3.4	1.6

续表 E. 0. 5

梁截面＼柱截面	200×4	200×5	200×6	200×8	200×10	220×5	220×6	220×8	220×10	220×12	250×5	250×6	250×8	250×10	250×12	280×5	280×6	280×8	280×10	280×12
200×100×4. 5×6	30. 6	13. 4	6. 6	2. 9	1. 6	17. 0	8. 5	4. 0	2. 2	1. 3	23. 4	11. 9	6. 0	3. 2	1. 7	30. 8	15. 8	8. 4	4. 5	2. 1
200×100×6×8	40. 2	17. 6	8. 6	3. 8	2. 1	22. 4	11. 1	5. 2	2. 9	1. 8	30. 7	15. 6	7. 8	4. 2	2. 2	40. 4	20. 8	11. 0	6. 0	2. 8
200×125×3. 2×4. 5	27. 8	12. 1	5. 9	2. 4	1. 3	15. 4	7. 7	3. 3	1. 8	1. 2	21. 2	10. 7	5. 0	2. 7	1. 5	27. 8	14. 3	7. 2	3. 8	1. 9
200×125×4. 5×6	36. 9	16. 1	7. 9	3. 1	1. 7	20. 5	10. 2	4. 4	2. 3	1. 6	28. 2	14. 3	6. 7	3. 6	2. 0	37. 1	19. 1	9. 6	5. 1	2. 5
200×125×6×8	48. 5	21. 2	10. 4	4. 1	2. 2	27. 0	13. 4	5. 8	3. 1	2. 1	37. 0	18. 8	8. 9	4. 7	2. 7	48. 7	25. 1	12. 6	6. 8	3. 4
200×150×3. 2×4. 5	32. 5	14. 2	7. 0	2. 4	1. 3	18. 1	9. 0	3. 5	1. 8	1. 4	24. 8	12. 6	5. 5	2. 9	1. 7	32. 6	16. 8	7. 9	4. 2	2. 2
200×150×4. 5×6	43. 2	18. 9	9. 2	3. 2	1. 7	24. 0	11. 9	4. 7	2. 4	1. 8	33. 0	16. 7	7. 3	3. 8	2. 3	43. 4	22. 3	10. 5	5. 6	2. 9
200×150×6×8	56. 8	24. 8	12. 2	4. 3	2. 2	31. 6	15. 7	6. 2	3. 2	2. 4	43. 4	22. 0	9. 6	5. 0	3. 1	57. 1	29. 4	13. 9	7. 4	3. 9
250×100×3×3	21. 2	9. 3	4. 5	1. 9	1. 0	11. 8	5. 8	2. 6	1. 4	0. 8	16. 1	8. 2	4. 0	2. 0	1. 0	21. 2	10. 9	5. 6	2. 8	1. 2
250×100×3. 2×4. 5	28. 9	12. 6	6. 2	2. 6	1. 4	16. 1	8. 0	3. 6	1. 9	1. 1	22. 0	11. 4	5. 4	2. 8	1. 3	29. 0	14. 9	7. 6	3. 9	1. 7
250×125×3. 2×4. 5	34. 6	15. 1	7. 4	2. 8	1. 4	19. 2	9. 6	4. 0	2. 0	1. 3	26. 3	13. 4	6. 1	3. 1	1. 6	34. 6	17. 8	8. 6	4. 4	2. 0
250×125×4. 5×6	46. 2	20. 2	9. 9	3. 8	1. 9	25. 7	12. 8	5. 3	2. 7	1. 7	35. 2	17. 9	8. 1	4. 1	2. 1	46. 3	23. 8	11. 5	5. 9	2. 7
250×125×4. 5×8	58. 2	25. 4	12. 4	4. 8	2. 4	32. 4	16. 1	6. 7	3. 4	2. 1	44. 4	22. 5	10. 3	5. 2	2. 7	58. 4	30. 1	14. 6	7. 5	3. 5
250×125×6×8	60. 9	26. 6	13. 0	5. 0	2. 6	33. 9	16. 8	7. 0	3. 6	2. 2	46. 5	23. 6	10. 7	5. 5	2. 8	61. 2	31. 5	15. 3	7. 9	3. 6
250×150×3. 2×4. 5	40. 2	17. 6	8. 6	2. 9	1. 4	22. 4	11. 1	4. 2	2. 1	1. 4	30. 7	15. 5	6. 6	3. 2	1. 8	40. 3	20. 8	9. 5	4. 8	2. 3

续表 E. 0. 5

梁截面 \ 柱截面	200×4	200×5	200×6	200×8	200×10	220×5	220×6	220×8	220×10	220×12	250×5	250×6	250×8	250×10	250×12	280×5	280×6	280×8	280×10	280×12
250×150×4.5×6	53.7	23.5	11.5	3.9	1.9	29.9	14.8	5.6	2.7	1.9	41.0	20.8	8.8	4.4	2.4	53.9	27.7	12.7	6.4	3.1
250×150×4.5×8	68.2	29.8	14.6	4.9	2.4	37.9	18.9	7.1	3.5	2.5	52.0	26.4	11.2	5.6	3.1	68.5	35.3	16.1	8.2	4.0
250×150×6×8	70.9	31.0	15.2	5.1	2.5	39.4	19.6	7.4	3.6	2.5	54.1	27.4	11.6	5.8	3.3	71.2	36.7	16.8	8.5	4.2
300×150×3.2×4.5	47.3	20.6	10.1	3.3	1.6	26.3	13.1	4.8	2.3	1.5	36.0	18.2	7.5	3.6	1.9	47.3	24.4	10.8	5.3	2.4
300×150×4.5×6	63.3	27.7	13.5	4.4	2.1	35.2	17.5	6.4	3.0	2.0	48.3	24.5	10.1	4.8	2.6	63.5	32.7	14.5	7.1	3.3
300×150×4.5×8	80.0	34.9	17.1	5.6	2.6	44.5	22.1	8.1	3.8	2.5	61.0	30.9	12.7	6.1	3.3	80.3	41.3	18.4	9.0	4.2
300×150×6×8	83.8	36.6	17.9	5.9	2.8	46.6	23.2	8.5	4.0	2.7	64.0	32.4	13.3	6.4	3.4	84.1	43.3	19.3	9.4	4.4
320×150×5×8	85.8	37.5	18.3	6.0	2.8	47.7	23.7	8.6	4.0	2.6	65.5	33.2	13.5	6.4	3.4	86.1	44.3	19.6	9.5	4.4
350×175×4.5×6	/	/	/	/	/	/	/	/	/	/	62.2	31.5	11.7	5.3	3.0	81.8	42.1	17.2	8.0	3.8
350×175×6×8	/	/	/	/	/	/	/	/	/	/	81.6	41.3	15.4	7.0	3.9	107.3	55.2	22.6	10.5	5.0
400×200×6×8	/	/	/	/	/	/	/	/	/	/	40.0	23.1	10.0	5.5	3.6	53.9	31.1	13.3	7.2	4.5
400×150×8×13	49.6	25.2	14.7	6.6	3.9	33.5	19.5	8.6	4.9	3.3	47.9	27.7	12.0	6.6	4.3	64.5	37.2	15.9	8.6	5.4
400×200×8×13	/	/	/	/	/	/	/	/	/	/	60.7	35.1	15.2	8.3	5.4	81.9	47.2	20.2	10.8	6.8
450×200×8×12	/	/	/	/	/	/	/	/	/	/	63.0	36.4	15.7	8.6	5.6	84.9	49.0	20.9	11.2	7.1

续表 E. 0. 5

柱截面 梁截面	300×6	300×8	300×10	300×12	350×6	350×8	350×10	350×12	400×8	400×10	400×12	400×14	450×8	450×10	450×12	450×14	500×8	500×10	500×12	500×14	500×16
100×50×3×3	2.5	1.6	1.0	0.5	3.6	2.4	1.5	0.7	3.4	2.1	1.0	0.7	4.5	2.8	1.4	0.9	5.8	3.7	1.8	1.1	0.7
100×50×3.2×4.5	3.3	2.2	1.3	0.7	4.9	3.3	2.0	1.0	4.6	2.9	1.4	0.9	6.1	3.9	1.9	1.2	7.9	5.0	2.5	1.5	1.0
100×100×6×8	10.3	6.2	3.8	2.3	15.0	9.4	5.9	3.3	13.4	8.5	4.5	2.9	18.1	11.6	6.1	3.8	23.5	15.1	7.9	4.9	3.3
120×120×3.2×4.5	9.2	5.2	3.1	1.7	13.4	8.0	4.8	2.5	11.4	6.9	3.4	2.2	15.5	9.5	4.6	2.9	20.1	12.4	6.0	3.7	2.5
120×120×4.5×6	12.1	6.8	4.1	2.3	17.6	10.5	6.3	3.3	15.0	9.1	4.6	2.9	20.3	12.5	6.2	3.9	26.5	16.4	8.0	5.0	3.3
150×75×3×3	5.9	3.4	2.0	0.9	8.5	5.2	3.0	1.3	7.4	4.3	1.8	1.2	9.9	5.8	2.4	1.5	12.8	7.5	3.2	2.0	1.3
150×75×3.2×4.5	8.0	4.7	2.7	1.3	11.7	7.2	4.1	1.8	10.2	5.9	2.6	1.6	13.7	8.0	3.4	2.1	17.7	10.4	4.5	2.8	1.9
150×75×4.5×6	10.6	6.3	3.6	1.7	15.5	9.5	5.5	2.5	13.5	7.9	3.5	2.2	18.1	10.6	4.7	2.9	23.4	13.8	6.1	3.7	2.5
150×100×3.2×4.5	10.3	5.8	3.3	1.6	15.0	8.9	5.1	2.3	12.6	7.3	3.2	2.1	17.0	10.0	4.4	2.7	22.1	13.0	5.7	3.5	2.4
150×100×4.5×6	13.6	7.7	4.4	2.2	19.8	11.8	6.8	3.2	16.7	9.8	4.4	2.8	22.6	13.3	5.9	3.7	29.3	17.3	7.7	4.8	3.2
150×150×4.5×6	19.4	10.0	5.6	3.1	28.3	15.6	9.0	4.5	22.6	13.1	6.2	4.0	30.8	18.1	8.4	5.3	40.2	23.8	11.0	6.8	4.6
150×150×6×8	25.4	13.1	7.4	4.1	37.1	20.5	11.8	6.0	29.6	17.3	8.4	5.3	40.3	23.8	11.3	7.1	52.7	31.4	14.8	9.1	6.1
200×100×3×3	10.2	5.5	3.0	1.3	14.9	8.5	4.6	1.9	12.0	6.6	2.6	1.7	16.2	8.9	3.5	2.2	21.1	11.7	4.5	2.8	1.9
200×100×3.2×4.5	14.1	7.6	4.1	1.8	20.6	11.7	6.4	2.6	16.7	9.1	3.7	2.3	22.5	12.4	4.9	3.1	29.2	16.2	6.4	4.0	2.7
200×100×4.5×6	18.8	10.2	5.5	2.5	27.5	15.6	8.5	3.6	22.2	12.2	5.0	3.2	30.0	16.7	6.7	4.2	38.9	21.8	8.8	5.4	3.6

续表 E.0.5

柱截面 梁截面	300×6	300×8	300×10	300×12	350×6	350×8	350×10	350×12	400×8	400×10	400×12	400×14	450×8	450×10	450×12	450×14	500×8	500×10	500×12	500×14	500×16
200×100×6×8	24.7	13.4	7.3	3.3	36.1	20.6	11.3	4.8	29.3	16.2	6.8	4.3	39.5	22.1	9.1	5.7	51.3	28.9	11.9	7.4	4.9
200×125×3.2×4.5	17.0	8.8	4.7	2.2	24.8	13.6	7.4	3.1	19.5	10.7	4.4	2.8	26.5	14.6	5.9	3.7	34.5	19.2	7.7	4.8	3.2
200×125×4.5×6	22.7	11.7	6.3	2.9	33.1	18.2	9.9	4.3	26.0	14.3	6.0	3.8	35.3	19.6	8.1	5.0	45.9	25.7	10.6	6.5	4.4
200×125×6×8	29.8	15.5	8.4	4.0	43.5	24.0	13.1	5.8	34.3	19.0	8.1	5.2	46.5	26.0	11.0	6.8	60.6	34.1	14.3	8.8	5.9
200×150×3.2×4.5	19.9	9.8	5.2	2.5	29.1	15.3	8.3	3.7	22.1	12.1	5.1	3.3	30.2	16.7	6.9	4.3	39.5	22.0	9.0	5.6	3.8
200×150×4.5×6	26.5	13.0	6.9	3.4	38.7	20.5	11.1	5.0	29.5	16.2	7.0	4.4	40.2	22.3	9.4	5.9	52.6	29.4	12.3	7.6	5.1
200×150×6×8	35.0	17.2	9.2	4.6	51.0	27.0	14.7	6.7	39.0	21.5	9.5	6.0	53.1	29.7	12.8	8.0	69.5	39.1	16.7	10.3	6.9
250×100×3×3	13.0	6.8	3.5	1.4	18.9	10.4	5.4	2.0	14.8	7.7	2.8	1.8	19.9	10.5	3.8	2.4	25.8	13.7	5.0	3.1	2.1
250×100×3.2×4.5	17.7	9.3	4.8	2.0	25.8	14.2	7.4	2.8	20.2	10.6	4.0	2.5	27.3	14.4	5.4	3.4	35.4	18.9	7.0	4.3	2.9
250×125×3.2×4.5	21.2	10.6	5.4	2.3	30.9	16.4	8.5	3.4	23.5	12.3	4.7	3.0	31.8	16.9	6.4	4.0	41.5	22.1	8.3	5.2	3.5
250×125×4.5×6	28.3	14.2	7.3	3.2	41.3	22.0	11.4	4.6	31.5	16.6	6.5	4.1	42.7	22.7	8.8	5.5	55.6	29.8	11.4	7.1	4.7
250×125×4.5×8	35.8	17.9	9.3	4.1	52.2	27.8	14.6	6.0	39.8	21.1	8.5	5.3	54.0	28.9	11.4	7.1	70.3	37.9	14.9	9.2	6.2
250×125×6×8	37.5	18.8	9.7	4.3	54.6	29.1	15.2	6.3	41.7	22.1	8.9	5.6	56.5	30.3	12.0	7.4	73.6	39.7	15.6	9.6	6.4
250×150×3.2×4.5	24.7	11.7	5.9	2.7	36.0	18.4	9.5	3.9	26.5	13.9	5.5	3.5	36.1	19.1	7.4	4.6	47.2	25.2	9.7	6.0	4.0
250×150×4.5×6	33.0	15.7	8.0	3.7	48.1	24.6	12.7	5.4	35.5	18.7	7.5	4.8	48.4	25.7	10.2	6.3	63.2	33.9	13.3	8.2	5.5

续表 E. 0. 5

梁截面 \ 柱截面	300×6	300×8	300×10	300×12	350×6	350×8	350×10	350×12	400×8	400×10	400×12	400×14	450×8	450×10	450×12	450×14	500×8	500×10	500×12	500×14	500×16
250×150×4. 5×8	41. 9	20. 0	10. 2	4. 7	61. 1	31. 3	16. 3	7. 0	45. 2	23. 9	9. 9	6. 2	61. 7	33. 0	13. 3	8. 3	80. 6	43. 5	17. 4	10. 7	7. 2
250×150×6×8	43. 6	20. 8	10. 6	4. 9	63. 6	32. 6	17. 0	7. 3	47. 0	24. 9	10. 2	6. 5	64. 1	34. 3	13. 9	8. 6	83. 8	45. 2	18. 1	11. 2	7. 5
300×150×3. 2×4. 5	29. 0	13. 4	6. 6	2. 8	42. 2	21. 0	10. 5	4. 1	30. 3	15. 4	5. 8	3. 7	41. 3	21. 2	7. 8	4. 9	54. 0	27. 9	10. 2	6. 3	4. 3
300×150×4. 5×6	38. 8	18. 0	8. 8	3. 9	56. 6	28. 2	14. 1	5. 7	40. 7	20. 7	8. 0	5. 1	55. 5	28. 6	10. 8	6. 7	72. 6	37. 7	14. 1	8. 7	5. 8
300×150×4. 5×8	49. 1	22. 8	11. 3	5. 0	71. 7	35. 8	18. 0	7. 4	51. 7	26. 5	10. 4	6. 6	70. 4	36. 5	14. 1	8. 7	92. 1	48. 1	18. 4	11. 3	7. 6
300×150×6×8	51. 5	23. 9	11. 8	5. 2	75. 1	37. 5	18. 9	7. 7	54. 1	27. 7	10. 9	6. 9	73. 8	38. 2	14. 7	9. 2	96. 5	50. 4	19. 3	11. 9	7. 9
320×150×5×8	52. 7	24. 2	11. 8	5. 2	76. 9	38. 0	19. 0	7. 6	54. 9	27. 8	10. 8	6. 8	74. 9	38. 4	14. 6	9. 1	97. 9	50. 6	19. 1	11. 7	7. 9
350×175×4. 5×6	50. 1	21. 5	10. 1	4. 5	73. 0	34. 2	16. 6	6. 7	49. 8	24. 6	9. 4	6. 0	68. 3	34. 2	12. 8	7. 9	89. 6	45. 3	16. 7	10. 3	6. 9
350×175×6×8	65. 7	28. 2	13. 3	5. 9	95. 8	44. 9	21. 8	8. 8	65. 3	32. 3	12. 3	7. 9	89. 6	44. 9	16. 8	10. 4	117. 6	59. 4	21. 9	13. 5	9. 1
400×200×6×8	37. 0	15. 8	8. 4	5. 2	54. 0	22. 8	11. 9	7. 2	31. 1	16. 2	9. 6	6. 4	40. 7	21. 0	12. 4	8. 1	51. 6	26. 5	15. 6	10. 1	7. 1
400×150×8×13	44. 3	18. 9	10. 0	6. 2	64. 6	27. 3	14. 3	8. 7	37. 3	19. 3	11. 5	7. 7	48. 8	25. 2	14. 9	9. 7	61. 8	31. 8	18. 7	12. 1	8. 5
400×200×8×13	56. 2	23. 9	12. 7	7. 9	82. 0	34. 7	18. 1	11. 0	47. 3	24. 5	14. 6	9. 7	61. 9	31. 9	18. 9	12. 3	78. 4	40. 3	23. 7	15. 3	10. 7
450×200×8×12	58. 3	24. 8	13. 2	8. 2	85. 0	35. 9	18. 8	11. 4	49. 1	25. 4	15. 2	10. 0	64. 2	33. 1	19. 6	12. 8	81. 3	41. 8	24. 5	15. 9	11. 1

表 E. 0. 6　无支撑框架且灌注混凝土的梁柱刚性连接临界跨度(m)

梁截面＼柱截面	200×4	200×5	200×6	200×8	200×10	220×5	220×6	220×8	220×10	220×12	250×5	250×6	250×8	250×10	250×12	280×5	280×6	280×8	280×10	280×12
100×50×3×3	4.8	2.2	1.1	0.5	0.4	3.2	1.6	0.8	0.6	0.5	5.0	2.6	1.4	0.9	0.9	7.2	3.9	2.0	1.4	1.3
100×50×3.2×4.5	6.5	2.9	1.5	0.7	0.5	4.3	2.2	1.1	0.8	0.7	6.7	3.6	1.8	1.3	1.2	9.7	5.2	2.8	1.9	1.8
100×100×6×8	19.9	8.9	4.5	2.2	1.5	13.0	6.8	3.4	2.3	2.2	20.5	10.9	5.6	3.9	3.5	29.4	15.8	8.4	5.9	5.3
120×120×3.2×4.5	17.9	8.0	4.1	1.9	1.3	11.7	6.1	3.0	1.9	1.7	18.5	9.8	4.9	3.3	2.8	26.5	14.3	7.3	4.9	4.2
120×120×4.5×6	23.4	10.5	5.3	2.5	1.6	15.3	8.0	3.9	2.5	2.3	24.1	12.8	6.4	4.2	3.6	34.6	18.6	9.6	6.5	5.5
150×75×3×3	11.4	5.1	2.6	1.2	0.7	7.5	3.9	1.8	1.1	0.9	11.7	6.2	3.0	1.9	1.5	16.9	9.1	4.5	2.9	2.3
150×75×3.2×4.5	15.5	7.0	3.5	1.6	1.0	10.2	5.3	2.5	1.5	1.3	16.0	8.5	4.1	2.6	2.1	23.0	12.4	6.1	3.9	3.1
150×75×4.5×6	20.4	9.2	4.7	2.1	1.3	13.4	7.0	3.2	2.0	1.7	21.1	11.2	5.4	3.4	2.7	30.3	16.3	8.1	5.2	4.1
150×100×3.2×4.5	19.8	8.9	4.5	2.0	1.3	13.0	6.8	3.1	2.0	1.6	20.4	10.8	5.2	3.3	2.6	29.4	15.8	7.8	5.0	4.0
150×100×4.5×6	26.0	11.7	5.9	2.7	1.7	17.1	8.9	4.1	2.6	2.1	26.9	14.2	6.9	4.3	3.5	38.6	20.8	10.3	6.6	5.2
150×150×4.5×6	37.3	16.8	8.5	3.8	2.4	24.5	12.7	5.9	3.7	3.0	38.4	20.4	9.9	6.2	4.9	55.3	29.7	14.7	9.4	7.5
150×150×6×8	48.4	21.7	11.0	5.0	3.1	31.7	16.5	7.7	4.8	3.9	49.9	26.4	12.8	8.1	6.4	71.7	38.6	19.1	12.3	9.7
200×100×3×3	19.7	8.9	4.5	1.9	1.1	12.9	6.7	3.0	1.7	1.3	20.3	10.8	5.0	2.9	2.1	29.2	15.7	7.4	4.5	3.2
200×100×3.2×4.5	27.0	12.2	6.2	2.6	1.5	17.8	9.2	4.1	2.4	1.8	27.9	14.8	6.8	4.0	2.9	40.1	21.6	10.2	6.1	4.5

续表 E.0.6

梁截面＼柱截面	200×4	200×5	200×6	200×8	200×10	220×5	220×6	220×8	220×10	220×12	250×5	250×6	250×8	250×10	250×12	280×5	280×6	280×8	280×10	280×12
200×100×4.5×6	35.8	16.1	8.2	3.5	2.0	23.5	12.2	5.4	3.1	2.3	36.9	19.6	90	5.3	3.8	53.1	28.5	13.5	8.1	5.9
200×100×6×8	46.6	21.0	10.6	4.6	2.6	30.6	15.9	7.0	4.1	3.1	48.1	25.5	11.7	6.9	5.1	69.1	37.2	17.6	10.6	7.7
200×125×3.2×4.5	32.6	14.7	7.4	3.2	1.8	21.4	11.1	4.9	2.9	2.1	33.6	17.8	8.2	4.8	3.5	48.3	26.0	12.3	7.4	5.4
200×125×4.5×6	43.1	19.4	9.8	4.2	2.4	28.3	14.7	6.5	3.8	2.8	44.5	23.6	10.9	6.4	4.7	63.9	34.4	16.3	9.8	7.1
200×125×6×8	56.2	25.3	12.8	5.5	3.2	36.9	19.2	8.5	4.9	3.7	58.0	30.7	14.2	8.4	6.1	83.4	44.8	21.2	12.7	9.3
200×150×3.2×4.5	38.2	17.2	8.7	3.7	2.2	25.1	13.0	5.8	3.3	2.5	39.4	20.9	9.6	5.7	4.1	56.6	30.4	14.4	8.6	6.3
200×150×4.5×6	50.4	22.7	11.5	4.9	2.8	33.1	17.2	7.6	4.4	3.3	52.0	27.6	12.7	7.5	5.5	74.8	40.2	19.0	11.4	8.3
200×150×6×8	65.9	29.6	15.0	6.4	3.7	43.2	22.4	10.0	5.8	4.3	67.9	36.0	16.6	9.8	7.1	97.6	52.5	24.8	14.9	10.9
250×100×3×3	24.8	11.1	5.7	2.3	1.3	16.3	8.4	3.6	2.0	1.4	25.6	13.6	6.0	3.4	2.3	36.8	19.8	9.0	5.2	3.5
250×100×3.2×4.5	33.7	15.1	7.7	3.2	1.7	22.1	11.5	4.9	2.7	1.9	34.7	18.4	8.2	4.6	3.2	49.9	26.8	12.2	7.0	4.8
250×125×3.2×4.5	40.3	18.1	9.2	3.8	2.1	26.4	13.7	5.9	3.2	2.3	41.5	22.0	9.8	5.5	3.8	59.7	32.1	14.6	8.4	5.8
250×125×4.5×6	53.5	24.0	12.2	5.0	2.8	35.1	18.2	7.8	4.3	3.0	55.1	29.2	13.0	7.3	5.0	79.3	42.6	19.5	11.2	7.7
250×125×4.5×8	66.9	30.1	15.3	6.3	3.5	43.9	22.8	9.7	5.4	3.8	69.0	36.6	16.2	9.2	6.3	99.1	53.3	24.3	14.0	9.6
250×125×6×8	70.0	31.5	16.0	6.6	3.6	46.0	23.8	10.2	5.7	4.0	72.2	38.3	17.0	9.6	6.6	103.8	55.8	25.2	14.6	10.0
250×150×3.2×4.5	46.9	21.1	10.7	4.4	2.4	30.8	16.0	6.8	3.8	2.6	48.3	25.6	11.4	6.4	4.4	69.5	37.4	17.0	9.8	6.7

续表 E. 0. 6

柱截面 / 梁截面	200×4	200×5	200×6	200×8	200×10	220×5	220×6	220×8	220×10	220×12	250×5	250×6	250×8	250×10	250×12	280×5	280×6	280×8	280×10	280×12
250×150×4.5×6	62.2	28.0	14.2	5.9	3.2	40.8	21.2	9.1	5.0	3.5	64.1	34.0	15.1	8.5	5.8	92.2	49.6	22.6	13.0	8.9
250×150×4.5×8	78.4	35.2	17.9	7.4	4.1	51.4	26.7	11.4	6.3	4.4	80.8	42.8	19.0	10.7	7.4	116.2	62.5	28.5	16.4	11.2
250×150×6×8	81.5	36.6	18.6	7.7	4.2	53.5	27.8	11.9	6.6	4.6	84.0	44.6	19.8	11.2	7.7	120.8	65.0	29.7	17.0	11.7
300×150×3.2×4.5	54.6	24.6	12.5	5.0	2.6	35.9	18.6	7.7	4.1	2.8	56.3	29.9	12.9	7.0	4.6	81.0	43.6	19.3	10.7	7.0
300×150×4.5×6	72.8	32.7	16.6	6.7	3.5	47.8	24.8	10.3	5.5	3.7	75.0	39.8	17.2	9.4	6.1	107.9	58.0	25.8	14.3	9.4
300×150×4.5×8	91.2	41.0	20.8	8.4	4.4	59.9	31.1	12.9	6.9	4.6	94.1	49.9	21.6	11.7	7.7	135.3	72.7	32.3	17.9	11.8
300×150×6×8	95.6	43.0	21.8	8.8	4.6	62.8	32.6	13.6	7.2	4.8	98.6	52.3	22.6	12.3	8.1	141.8	76.2	33.9	18.8	12.3
320×150×5×8	97.6	43.9	22.3	8.9	4.6	64.1	33.2	13.7	7.2	4.8	100.7	53.4	22.9	12.3	8.0	144.8	77.8	34.3	18.8	12.2
350×175×4.5×6	/	/	/	/	/	/	/	/	/	/	96.1	51.0	21.6	11.4	7.2	138.2	74.3	32.3	17.5	11.1
350×175×6×8	/	/	/	/	/	/	/	/	/	/	126.1	66.9	28.3	15.0	9.4	181.3	97.5	42.4	23.0	14.6
400×200×6×8	/	/	/	/	/	/	/	/	/	/	196.0	111.3	45.4	22.7	13.0	265.7	151.3	62.0	31.0	17.7
400×150×8×13	243..3	121.2	68.4	27.7	13.8	162.7	92.1	37.4	18.7	10.7	234.7	133.3	54.4	27.2	15.5	318.2	181.2	74.2	37.1	21.2
400×200×8×13	/	/	/	/	/	/	/	/	/	/	297.8	169.2	69.0	34.5	19.7	403.9	230.0	94.2	47.1	26.8
450×200×8×12	/	/	/	/	/	/	/	/	/	/	306.4	174.0	71.0	35.5	20.2	415.5	236.6	96.9	48.5	27.6

续表 E. 0. 6

梁截面 \ 柱截面	300×6	300×8	300×10	300×12	350×6	350×8	350×10	350×12	400×8	400×10	400×12	400×14	450×8	450×10	450×12	450×14	500×8	500×10	500×12	500×14	500×16
100×50×3×3	4.8	2.6	1.8	1.6	7.5	4.1	3.0	2.7	6.1	4.5	4.1	2.4	8.3	6.2	5.8	3.4	11.0	8.2	7.7	4.6	2.9
100×50×3.2×4.5	6.5	3.5	2.5	2.2	10.1	5.6	4.0	3.7	8.2	6.0	5.6	3.2	11.3	8.4	7.8	4.6	14.8	11.1	10.5	6.2	3.9
100×100×6×8	19.6	10.6	7.5	6.8	30.8	17.0	12.3	11.2	24.9	18.3	16.9	9.8	34.3	25.5	23.7	13.9	45.1	33.9	31.8	18.8	11.8
120×120×3.2×4.5	17.7	9.2	6.3	5.4	27.8	14.9	10.3	8.9	21.8	15.4	13.4	7.8	30.0	21.4	18.9	11.1	39.5	28.4	25.3	14.9	9.4
120×120×4.5×6	23.1	12.1	8.2	7.0	36.3	19.4	13.5	11.6	28.4	20.1	17.5	10.2	39.1	27.9	24.7	14.5	51.5	37.1	33.0	19.5	12.3
150×75×3×3	11.3	5.7	3.7	2.9	17.7	9.1	6.0	4.8	13.3	8.9	7.3	4.2	18.4	12.5	10.3	6.0	24.2	16.5	13.7	8.1	5.1
150×75×3.2×4.5	15.4	7.7	5.0	4.0	24.1	12.4	8.2	6.6	18.2	12.2	10.0	5.8	25.1	17.0	14.0	8.2	33.0	22.6	18.8	11.1	7.0
150×75×4.5×6	20.2	10.5	6.6	5.2	31.7	16.3	10.8	8.7	24.0	16.1	13.1	7.6	33.0	22.4	18.5	10.8	43.4	29.7	24.7	14.6	9.2
150×100×3.2×4.5	19.6	9.9	6.4	5.1	30.8	15.9	10.5	8.4	23.3	15.6	12.7	7.4	32.0	21.7	17.9	10.5	42.1	28.9	24.0	14.2	8.9
150×100×4.5×6	25.7	12.9	8.4	6.7	40.4	20.8	13.8	11.1	30.6	20.5	16.7	9.7	42.1	28.6	23.5	13.8	55.4	37.9	31.5	18.6	11.7
150×150×4.5×6	36.9	18.5	12.0	9.5	57.9	29.8	19.7	15.9	43.7	29.4	23.9	13.9	60.2	40.9	33.7	19.8	79.3	54.3	45.1	26.7	16.8
150×150×6×8	47.8	24.1	15.6	12.4	75.1	38.7	25.6	20.6	56.8	38.1	31.1	18.1	78.2	53.1	43.8	25.7	102.9	70.5	58.6	34.6	21.8
200×100×3×3	19.5	9.3	5.7	4.1	30.6	15.0	9.3	6.9	22.0	13.9	10.4	6.0	30.3	19.3	14.6	8.6	39.9	25.7	19.6	11.6	7.3
200×100×3.2×4.5	26.7	12.8	7.8	5.7	42.0	20.6	12.8	9.5	30.3	19.1	14.3	8.3	41.6	26.6	20.1	11.8	54.8	35.3	26.9	15.9	10.0
200×100×4.5×6	35.4	17.0	10.3	7.5	55.6	27.3	16.9	12.5	40.0	25.2	18.9	11.0	55.1	35.2	26.6	15.6	72.5	46.7	35.7	21.1	13.3

续表 E. 0. 6

梁截面＼柱截面	300×6	300×8	300×10	300×12	350×6	350×8	350×10	350×12	400×8	400×10	400×12	400×14	450×8	450×10	450×12	450×14	500×8	500×10	500×12	500×14	500×16
200×100×6×8	46. 1	22. 1	13. 4	9. 8	72. 4	35. 6	22. 1	16. 4	52. 2	32. 9	24. 7	14. 4	71. 8	45. 8	34. 8	20. 4	94. 5	60. 9	46. 6	27. 5	17. 3
200×125×3. 2×4. 5	32. 2	15. 4	9. 4	6. 8	50. 6	24. 9	15. 4	11. 4	36. 5	23. 0	17. 2	10. 0	50. 2	32. 0	24. 2	14. 2	66. 1	42. 5	32. 5	19. 2	12. 1
200×125×4. 5×6	42. 6	20. 4	12. 4	9. 1	66. 9	32. 9	20. 4	15. 1	48. 2	30. 4	22. 8	13. 3	66. 4	42. 4	32. 1	18. 8	87. 4	56. 3	43. 0	25. 4	16. 0
200×125×6×8	55. 6	26. 7	16. 2	11. 8	87. 3	42. 9	26. 7	19. 8	63. 0	39. 7	29. 8	17. 3	86. 7	55. 3	41. 9	24. 6	114. 1	73. 5	56. 2	33. 2	20. 9
200×150×3. 2×4. 5	37. 7	18. 1	11. 0	8. 0	59. 3	29. 1	18. 1	13. 4	42. 7	26. 9	20. 2	11. 7	58. 8	37. 5	28. 4	16. 6	77. 3	49. 8	38. 0	22. 4	14. 2
200×150×4. 5×6	49. 9	23. 9	14. 5	10. 6	78. 3	38. 5	23. 9	17. 7	56. 4	35. 6	26. 7	15. 5	77. 7	49. 6	37. 6	22. 0	102. 3	65. 8	50. 3	29. 7	18. 7
200×150×6×8	65. 1	31. 2	19. 0	13. 9	102. 3	50. 3	31. 2	23. 1	73. 7	46. 5	34. 9	20. 3	101. 5	64. 8	49. 1	28. 8	133. 6	86. 0	65. 8	38. 8	24. 5
250×100×3×3	24. 5	11. 3	6. 6	4. 5	38. 5	18. 3	10. 8	7. 5	26. 8	16. 1	11. 4	6. 6	36. 8	22. 5	16. 0	9. 4	48. 5	29. 8	21. 5	12. 7	8. 0
250×100×3. 2×4. 5	33. 3	15. 4	8. 9	6. 1	52. 3	24. 8	14. 7	10. 3	36. 3	21. 9	15. 5	9. 0	50. 0	30. 5	21. 8	12. 8	65. 8	40. 5	29. 2	17. 2	10. 9
250×125×3. 2×4. 5	39. 8	18. 4	10. 7	7. 3	62. 5	29. 7	17. 6	12. 3	43. 5	26. 2	18. 5	10. 8	59. 8	36. 5	26. 1	15. 3	78. 8	48. 5	34. 9	20. 6	13. 0
250×125×4. 5×6	52. 9	24. 5	14. 2	9. 8	83. 0	39. 4	23. 4	16. 3	57. 8	34. 8	24. 6	14. 3	79. 5	48. 5	34. 7	20. 3	104. 6	64. 4	46. 4	27. 4	17. 3
250×125×4. 5×8	66. 1	30. 6	17. 8	12. 2	103. 9	49. 3	29. 2	20. 4	72. 3	43. 6	30. 8	17. 9	99. 5	60. 7	43. 4	25. 4	130. 9	80. 6	58. 2	34. 3	21. 7
250×125×6×8	69. 2	32. 0	18. 6	12. 8	108. 7	51. 6	30. 6	21. 4	75. 7	45. 6	32. 3	18. 8	104. 2	63. 5	45. 5	26. 6	137. 1	84. 4	60. 9	35. 9	22. 7
250×150×3. 2×4. 5	46. 3	21. 4	12. 4	8. 6	72. 8	34. 5	20. 5	14. 3	50. 6	30. 5	21. 5	12. 5	69. 6	42. 5	30. 3	17. 8	91. 7	56. 4	40. 6	24. 0	15. 1
250×150×4. 5×6	61. 5	28. 5	16. 5	11. 4	96. 6	45. 8	27. 2	19. 0	67. 2	40. 5	28. 6	16. 7	92. 5	56. 4	40. 3	23. 6	121. 7	74. 9	54. 0	31. 9	20. 1

续表 E. 0. 6

梁截面＼柱截面	300×6	300×8	300×10	300×12	350×6	350×8	350×10	350×12	400×8	400×10	400×12	400×14	450×8	450×10	450×12	450×14	500×8	500×10	500×12	500×14	500×16
250×150×4.5×8	77.5	35.9	20.8	14.3	121.7	57.8	34.3	23.9	84.7	51.0	36.1	21.0	116.6	71.1	50.9	29.8	153.4	94.5	68.1	40.2	25.4
250×150×6×8	80.6	37.3	21.6	14.9	126.6	60.1	35.6	24.9	88.1	53.1	37.6	21.9	121.2	74.0	52.9	31.0	159.6	98.3	70.9	41.8	26.4
300×150×3.2×4.5	54.0	24.3	13.6	9.0	84.9	39.2	22.5	15.0	57.4	33.5	22.7	13.2	79.1	46.6	31.9	18.7	104.1	61.9	42.8	25.3	15.9
300×150×4.5×6	72.0	32.4	18.2	12.0	113.0	52.2	29.9	20.0	76.5	44.6	30.2	17.6	105.3	62.1	42.6	25.0	138.6	82.5	57.0	33.7	21.2
300×150×4.5×8	90.2	40.6	22.8	15.0	141.7	65.5	37.5	25.1	96.0	55.9	38.0	22.1	132.1	77.9	53.4	31.3	173.9	103.5	71.6	42.3	26.7
300×150×6×8	94.6	42.6	23.9	15.8	148.5	68.6	39.3	26.3	100.6	58.6	39.8	23.1	138.4	81.7	56.0	32.8	182.2	108.5	75.0	44.3	27.9
320×150×5×8	96.6	43.1	12.9	15.6	151.6	69.4	39.4	26.0	101.8	58.7	39.3	22.8	140.1	81.7	55.3	32.4	184.4	108.6	74.1	43.7	27.6
350×175×4.5×6	92.2	40.6	22.2	14.2	144.8	65.5	36.6	23.7	96.0	54.5	35.8	20.8	132.1	75.9	50.4	29.6	173.9	100.9	67.5	39.9	25.1
350×175×6×8	121.0	53.3	29.1	18.6	190.0	85.9	48.0	31.1	126.0	71.5	47.0	27.3	173.3	99.6	66.1	38.8	228.2	132.4	88.6	52.3	32.9
400×200×6×8	181.1	74.3	37.2	21.2	266.1	109.7	55.1	31.4	151.5	76.2	43.5	27.1	199.7	100.6	57.4	35.8	254.2	128.3	73.3	45.7	30.4
400×150×8×13	216.8	89.0	44.6	25.4	318.7	131.4	66.0	37.6	181.4	91.3	52.1	32.4	239.2	120.5	68.8	42.9	304.5	153.6	87.8	54.7	36.4
400×200×8×13	275.2	113.0	56.6	32.2	404.5	166.7	83.7	47.7	230.3	115.8	66.1	41.2	303.5	152.9	87.3	54.4	386.4	195.0	111.4	69.4	46.2
450×200×8×12	283.1	116.2	58.2	33.1	416.1	171.5	86.1	49.1	236.9	119.2	68.0	42.3	312.2	157.3	89.8	56.0	397.5	200.6	114.6	71.4	47.5

附录F　轻钢房屋韧性提升技术措施

F.1　一般规定

F.1.1　本附录主要适用于轻型钢框架体系房屋结构与分层装配支撑钢框架体系房屋结构。如空间条件允许，也可应用于冷弯薄壁型钢龙骨体系、箱式模块化轻型钢结构体系等房屋结构。

F.1.2　轻钢房屋韧性评价应符合现行国家标准《建筑抗震韧性评价标准》GB/T 38591 的相关规定。

F.1.3　轻钢房屋韧性提升可采取使用下列自复位耗能构件(节点)的技术措施，有可靠依据时，也可采用其他技术措施：

1　自复位耗能支撑，适用于所有层数的轻钢房屋。框架梁柱连接可以采用刚性连接、半刚性连接或铰接连接。支撑形式宜采用中心支撑。

2　自复位耗能梁柱节点，主要适用于6层及以下的低多层轻钢房屋。节点形式宜为刚性节点；如采用半刚性节点，应满足现行国家标准《钢结构设计标准》GB 50017 对于结构整体刚度的要求。

3　内嵌式自复位耗能模块，适用于所有层数的轻型钢框架体系房屋结构和分层装配支撑钢框架体系房屋结构。

F.1.4　在设置自复位耗能支撑或剪力墙的结构中，自复位耗能构件宜沿竖向连续布置。如不满足连续布置条件，自复位耗能构件宜布置在层间相对位移或相对速度较大的楼层或位置，且不应使结构出现薄弱层或薄弱构件。

F.1.5　自复位耗能构件的设计工作年限宜与建筑物的设计工作

年限相同；当自复位耗能构件设计工作年限小于建筑物的设计工作年限时，应在自复位耗能构件到达使用年限时进行重新检测，评估是否可继续使用或更换。

F.1.6 自复位耗能构件的外观应符合下列规定：

1 自复位耗能构件外表应光滑，无明显缺陷。

2 需要考虑防腐、除锈和防火时，应外涂防腐、防锈漆及防火涂料或进行相应处理，但不能影响自复位耗能支撑的正常工作。

F.1.7 自复位耗能构件的基本力学性能应符合下列规定：

1 自复位耗能构件中非复位功能部分及非耗能功能部分的材料应达到设计强度要求，相应的设计承载力应按自复位耗能构件中复位功能部分和耗能功能部分的1.5倍极限承载力选取，应保证自复位耗能构件中的所有部分在罕遇地震作用下都能正常工作。

2 自复位耗能构件与周边构件的连接设计承载力不应低于自复位耗能构件极限承载力的1.2倍，应保证连接在罕遇地震作用下处于弹性工作状态，且不应出现滑移或拔出等破坏。

3 自复位耗能构件应具有良好的抗疲劳、抗老化性能，其工作环境应满足现行行业标准《建筑消能阻尼器》JG/T 209的规定；不满足时，应做保温、除湿等相应处理。

4 自复位耗能构件在所要求的性能检测试验工况下，试验滞回曲线应平滑、无异常；疲劳加载工况下单圈滞回曲线的峰值荷载不应低于最大峰值荷载的90%。

5 在地震作用下，自复位耗能构件达到轴向极限设计位移前不应发生屈服、整体失稳或局部失稳。

F.1.8 采取韧性提升措施的轻钢房屋结构在多遇地震下应保持弹性，在设防与罕遇地震下层间位移角限值应符合现行国家标准《建筑抗震设计规范》GB 50011的相关规定。

F.2 结构分析

F.2.1 采取韧性提升措施的轻钢房屋结构在多遇地震下宜采用弹性分析方法，包括底部剪力法、振型分解反应谱法以及弹性时程分析法，在设防或罕遇地震下应采用弹塑性分析方法，宜采用基于位移的静力弹塑性设计方法或非线性动力时程分析法。

F.2.2 采取韧性提升措施的轻钢房屋结构宜按空间结构进行整体分析。平面规则的框架结构可在两主轴方向分别按平面结构进行分析，且应正确计算所考虑的抗侧跨所负担的竖向力与水平力，并合理考虑二阶效应。

F.2.3 采取韧性提升措施的轻钢房屋在进行多遇地震作用下的抗震变形验算时，楼层内最大弹性位移应符合现行国家标准《建筑抗震设计规范》GB 50011 的相关规定。

F.2.4 采取韧性提升措施的轻钢房屋在进行罕遇地震作用下的抗震变形验算时，薄弱层的弹塑性层间位移应符合现行国家标准《建筑抗震设计规范》GB 50011 的相关规定，残余层间位移应符合下式要求：

$$\Delta u_{r}/h \leqslant 0.005 \tag{F.2.4}$$

式中：$\Delta u_{r}/h$——残余层间位移角，可取顶层残余位移角的 2.0 倍，其中顶层残余位移角为屋顶残余位移与楼高之比；

h——薄弱楼层的层高。

F.2.5 采取韧性提升措施的轻钢房屋结构基于位移的弹塑性分析可选用如图 F.2.5 所示的简化旗帜形恢复力模型。

图中：F_{y}——结构屈服承载力；

Δ_{y}——结构屈服位移或起滑位移；

Δ_{m}——自复位支撑的最大位移；

k——结构的初始刚度；

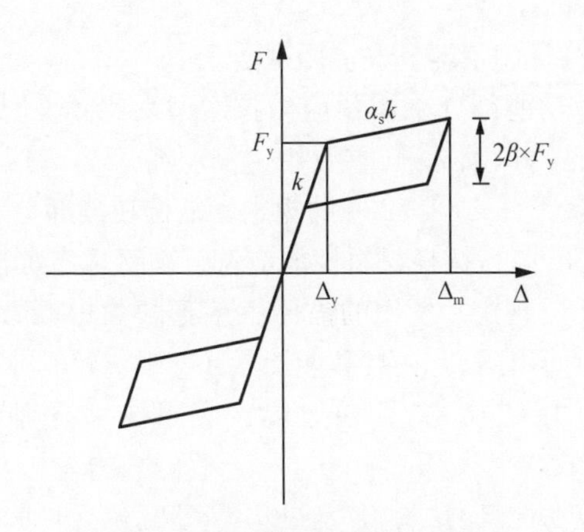

图 F.2.5　旗帜形恢复力模型

α_s——结构的屈服后刚度比，不宜小于1%；

β——自复位支撑的强度比，不宜大于0.75，且不宜小于0.25。

F.2.6　采用图F.2.5恢复力模型进行结构分析时，附加等效阻尼比ζ_{eq}按下式计算：

$$\zeta_{eq}=\frac{2(\Delta_m-\Delta_y)\Delta_y/\beta}{\pi[\Delta_y/\beta+\Delta_y+\alpha_s(1+1/\beta)(\Delta_m-\Delta_y)]\Delta_m} \tag{F.2.6-1}$$

建筑结构的阻尼比ζ为

$$\zeta=\zeta_0+\zeta_{eq} \tag{F.2.6-2}$$

式中：ζ_0——钢框架阻尼比。

F.3　基本元件

F.3.1　自复位耗能构件分为复位功能部分和耗能功能部分，复位功能部分宜采用预应力拉索或拉杆、高强钢环簧、高强钢碟簧等复位元件；耗能功能部分宜采用摩擦和金属耗能元件，必要时也可采用黏弹性阻尼器和黏滞阻尼器。

F.3.2 复位功能部分采用预应力拉索型复位元件时，拉索材料性能应符合现行国家标准《重要用途钢丝绳》GB 8918 或《预应力混凝土用钢铰线》GB/T 5224 的规定。复位功能部分采用预应力拉杆型复位元件时，拉杆材料性能应符合现行国家标准《钢拉杆》GB/T 20934 的规定。使用的锚具和连接器性能应符合现行国家标准《预应力筋用锚具、夹具和连接器》GB/T 1430 和现行行业标准《预应力筋用锚具、夹具和连机器应用技术规程》JGJ 85 的规定。

F.3.3 复位功能部分采用高强钢环簧型复位元件时，环簧材料性能需满足《弹簧手册》(第 2 版，北京：机械工业出版社，2008)中弹簧钢的相关规定。

F.3.4 复位功能部分采用碟簧型复位元件时，碟簧材料性能应符合现行国家标准《碟形弹簧》GB/T 1972 的规定。

F.4 自复位耗能支撑

F.4.1 在风荷载或多遇地震荷载与其他静力荷载组合下，自复位耗能支撑最大轴力设计值 N 应符合以下公式要求：

$$N \leqslant 0.9F_{yb} \quad \text{(F.4.1-1)}$$

$$F_{yb} = P_0 + F_0 \quad \text{(F.4.1-2)}$$

式中：N——风荷载或多遇地震荷载与其他静力荷载组合下自复位耗能支撑最大轴力设计值；

F_{yb}——自复位耗能支撑屈服承载力设计值；

P_0——自复位耗能支撑复位元件初始预紧力；

F_0——自复位耗能支撑耗能元件提供的初始力。

F.4.2 自复位耗能支撑轴向极限设计位移 Δ_u 不应小于框架结构层间位移角为 2%时对应的支撑轴向变形；需考虑近断层脉冲

效应的情况下，宜按框架结构层间位移角为 3%时对应的支撑轴向变形进行设计。

F. 4. 3 自复位耗能支撑的初始轴向刚度宜按布置中心支撑斜杆时初始轴向刚度相等的原则进行等效设计，且中心支撑斜杆的长细比应符合现行行业标准《高层民用建筑钢结构技术规程》JGJ 99 的规定。

F. 4. 4 自复位耗能支撑宜采用预应力拉索或拉杆复位元件及摩擦耗能元件(图 F. 4. 4)。

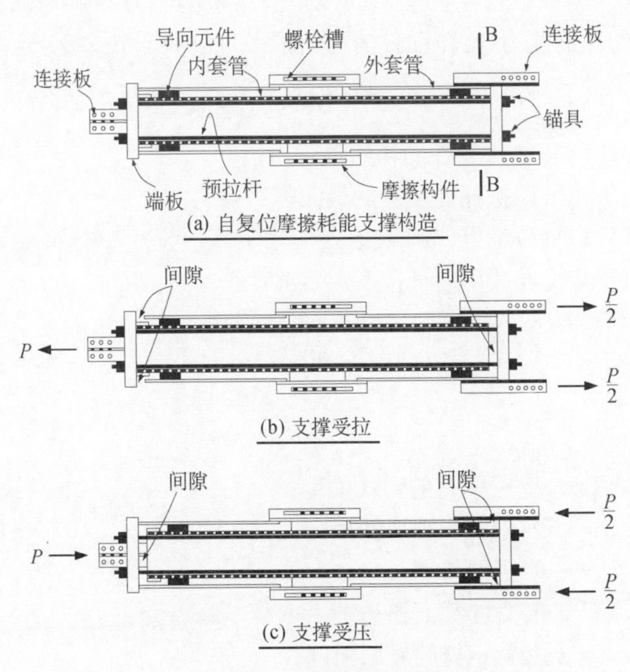

图 F. 4. 4 自复位耗能支撑

F. 4. 5 自复位耗能支撑根据需要可采用金属耗能元件或黏弹性阻尼器替代摩擦耗能元件。

F. 4. 6 自复位耗能支撑套管端部与端板表面均应打磨平整，保证充分接触。

F.4.7 自复位耗能支撑的初始轴向刚度宜采用实际产品测试数据，在缺乏数据的情况下可按简化经验公式计算：

$$K_b = \frac{F_{yb}}{C} \tag{F.4.7}$$

式中：K_b——自复位耗能支撑的初始轴向刚度；

C——自复位耗能支撑的消压前位移，建议取 1.5 mm～2.0 mm。

F.4.8 为保证自复位支撑的残余变形得到有效控制，同时保证充分的耗能能力，复位元件的初始预张力应满足下式要求：

$$3F_f \geqslant F_P \geqslant 0.75F_f \tag{F.4.8}$$

式中：F_p——复位元件的初始预张力；

F_f——摩擦耗能装置的最大静摩擦力。

F.4.9 自复位耗能支撑在地震作用下不应发生整体失稳，支撑的内、外套管设计均应符合下列要求：

$$\frac{\pi E_t I_t}{l_t^2} \geqslant 1.5F_{cmax} \text{ 且 } A_t f_{yt} \geqslant 1.5F_{cmax} \tag{F.4.9-1}$$

$$F_{cmax} = F_f + n\sigma_u A_p \tag{F.4.9-2}$$

式中：E_t——套管钢材的弹性模量；

I_t——套管的弱轴惯性矩；

l_t——套管的长度；

A_t——套管的截面积；

f_{yt}——套管钢材的屈服强度；

F_{cmax}——支撑受压时的最大承载力；

n——预应力拉索或拉杆的根数；

σ_u——预应力拉索或拉杆的断裂应力；

A_p——预应力拉索或拉杆的单根截面面积。

F.4.10 包含高强钢环簧复位元件的自复位耗能支撑核心装置

宜采用图 F. 4. 10 所示形式，该装置包括高强钢环簧组、垫片、内杆、上部外筒和下部外筒。需要对高强钢环簧组施加一定的预紧力，以保证足够的消压刚度与强度。

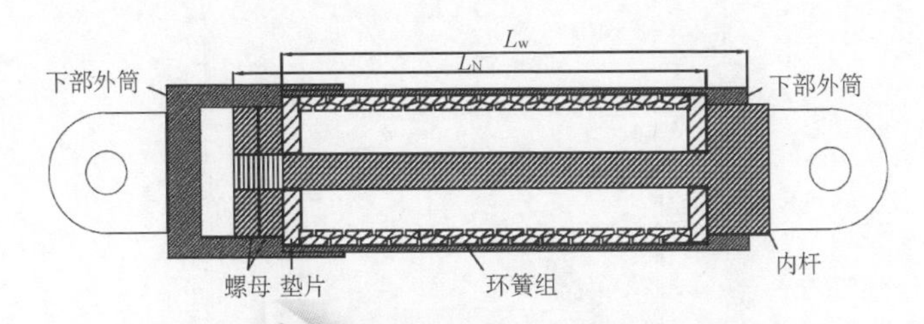

图 F. 4. 10 高强钢环簧自复位支撑的核心装置

F. 4. 11 高强钢环簧组自复位支撑核心装置的设计屈服承载力 F_y 即为环簧组预紧力 P_0，并应符合下式要求：

$$0.5F_{RU} > F_y = P_0 \geqslant 0.3F_{RU} \tag{F. 4. 11}$$

式中：F_{RU}——环簧组完全压紧状态下的承载力。

F. 4. 12 应保证核心装置的内杆以及外部套筒轴向受拉或受压屈服承载力不小于 $1.5F_{RU}$。

F. 4. 13 外部套筒需对高强钢环簧组进行有效约束，外部套筒与环簧组外环外侧的缝隙距离宜为外环直径的 2%。

F. 4. 14 高强钢环簧组设计可采用环簧组并联的方式，以提升核心装置的承载能力。

F. 4. 15 高强钢环簧组自复位支撑一般由 F. 4. 10 所述的核心装置以及支撑延长段组成，如图 F. 4. 15 所示。延长段宜采用钢管形式，并应通过焊接、法兰连接等方式与核心装置形成有效刚性连接。

F. 4. 16 应按现行国家标准《钢结构设计标准》GB 50017 验算支撑延长段的整体屈曲与局部屈曲承载力，有效计算长度可取支撑延长段长度(L_e)的 2 倍。

F. 4. 17 包含高强钢碟簧复位元件的自复位耗能支撑核心装置宜采用图 F. 4. 17 所示形式，包括轴杆(杆头、杆头套筒、杆)、上垫

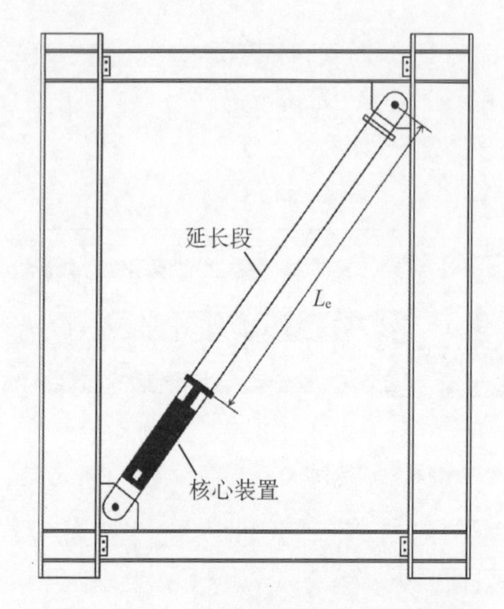

图 F. 4. 15　高强钢环簧组支撑示意图

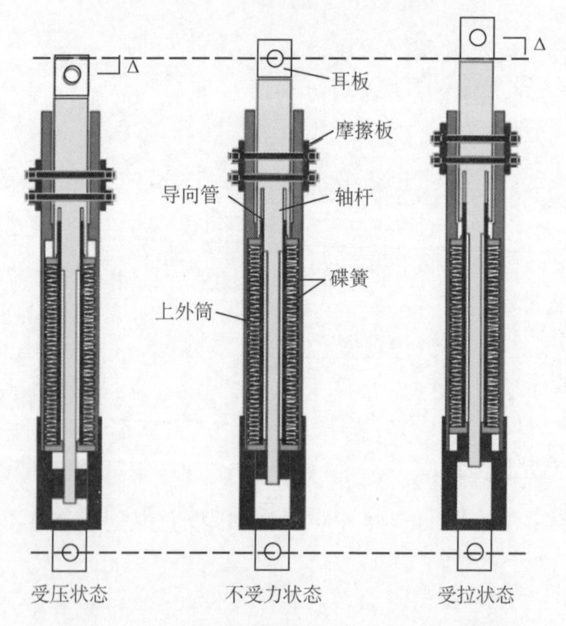

图 F. 4. 17　高强钢碟簧自复位支撑的核心装置

片、下垫片、上外筒、下外筒、下耳板、摩擦元件、高强钢碟簧组以及紧固螺母。其中，碟簧组中心贯穿一根导向管，二者间隙宜为 2 mm。位于中央的轴杆通过上、下垫片实现对预压碟簧组的压缩；摩擦板通过穿心高强螺栓与轴杆的杆头相连并紧紧贴在上外筒上部，并通过螺栓的预紧力提供摩擦装置所需要的正压力。同时阻尼器所有连接均采用细牙螺纹连接，以达到方便拆装的目的。

F.4.18 高强钢碟簧组合形式可为对合组合、叠合组合和复合组合，如图 F.4.18 所示。其中，碟簧叠合组合数不宜超过 5 片。

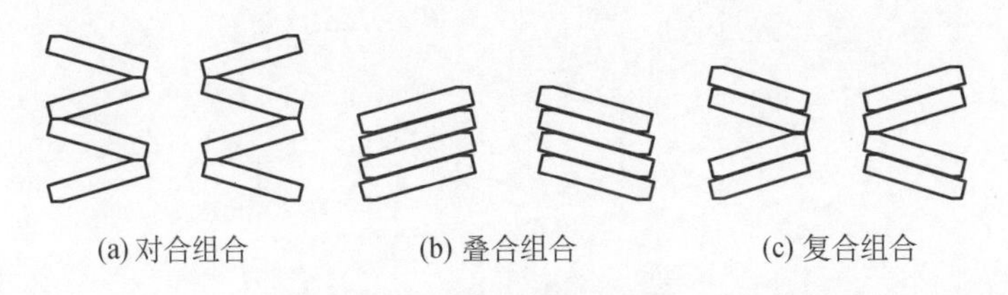

图 F.4.18 高强钢碟簧组合形式

F.4.19 高强钢碟簧组自复位耗能支撑核心装置的设计屈服承载力 F_y 为碟簧组预紧力 P_0 与摩擦耗能装置的最大静摩擦力 F_f 之和，并应符合下式要求：

$$0.5F_{RU} > P_0 \geqslant 0.3F_{RU} \quad (F.4.19)$$

式中：F_{RU}——碟簧组完全压紧状态下的承载力。

F.4.20 高强钢环簧组或碟簧组自复位耗能支撑核心装置的初始轴向刚度宜采用实际产品测试数据，在缺乏数据的情况下可按简化经验公式计算：

$$K_b = \frac{F_y}{C} \quad (F.4.20)$$

式中：K_b——自复位耗能支撑核心装置的初始轴向刚度；

C——自复位耗能支撑核心装置的消压前位移，采用单组高强钢环簧时建议取 1.2 mm，采用并联高强钢环簧或采用高强钢碟簧时建议取 0.7 mm。

F.4.21 自复位支撑与框架梁柱连接可采用图 F.4.21 所示的方法。

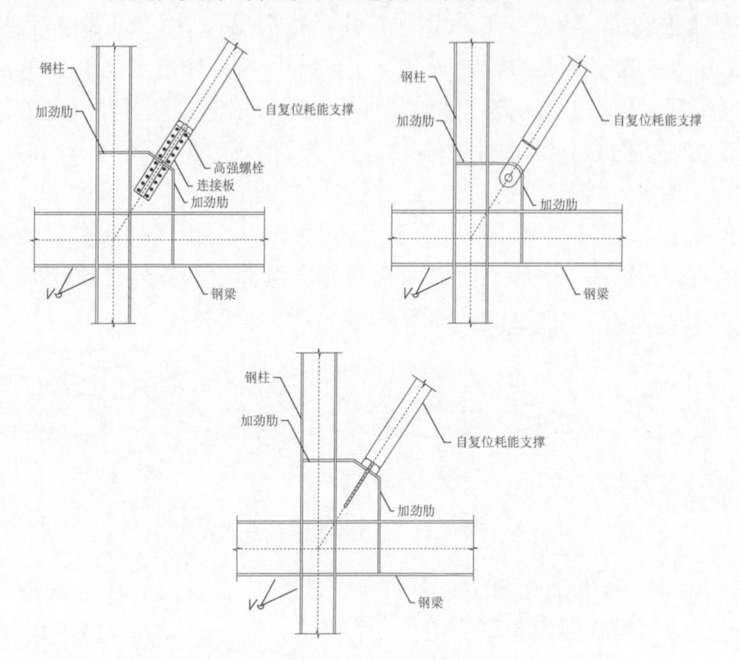

图 F.4.21 自复位支撑与框架梁柱典型连接方法

F.5 自复位耗能节点

F.5.1 在风荷载或多遇地震荷载与其他静力荷载组合下，自复位耗能节点最大弯矩设计值 M 应符合下式要求：

$$M \leqslant 0.9 M_{yc} \tag{F.5.1}$$

式中：M——风荷载或多遇地震荷载与其他静力荷载组合下自复位耗能节点最大弯矩设计值；

M_{yc}——自复位耗能节点屈服弯矩设计值。

F.5.2 自复位耗能节点的极限设计转角 Q_u 不应小于 2%，需考虑近断层脉冲效应的情况下不宜小于 3%。

F. 5. 3 轻钢房屋结构自复位耗能节点宜采用局部放置核心装置的方式，核心装置不应对周边构件产生额外的受力。

F. 5. 4 自复位耗能节点中的耗能核心装置可承担全部的弯矩作用，也可与节点其他部分共同承担弯矩作用。

F. 6 内嵌式自复位模块

F. 6. 1 内嵌式自复位模块由工厂模块化预制，含子构件加工与模块拼装。结构施工过程中，自复位模块通过与上、下梁固接嵌入结构框架内，如图 F. 6. 1 所示。自复位模块既可独立抗侧，也可与框架内其他侧向受力构件共同抗侧。

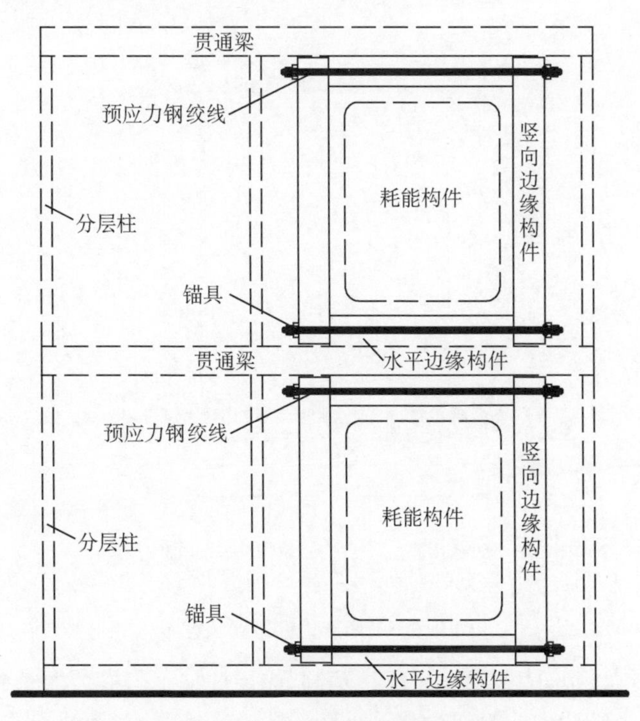

图 F. 6. 1 内嵌式自复位模块示意图

F.6.2 内嵌式自复位模块分为复位功能部分和耗能功能部分。复位功能部分采用预应力钢边框，复位元件宜采用预应力钢绞线或拉杆。耗能功能部分可采用摩擦元件、金属耗能元件、黏弹性阻尼器、黏滞阻尼器等常规耗能元件。耗能功能部分既可独立布置于预应力钢边框之外，也可布置于自复位模块内部。

F.6.3 预应力钢边框（图 F.6.3）由水平边缘构件、竖向边缘构件、预应力钢绞线（或拉杆）及锚具组成。自复位钢边框水平边缘构件、竖向边缘构件宜采用 H 形钢，靠近连接区域的竖向边缘构件、水平边缘构件局部宜布置横向加劲肋。钢绞线需沿水平边缘构件轴线对称布置，两端分别锚固在两竖向边缘构件翼缘外侧，通过施加预紧力，将水平边缘构件和竖向边缘构件组装成一体。

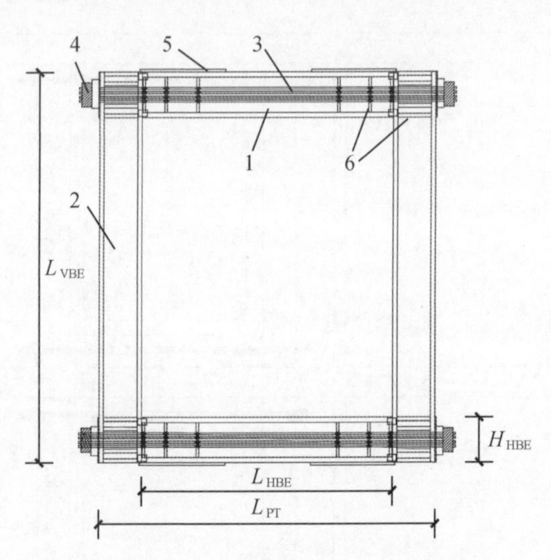

1—水平边缘构件；2—竖向边缘构件；3—钢绞线；
4—锚具；5—垫板；6—加劲肋

图 F.6.3 预应力钢边框示意图

F.6.4 预应力钢边框宜工厂预制，应保证加工与拼装的精确度。水平边缘构件与框架梁宜采用高强螺栓连接，并采用垫板或竖向边缘构件顶斜切口的方式(图 F.6.4)。

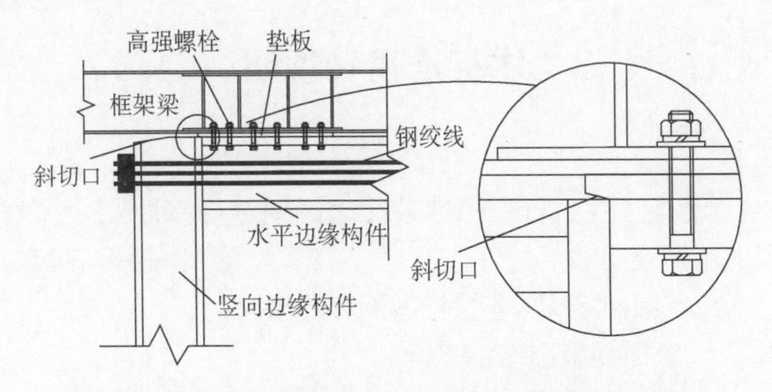

图 F.6.4　内嵌式自复位模块与框架梁连接构造示意图

本标准用词说明

1 为便于在执行本标准条文时区别对待，对要求严格程度不同的用词说明如下：

1） 表示很严格，非这样做不可的用词：
正面词采用“必须”；
反面词采用“严禁”。

2） 表示严格，在正常情况下均应这样做的用词：
正面词采用“应”；
反面词采用“不应”或“不得”。

3） 表示允许稍有选择，在条件许可时首先应这样做的用词：
正面词采用“宜”；
反面词采用“不宜”。

4） 表示有选择，在一定条件下可以这样做的用词，采用“可”。

2 条文中指明应按其他有关标准、规范执行的写法为“应符合……的规定”或“应按……执行”。

引用标准名录

1 《碳素结构钢》GB/T 700
2 《低合金高强度结构钢》GB/T 1591
3 《连续热镀锌和锌合金镀层钢板及钢带》GB/T 2518
4 《混凝土结构设计规范》GB 50010
5 《非合金钢及细晶粒钢焊条》GB/T 5117
6 《热强钢焊条》GB/T 5118
7 《熔化焊用钢丝》 GB/T 14957
8 《非合金钢及细晶粒钢药芯焊丝》GB/T 10045
9 《热强钢药芯焊丝》GB/T 17493
10 《熔化极气体保护电弧焊用非合金钢及细晶粒钢实心焊丝》GB/T 8110
11 《气体保护电弧焊用高强钢实芯焊丝》GB/T 39281
12 《埋弧焊用非合金钢及细晶粒钢实心焊丝、药芯焊丝和焊丝-焊剂组合分类要求》GB/T 5293
13 《埋弧焊用热强钢实心焊丝、药芯焊丝和焊丝-焊剂组合分类要求》GB/T 12470
14 《氩》GB/T 4842
15 《工业液体二氧化碳》GB/T 6052
16 《六角头螺栓》GB/T 5782
17 《六角头螺栓 C级》GB/T 5780
18 《紧固件机械性能 螺栓、螺钉和螺柱》GB/T 3098.1
19 《钢结构用高强度大六角头螺栓》GB/T 1228
20 《钢结构用高强度大六角螺母》GB/T 1229
21 《钢结构用高强度垫圈》GB/T 1230

22 《钢结构用高强度大六角头螺栓、大六角螺母、垫圈技术条件》GB/T 1231
23 《钢结构用扭剪型高强度螺栓连接副》GB/T 3632
24 《电弧螺柱焊用圆柱头焊钉》GB/T 10433
25 《封闭型平圆头抽芯铆钉》GB/T 12615
26 《封闭型沉头抽芯铆钉》GB/T 12616
27 《开口型沉头抽芯铆钉》GB/T 12617
28 《开口型平圆头抽芯铆钉》GB/T 12618
29 《十字槽盘头自钻自攻螺钉》GB/T 15856.1
30 《十字槽沉头自钻自攻螺钉》GB/T 15856.2
31 《十字槽半沉头自钻自攻螺钉》GB/T 15856.3
32 《六角法兰面自钻自攻螺钉》GB/T 15856.4
33 《紧固件机械性能　自钻自攻螺钉》GB/T 3098.11
34 《开槽盘头自攻螺钉》GB/T 5282
35 《开槽沉头自攻螺钉》GB/T 5283
36 《开槽半沉头自攻螺钉》GB/T 5284
37 《六角头自攻螺钉》GB/T 5285
38 《建筑用压型钢板》GB/T 12755
39 《室内装饰装修材料人造板及其制品中甲醛释放限量》GB 18580
40 《普通胶合板》GB/T 9846
41 《纸面石膏板》GB/T 9775
42 《蒸压加气混凝土板》GB/T 15762
43 《纤维水泥平板　第1部分:无石棉纤维水泥平板》JC/T 412.1
44 《彩色涂层钢板及钢带》GB/T 12754
45 《工程结构通用规范》GB 55001
46 《建筑结构可靠性设计统一标准》GB 50068
47 《工程结构可靠性设计统一标准》GB 50153

48 《钢结构工程施工质量验收规范》GB 50205

49 《冷弯薄壁型钢结构技术规范》GB 50018

50 《建筑结构荷载规范》GB 50009

51 《门式刚架轻型房屋钢结构技术规范》GB 51022

52 《建筑工程抗震设防分类标准》GB 50223

53 《建筑抗震设计规范》GB 50011

54 《钢结构设计标准》GB 50017

55 《混凝土结构加固设计规范》GB 50367

56 《建筑地基基础设计规范》GB 50007

57 《太阳能发电站支架基础技术规范》GB 51101

58 《涂覆涂料前钢材表面处理表面清洁度的目视评定　第1部分:未涂覆过的钢材表面和全面清除原有涂层后的钢材表面的锈蚀等级和处理等级》GB/T 8923.1

59 《建筑设计防火规范》GB 50016

60 《建筑钢结构防火技术规范》GB 51249

61 《钢结构工程施工规范》GB 50755

62 《钢结构焊接规范》GB 50661

63 《钢结构工程施工质量验收标准》GB 50205

64 《焊缝无损检测超声检测技术、检测等级和评定》GB/T 11345

65 《钢结构防火涂料》GB 14907

66 《建筑构件防火喷涂材料性能试验方法》GB 9978

67 《普通螺纹基本尺寸》GB/T 196

68 《普通螺纹公差》GB/T 197

69 《紧固件表面缺陷　螺栓、螺钉》GB/T 5779.1

70 《紧固件表面缺陷　螺母》GB/T 5779.2

71 《紧固件公差　螺栓、螺钉、螺柱和螺母》GB/T 3103.1

72 《紧固件公差　平垫圈》GB/T 3103.3

73 《紧固件验收检查》GB/T 90.1

74 《建筑抗震韧性评价标准》GB/T 38591
75 《重要用途钢丝绳》GB 8918
76 《预应力混凝土用钢绞线》GB/T 5224
77 《钢拉杆》GB/T 20934
78 《预应力筋用锚具、夹具和连接器》GB/T 1430
79 《碟形弹簧》GB/T 1972
80 《轻骨料混凝土应用技术标准》JGJ/T 12
81 《定向刨花板》LY/T 1580
82 《纸面石膏板单位产量能源消耗限额》JC/T 523
83 《钢板剪力墙技术规程》JGJ/T 380
84 《低层冷弯薄壁型钢房屋建筑技术规程》JGJ 227
85 《冷弯薄壁型钢多层住宅技术标准》JGJ/T 421
86 《混凝土用膨胀型、扩孔型建筑锚栓》JG 160
87 《木结构用钢钉》LY/T 2059
88 《轻型钢结构住宅技术规程》JGJ 209
89 《建筑地基处理技术规范》JGJ 79
90 《门式刚架轻型房屋钢构件》JG 144
91 《轻钢模块化钢结构组合房屋技术标准》JGJ/T 466
92 《钢结构超声波探伤及质量分级法》JG/T 203
93 《建筑消能阻尼器》JG/T 209
94 《预应力筋用锚具、夹具和连机器应用技术规程》JGJ 85
95 《高层民用建筑钢结构技术规程》JGJ 99
96 《建筑抗震设计标准》DG/TJ 08—9
97 《高层建筑钢结构设计规程》DG/TG 08—32
98 《多高层建筑钢结构住宅技术规程》DG/TJ 08—2029
99 《轻型钢结构制作及安装验收标准》DG/TJ 08—010

标准上一版编制单位及人员信息

DG/TJ 08—2089—2012

主 编 单 位:同济大学

上海市金属结构行业协会

参 编 单 位:苏州科技学院

宝钢工程技术集团有限公司

浙江精工钢结构有限公司

上海市机电设计研究院有限公司

中船第九设计研究院工程有限公司

同济大学建筑设计研究院(集团)有限公司

巴特勒(上海)有限公司

美建建筑系统(中国)有限公司

浙江杭萧钢构股份有限公司

上海华胤钢结构工程有限公司

美联钢结构建筑系统(上海)有限公司

上海通用金同结构工程总公司

蓝瑾建筑钢结构(上海)有限公司

上海绿筑住宅建筑系统科技有限公司

上海钢之杰钢结构建筑有限公司

主要起草人:沈祖炎　毕　辉　陈以一　陈友泉　丁洁民

杜兆宇　顾　强　韩小红　黄明鑫　李元齐

刘承宗　刘沈如　秦雅菲　孙成疆　孙绪东

吴中岳　夏汉强　许金勇　张关兴　张其林

张小丽

上海市工程建设规范

轻型钢结构技术标准(设计分册)

DG/TJ 08—2089—2023

J 12002—2023

条文说明

2024 上海

目　次

Contents

1 总 则

1.0.3 本标准的结构设计和施工质量验收等条款是根据现行国家标准《工程结构通用规范》GB 55001、《建筑与市政工程抗震通用规范》GB 55002、《钢结构通用规范》GB 55006、《建筑结构可靠度设计统一标准》GB 50068、《建筑结构荷载规范》GB 50009、《建筑抗震设计规范》GB 50011、《钢结构设计标准》GB 50017、《冷弯薄壁型钢结构技术规范》GB 50018、《钢结构工程施工质量验收标准》GB 50205 以及现行上海市工程建设规范《建筑抗震设计标准》DG/TJ 08—9、《钢结构制作与安装规程》DG/TJ 08—216、《轻型钢结构制作及安装验收标准》DG/TJ 08—010 等有关条文，结合轻型钢结构的特点和上海地区的情况而制定的。

3 材料

3.0.1 本条主要参考现行国家标准《钢结构设计标准》GB 50017 和《冷弯薄壁型钢结构技术规范》GB 50018 给出。合理选择钢材需考虑的基本要素中，荷载特征即静力荷载或动力荷载，连接方式要考虑焊接还是紧固件连接，工作环境包括温度、湿度、环境腐蚀性能、构件内的应力性质等。当承重结构处于温度等于或低于−20℃的环境时，不宜采用 Q235 沸腾钢。用于重级工作制焊接吊车梁、吊车桁架或类似结构的钢材，应具有常温冲击韧性的合格保证，且不宜采用 Q235 沸腾钢。本标准称 550 级结构级钢板及板带为“LQ550 钢材”。

3.0.4 外围护的隔声减噪设计标准等级应按使用要求确定，其外墙门窗及外墙的计权隔声量与交通噪声频谱修正量之和应符合现行国家标准《民用建筑隔声设计规范》GB 50118 的相关规定。

3.0.5 由于墙板材料种类繁多且更新较快，相关标准名称由正文移入说明条文。目前发布的和墙板相关的国家现行标准包括：《玻璃纤维增强水泥轻质多孔隔墙条板》GB/T 19631、《钢丝网架水泥聚苯乙烯夹芯板》JC 623、《纤维增强硅酸钙板》JC/T 564、《建筑用金属面绝热夹芯板》GB/T 23932、《维纶纤维增强水泥平板》JC/T 671、《石膏空心条板》JC/T 829、《建筑用纸蜂窝复合墙板》JG/T 563、《金属尾矿多孔混凝土夹芯系统复合墙板》GB/T 33600、《纤维水泥夹芯复合墙板》JC/T 1055、《装配式建筑预制混凝土夹心保温墙板》JC/T 2504、《自保温混凝土夹芯墙板》JC/T 2482、《建筑用钢丝网架膨胀珍珠岩夹芯复合板》JC/T 2422 等。本条还补充了新型墙板材料。另外，对于国家鼓励发展的镁质胶凝材料等新型胶凝材料，目前没有现行的墙板标准，如硫氧镁水泥轻质墙板，其性能应符合现行行业标准《建筑隔墙用轻质条板通用技术要求》JG/T 169 的相关规定。

3.0.6 本条粘接密封材料的主要性能指标应符合现行国家标准《屋面工程技术规范》GB 50345 或现行行业标准《建筑外墙防水工程技术规程》JGJ/T 235 的相关规定。

4 结构设计的基本规定

4.2 设计指标

4.2.1 表4.2.1-1根据现行国家标准《钢结构设计标准》GB 50017更新。

4.2.2 表4.2.2-1根据现行国家标准《钢结构设计标准》GB 50017更新。表4.2.2-2参考现行国家标准《冷弯薄壁型钢结构技术规范》GB 50018给出。本次修订增加了Q420、Q460两种牌号钢材相应的设计指标。

4.2.3 表4.2.3参考现行国家标准《冷弯薄壁型钢结构技术规范》GB 50018给出。

4.2.4 表4.2.4-1根据现行国家标准《钢结构设计标准》GB 50017更新，增加了Q390标号锚栓强度设计值。表4.2.4-2参考现行国家标准《冷弯薄壁型钢结构技术规范》GB 50018给出。本次修订增加了Q420、Q460两种牌号钢材相应的设计指标。

4.4 变形规定

4.4.2 表4.4.2中2(2)与2012年版标准相比，不强调斜梁，适用范围有所扩展；4(1)、5(4)与现行国家标准《门式刚架轻型房屋钢结构技术规范》GB 51022、《钢结构设计标准》GB 50017的相关规定保持一致。

4.4.3 此处非结构构件主要是指建筑非结构构件，其涵盖范围见现行国家标准《建筑抗震设计规范》GB 50011。

此处脆性非结构构件主要是指变形能力较差的非结构构件，

如砌体围护墙等；延性非结构构件主要是指变形能力较大的非结构构件，如金属幕墙等。

4.4.4 冷弯薄壁型钢龙骨体系结构在风荷载标准值或多遇地震作用下的层间相对位移与层高之比的限值沿用行业标准《低层冷弯薄壁型钢房屋建筑技术规程》JGJ 227—2011 第 4.4.4 条的规定，不区分低、多层；上述规范未明确罕遇地震下层间相对位移与层高之比的限值，参考最新研究成果，低多层房屋采用冷弯薄壁型钢龙骨体系时，其抗震设计的抗震承载性能等级应选用性能 1，并按相关规定进行地震作用的验算，可不考虑抗震构造措施的要求，故在罕遇地震作用下（按弹塑性计算）的层间相对位移与层高的比值取用不应大于 1/100。

4.5 作用和作用效应组合

4.5.15 此处“一般情况”是指未采用减隔震措施的情况。

4.6 结构体系

4.6.1 此处轻型钢结构框架体系包含无支撑框架、支撑框架和设钢板剪力墙的框架。门式刚架体系的适用范围见本标准附录 A。

4.6.2 本条关于适用层数的规定沿用 2012 年版标准的规定。

4.6.3 适用范围参照行业标准《冷弯薄壁型钢多层住宅技术标准》JGJ/T 421—2018 第 1.0.2 条。

5 轻型钢框架体系房屋结构设计

5.1 结构体系及布置

5.1.1 关于半刚性连接在框架结构中的使用，可参考下列原则：①节点的刚度、承载力、极限后性能有可靠的计算方法，采用线性化等近似方法在结构计算和设计中不产生较大误差时，可以利用节点半刚性性能进行结构设计；②节点的刚度、承载力、极限后性能计算方法复杂或采用线性化等近似方法在结构计算和设计中容易产生较大误差时，宜将节点设计成接近刚接或接近铰接的连接，使实际构造、力学模型和计算假定保持一致。由于半刚性连接的构造形式多样，没有充分依据时建议按上述②处理。

关于偏心支撑钢框架结构，虽然其具有较高耗能能力，但通常需要设置具有优异塑性变形能力的耗能梁段，难以普遍适用于轻型钢框架体系的应用场景，因此本条推荐采用中心支撑的支撑形式。

除了采用无缝非加劲薄钢板剪力墙或带竖缝钢板剪力墙，也可采用非加劲钢板剪力墙、加劲钢板剪力墙、钢板组合剪力墙等不同形式的钢板剪力墙。

5.1.2 根据工程经验，轻型框架体系中梁的最大跨度宜在 12 m 以内，标准层高宜在 3.3 m 以内。

5.1.3 H 形截面柱构件弱轴方向与梁的刚接连接构造较为复杂，因此可采用柱弱轴方向与梁铰接连接，并按空间结构进行整体分析。其中，柱强弱轴混合布置的情况适用于层数不超过 6 层的房屋。当 H 形截面柱弱轴方向与框架梁全部铰接时，需在该方向布置支撑或剪力墙。

5.1.4 2008年5月12日四川汶川地震震害表明，楼梯间周边结构受到较大破坏。因楼梯段形成类似斜撑作用，增大了所在开间水平刚度，引起较大地震作用。若非对称布置的楼梯间的刚度增大作用未在分析中得到充分反映，会加剧结构受地震作用时的扭转与局部破坏，故设计中尽可能采用对称布置方式。当不能对称布置时，宜采用构造措施，降低或释放楼梯段在框架体系中的抗侧刚度和承载力。

5.1.5 框架梁上表面设置抗剪件是实现刚性楼面与梁牢固连接的有效措施。如采用其他措施实现牢固连接要求，应有相应的依据。

5.2 结构分析

5.2.2 需要进行二阶弹性分析的场合可参照现行国家标准《钢结构设计标准》GB 50017 的相关规定及说明，优先采用具有非线性计算功能的结构分析软件进行二阶弹性分析。

当进行结构弹性分析时，在采用钢筋混凝土楼板、钢-混凝土组合楼板等刚性楼板且与钢梁上表面有可靠连接的情况下，两侧有楼板的钢梁的折算惯性矩可取 $1.5I_b$，仅一侧有楼板的梁可取 $1.2I_b$（I_b 为钢梁惯性矩）。

采用连续开孔梁作框架梁时，结构内力分析中，按毛截面计算的连续开孔梁截面惯性矩宜乘以下列调整系数 γ：

$$\gamma = 0.018L/h_g + 0.47，当\ 10 \leqslant L/h_g < 20 \quad (1)$$

$$\gamma = 0.006L/h_g + 0.71，当\ L/h_g \geqslant 20 \quad (2)$$

式中：L——蜂窝梁跨长；

h_g——蜂窝梁全高度。

以上两式是按两端刚接的蜂窝梁与同高度实腹梁在单位转角和单位线位移下的刚度等效回归出来的，计算数据包括了宽翼缘和窄翼缘 H 形截面。可参阅杨永华、陈以一的《连续开孔梁的抗弯刚度和挠度的等效计算》一文[结构工程师,2006,22(3)]。该文也分析了以上两式对连续圆形开孔梁的适用性。

在连续开孔梁上连接钢筋混凝土楼板或钢-混凝土组合楼板等刚性楼板的情况下,弹性分析时钢梁惯性矩的计算放大系数尚待研究;在进一步论证之前,可暂按实腹梁规定采用。

5.3 梁构件设计

5.3.2 框架梁采用连续开孔的蜂窝梁时,如果在梁端一定范围即塑性开展区范围内不开孔,可以作为具有同样宽厚比的普通梁考虑。日本 E-defense 中心于 2009 年 10 月实施的 4 层钢框架的足尺模型振动台试验,在距梁端相当于梁高的范围内不开孔,并采用一道横向加劲肋,结果表明其梁端仍可发展充分的塑性。

关于组合梁按塑性设计时的宽厚比限值要求,系根据现行国家标准《钢结构设计标准》GB 50017 中受弯构件 S1 级截面限值制定。本条第 2 款第 3)项的 h_1 指开孔最高(最低)处距相近翼缘内侧的距离。

5.3.3 现行国家标准《建筑抗震设计规范》GB 50011 的相关规定适用于具有较大塑性变形能力的延性钢框架结构和构件,不能覆盖轻型钢框架结构中的弱延性构件。本标准参考现行国家标准《钢结构设计标准》GB 50017 中关于性能化设计的技术要求,制定了相应规定,规定可以适用于不同延性等级构件的抗震设计。故本条第 2 款给出了两种不同的设计选项。

5.3.4 根据结构抗震原理,地震作用效应的大小与结构的延性大小有关,延性较小的结构应采用较大的计算地震作用效应;延性较大结构可采用较小的计算地震作用效应。结构延性大小主要取决于结构形式、杆件延性和节点性能。本条系参考现行国家标准《钢结构设计标准》GB 50017 性能化设计的技术要求作出具体规定。

性能化设计采用设防地震作用标准值进行地震内力组合计算，本条第1款系考虑在设防地震作用下结构构件所受内力可能超过其弹性承载力，构件部分区段进入塑性。构件等效弹性模型的构建，可采用有限元分析予以确定，也可基于构件分段模型组成；采用分段模型时，构件两端非弹性段的截面抗弯刚度，可采用翼缘材料模量为弹性模量的2%、腹板保持弹性模量的假定设定。

针对框架梁构件延性等级的分类，根据轻型钢结构的特点，确定了梁构件延性等级与截面宽厚比等级、剪力及长细比的关系，对梁构件计算作出规定。确定构件延性等级时，采用表5.3.4-1所列等级对应的最不利条件。表5.3.4-2的性能系数Ω_{ib}系由《钢结构设计标准》GB 50017—2017表17.2.2-1的最小值得到，以简化计算。

5.3.5 轻型房屋钢结构的楼面梁和框架梁可采用蜂窝梁等形式的连续开孔梁。采用H形钢制作蜂窝梁时，扩高比K的范围为1.3～1.6，一般可取1.5。K按式(3)定义：

$$K=h_g/h_b \tag{3}$$

式中：h_g——蜂窝梁全高；

h_b——型钢截面高度。

切割偏角θ的范围为45°～70°，一般不超过60°(图1)。

蜂窝孔水平尺寸e应满足本条的计算规定，并满足管道贯通空间的要求。

在距梁端支承反力作用线$0.5h_w$的范围内，不应开孔(h_w为开孔梁腹板净高)。

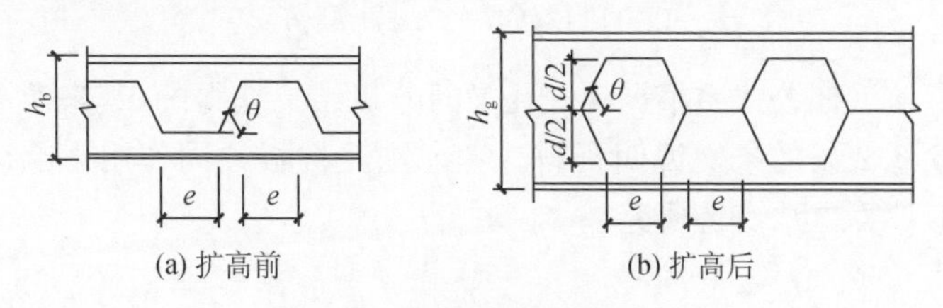

图1 蜂窝梁几何参数

圆形开孔梁和矩形开孔梁的开孔高度不宜超过 $0.8h_w$。圆形孔的孔间净距不宜小于 $(\sqrt{3}-1)D$，其中 D 为圆孔直径。

由型钢或钢板切割后扩高制作的蜂窝梁及其他连续开孔梁的水平拼缝(图 2a)应焊透，开孔处可加劲(图 2b)。

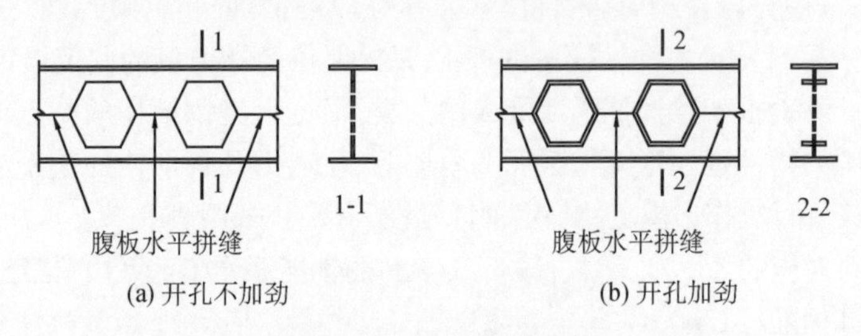

图 2　开孔不加劲与加劲

5.3.6　相邻两蜂窝孔截面(参见图 2)的弯矩不同，使腹板水平拼缝处产生水平剪力；两截面间的分布荷载使得腹板产生轴力。在剪力和轴力作用下，腹板的稳定性需进行计算。本条计算公式源于 Omer W. Boldgett 所著的《*Design of Welded Structures*》(1991 年第 14 次印刷，由 James F. Lincon Arc Welding Foundation 出版)。

5.3.9　两端刚接的连续开孔梁的挠度可在结构分析中获得。两端简支的连续开孔梁在横向荷载作用下的挠度计算可按毛截面计算，计算结果乘以下列的换算系数 ζ：

$$\zeta = -0.065L/h_g + 2.34L/h_g < 16 \tag{4}$$

$$\zeta = -0.011L/h_g + 1.476L/h_g \geqslant 16 \tag{5}$$

该近似公式系根据纯开孔梁的分析结果获得的，其来源参照第 5.2.2 条的条文说明资料。考虑刚性楼板共同作用影响后的近似计算方法有待研究。

5.4 柱构件设计

5.4.4 本条根据现行国家标准《钢结构设计标准》GB 50017 中性能化设计针对框架柱构件延性等级的分类及计算方法，结合轻型钢结构的特点，确定了柱构件延性等级与截面宽厚比等级、轴压比及长细比的关系，对柱构件的验算进行了规定。同时补充了柱构件延性等级不低于梁构件（柱的延性性能不比梁构件差）的构造要求，以进一步简化塑性铰在梁端的耗能机制的保证方式。根据性能化设计要求，同层框架柱的性能系数要高于梁，这里统一取 $1.1\eta_y$ 的放大系数。

5.4.6 目前国产冷成型方管的厚度已可达到 25 mm 的规格，超出了现行国家标准《冷弯薄壁型钢结构技术规范》GB 50018 的适用于厚度不超过 6 mm 的构件的范围。另外，冷成型方管的成型工艺造成的残余应力分布与焊接箱型截面不同，如采用《钢结构设计标准》GB 50017，需要明确计算轴压稳定系数时的截面分类归属。为了使整体稳定计算结果能够准确反映这类管材的特点，同济大学与宝钢合作进行了中厚壁冷成型方管的残余应力测试，并在此基础上，进行了残余应力模型化、数值分析和轴压稳定试验验证。根据研究结果，采用本条第 1 款规定的整体稳定系数。

5.5 竖向支撑和剪力墙设计

5.5.4 带竖缝钢板剪力墙利用缝间板条的柱子效应，将整板的剪切失稳模式转变成小柱塑性模式，从而成为有良好耗能能力的抗侧构件。此外，带竖缝钢板剪力墙重量较轻，由于不与柱子相连，布置方式灵活，也减轻了对柱梁连接部位因拉力场存在而产生的附加力。

这类墙板采用高强度螺栓连接，一般在主体结构施工完成后再予拧紧,使其在实际使用中仅承受少量装修荷载和活荷载。

5.5.5 本条为防止与剪力墙相连的梁因剪力墙倾覆力矩传递的局部横向力导致强度不足。

5.5.6 非加劲薄钢板剪力墙允许适当利用内嵌钢板的屈曲后强度。

5.5.7,5.5.8 此两条源于美国钢结构抗震设计规程 *Seismic Provisions for Structural Steel Buildings*(ANSI/AISC 341)。

5.6 节点设计

5.6.4 试验及研究表明,外伸端板式连接节点应用于轻型钢框架的梁柱连接时,由于梁的线刚度相对于节点转动刚度的比值较小,故满足一般构造要求的外伸端板连接节点大都能达到刚性节点的要求。对轻型钢框架而言,其不失为一种既受力简捷,又施工方便的节点型式。K_0 的计算方法可参见上海市工程建设规范《高层建筑钢结构设计规程》DG/TJ 08—32—2008 第 9.1.2 条条文说明中的规定方法。

5.6.5 当外伸式端板梁柱连接节点满足式(5.6.5-1)、式(5.6.5-2)的刚性判定条件时,节点为半刚性连接,但此时 K_0 不能太小,否则就接近于铰接节点。本标准规定以 $K_0 > 5EI_b/L_b$ 为最低限值。

5.6.7 试验及研究表明,当节点域的竖向加劲肋或竖向连接板上下端均牢固连接到横向加劲肋时,该竖向板能有效增加节点域稳定性,以被该竖向板分隔后的区格宽度较大者来计算受剪正则化宽厚比,与无竖向板时按柱腹板宽度来计算正则化宽厚比相比,仍是安全的。(参阅文献:潘伶俐,陈以一,焦伟丰,等.空间 H 形梁柱节点的节点域滞回性能试验研究[J].建筑结构学报,2015,36(10):11-19.)

5.6.9 连接节点的极限受弯、受剪承载力 M_u^j、V_u^j 采用极限抗拉强度计算得到。

5.6.10 确定端板厚度时，根据两列型端板连接中板区的支承条件将端板划分为外伸板区、无加劲肋板区、两相邻边支承板区（其中，端板平齐式连接时将平齐边视为简支边，外伸式连接时才将该边视为固定边）和三边支承板区，然后分别计算各板区在其特定屈服模式下螺栓达极限拉力、板区材料达全截面屈服时的板厚。在此基础上，考虑到限制其塑性发展和保证安全性的需要，按“等强”概念考虑，将螺栓极限拉力用抗拉承载力设计值 N_t^b 代换，将板区材料的屈服强度用强度设计值代换，并取各板区厚度最大值作为所计算端板的厚度。这种端板厚度计算方法，大体上相当于塑性分析和弹性设计时得出的板厚。当允许端板发展部分塑性时，可将所得板厚乘以 0.9。

当框架体系中 H 形截面梁与柱采用两列型外伸端板连接且按螺栓所受拉力设计值计算时，假定在梁翼缘两侧的螺栓为均匀受拉，螺栓的拉力则是按受力最大螺栓（翼缘两侧）的实际受力值 N_{t1} 代替按“等强”概念考虑的螺栓抗拉承载力设计值 N_t^b，但应考虑撬力作用的影响，放大 20%，即 $\beta=1.2$。同时，受力最大螺栓的实际受力值也不应小于 0.4 倍的高强度螺栓的预拉力，且不超过 0.8 倍的高强度螺栓的预拉力，见式(5.6.10-1)～式(5.6.10-3)。对于其他型式（例如两列以上螺栓布置及其他端板加劲布置型式），应参考相关资料进行设计。

5.6.11 对判定为半刚性外伸端板连接的节点，除在弹性受力阶段用常规方法验算节点承载力外，尚需进行弹塑性受力阶段的极限抗弯、抗剪承载力验算。由于半刚性节点一般先于杆件屈服，其极限抗弯承载力无法满足刚性节点 $M_u \geqslant 1.2M_p$ 的抗震要求，故对 M_u 进行了一定折减。具体说明可参见上海市工程建设规范《高层建筑钢结构设计规程》DG/TJ 08—32—2008 第 9.2.10 条的条文说明。此外，本条增加了有加劲肋外伸端板连接节点在弹塑性受力阶段塑性铰线的长度计算方法：即 b_{cp} 取 $2\pi e_f$ 及 πe_f+2e_p

二者的小值。柱翼缘塑性铰线的长度计算方法因柱上的水平加劲肋未作变动而保持不变。

5.6.12 根据同济大学的系列试验结果,薄柔截面构件梁翼缘采用非全熔透焊接(包括角焊缝和未焊透的坡口焊两种形式),在焊缝的设计承载力等于翼缘轴向设计承载力的条件下,无论单调受弯还是反复受弯,都能保证破坏发生在梁上。其原因在于梁端局部屈曲承载力不能超过梁全截面塑性承载力,无从发挥钢材强化作用。本条第4款腹板上、下端的扇形切口为两个不同直径的圆弧组成的复合圆,在不同直径过渡处,应特别注意该过渡位置的处理,保证变直径处光滑过渡。本条第5款规定基于以上研究成果,使用时一般适合于翼缘板厚度不超过12 mm的情况。参阅陈以一、王素芳、王赛宁等的《H形梁翼缘与端板非全熔透焊接的节点性能试验研究》一文[建筑结构学报,2005,26(3)]。

5.6.14 不超过6层的框架柱脚的连接节点设计也可按现行行业标准《轻型钢结构住宅技术规程》JGJ 209的有关规定执行。

6 冷弯薄壁型钢龙骨体系房屋结构设计

6.1 结构体系及布置

6.1.1 冷弯薄壁型钢结构是轻型钢结构的一种，近年来已形成低层冷弯薄壁型钢龙骨体系及多层冷弯薄壁型钢龙骨体系。国家标准《冷弯薄壁型钢结构技术规范》GB 50018 及现行行业标准《低层冷弯薄壁型钢房屋建筑技术规程》JGJ 227、《冷弯薄壁型钢多层住宅技术标准》JGJ/T 421、《轻钢龙骨式复合墙体》JG/T 544 已有相应的规定。本标准结合上海及长三角地区的实践情况及国内近期研究成果进一步给出相关要求。

冷弯薄壁型钢龙骨体系房屋宜采用工业化建造，房屋平面的布置应充分考虑钢结构构件生产的工业化、标准化、规格化，便于工厂制作、运输和现场装配，有利于配件和设备的模数化、标准化和定型化。

6.1.2 低层冷弯薄壁型钢龙骨体系房屋由屋面系统、楼面系统及墙面系统组成，层数一般 3 层以下，建筑高度不超过 12 m。屋面系统由冷弯薄壁型钢桁架、冷弯薄壁型钢檩条、屋面水平支撑及屋面板材料构成。楼面系统由冷弯薄壁型钢梁、上下结构面板及楼面细石混凝土等材料构成。墙面系统由冷弯薄壁型钢立柱龙骨、内外层结构覆面板组成。

6.1.3 多层冷弯薄壁型钢龙骨体系房屋的墙体、楼板、屋盖均为板肋结构，具有很强的抵抗水平荷载的能力和抗震能力，在北美已应用于高烈度地震区。表 6.1.3 考虑上海地区抗震设防烈度的实际情况作出规定。多层冷弯薄壁型钢龙骨体系房屋层数一般 6 层以下，建筑高度不超过 20 m。按现行国家标准《住宅建筑规范》GB 50368 的规定，住户入口楼层距室外设计地面的高度超过 16 m 以上的住宅必须设置电梯，因此规定檐口高度不大于 20 m，可不必设置电梯。多层冷弯薄壁型钢龙骨体系房屋的建筑、结构、设备和装修应进行一体化设计，应采用轻质墙体、楼盖和屋盖系统，宜利用低碳、再生资源。

6.2 结构分析

6.2.1 对低层冷弯薄壁型钢龙骨体系结构，竖向荷载应由承重墙体的立柱独立承担，水平风荷载或水平地震作用应由抗剪墙体承担，一般可在建筑结构的两个主轴方向分别计算水平荷载的作用。现行行业标准《低层冷弯薄壁型钢房屋建筑技术规程》JGJ 227 给出了相应的结构分析原则和方法。

6.2.2 多层冷弯薄壁型钢龙骨体系结构的竖向荷载由承重墙体的墙架柱承担，水平荷载由抗侧力体系承担。当结构平面布置规则时，可在两个主轴方向分别按平面结构进行设计；结构平面布置不规则时，宜采用墙体和楼盖组成的有限元空间整体分析模型进行设计。现行行业标准《冷弯薄壁型钢多层住宅技术标准》JGJ/T 421 给出了相应的结构分析原则和方法。

6.2.3 现行国家标准《冷弯薄壁型钢结构技术规范》GB 50018 规定，低多层房屋采用冷弯薄壁型钢龙骨体系时，其抗震设计的抗震承载性能等级应选用性能 1，并按相关规定进行地震作用的验算，可不考虑抗震构造措施的要求。

6.3 构件设计

6.3.1 本条综合了目前国内冷弯薄壁型钢房屋结构构件常用的几种截面类型。由于壁厚一般在 2 mm 以下，故截面形式多为开口截面和拼合截面。

6.3.2 冷弯薄壁型钢构件常采用预涂镀的薄钢板直接冷成型，厚度可以要求低于本标准第 4.3.1 条的规定，应按现行国家标准《冷弯薄壁型钢结构技术规范》GB 50018 的规定执行。

6.3.6 冷弯薄壁型钢构件的腹板因穿管线常需要开洞，当洞口尺寸不大时，对构件承载性能影响有限。超过本标准规定时，可通过洞口加强消除开孔带来的影响。不方便构造加强时，还可通过计算考虑开孔后构件的承载性能。

6.3.8 本表在现行国家标准《冷弯薄壁型钢结构技术规范》GB 50018 的基础上，结合现有试验结果，给出了常用的 CCA 板、波纹钢板、开缝钢板覆面的建议值。

6.4 节点设计与构造

6.4.2 本条给出了低多层轻钢龙骨式体系建筑墙体与墙体的连接的常用构造方式，以供设计者参考。

6.4.3 抗剪墙体与上部楼盖、墙体的连接采用条形连接件或抗拔螺栓是为了能够保证可靠地承受和传递水平剪力及抗拔力。抗剪墙体的顶导梁与上部楼盖应可靠连接，以确保传递上部结构传下来的水平力。

6.4.4 对于第 1 款，边梁对结构面板边缘起加强作用，同时是连接楼面梁与墙体的过渡构件。梁在支承点处宜布置腹板承压加劲件，避免复杂的腹板局部稳定性验算。当厚度大于 1.1 mm 时，可采用相应的无卷边槽形钢作为承压加劲件。安装时，承压加劲件应与楼面梁腹板支座区中心对齐，宜设置在楼面梁的开口一侧，且应尽量与下翼缘顶紧。

对于第 2 款，地脚螺栓采用 Q235B 材料。本条提及的地脚螺栓是一种构造措施，主要作用是将房屋和基础紧密连成一体，抵抗水平荷载的作用。该地脚螺栓不应视为抵抗房屋倾覆的抗拔构件，房屋抗拔构件在墙体系统设计中另行设计布置。

6.4.5 地脚螺栓宜布置在底导梁截面中线上。抗拔锚栓通常应与抗拔连接件组合使用。抗剪墙体与抗拔锚栓组合使用时，为了充分发挥抗剪墙体的抗剪效应，抗拔锚栓的间距不宜大于 6 m，且抗拔锚栓距墙角或墙端部的最大距离不宜大于 300 mm。

7 分层装配支撑钢框架体系房屋结构设计

7.1 结构体系及布置

7.1.1 本条为分层装配支撑钢框架体系设计的原则要求。

7.1.2 结构安装过程中楼板刚度尚未形成时，结构的稳定性主要由支撑保证。柱间支撑一般为柔性支撑；柱子为具有较大弹性变形能力的细长构件，在层间变形达到 1/100 左右时应能保持弹性，1/50 左右时应使柱子截面塑性发展不超过截面高度的 1/4，以使得结构具有震后可恢复性，仅需替换柔性支撑即可重新使用。考虑节点半刚性的柱抗侧刚度为 $kc=k_{c0}(1+6i_c/k_j)-1$，其中 $k_{c0}=12EI_c/L_c3$，k_j 为柱端转动约束刚度，i_c 为柱子的线刚度。若按照柱子在层间位移角达到 1/100 时能够保持弹性的原则，估算其计算长度系数为 1.0 时的长细比 λ_c，则$\dfrac{\Delta}{L_c}=\dfrac{F_e/L_c}{k_c}=\dfrac{2W_ef_y/L_{c2}}{12EI_c/L_{c3}}(1+6i_c/k_j)=\dfrac{1}{6}\dfrac{f_y}{E}\dfrac{W_eL_c}{I_c}(1+6i_c/k_j)=\dfrac{1}{6}\dfrac{f_y}{E}\lambda_c\dfrac{2}{b}\sqrt{\dfrac{I_c}{A}}(1+6i_c/k_j)\geqslant\dfrac{1}{100}$，$b$ 为柱子截面高度，如柱截面为薄壁方管，有$\dfrac{2}{b}\sqrt{\dfrac{I_c}{A}}=\dfrac{2}{b}\sqrt{\dfrac{2b3t/3}{4b_t}}=\dfrac{2}{\sqrt{6}}$，即 $\lambda_c\geqslant\dfrac{1}{100}3\sqrt{6}\dfrac{E}{f_y}\dfrac{1}{1+6i_c/k_j}=\dfrac{6\,442}{100}\dfrac{235}{f_y}\dfrac{1}{1+6i_c/k_j}$。根据以上推导，当柱两端半刚接 $k_j/i_c=8$ 时，若钢材为 Q355，长细比下限为 25。当两端刚接，若钢材为 Q235，长细比下限可达 65。分层装配支撑钢框架结构体系不同于柱贯通式结构体系，无需满足强柱弱梁的要求。同济大学进行了足尺房屋振

动台试验，表明分层装配支撑钢框架结构具有良好的抗震性能。按7度多遇地震弹性设计的结构，当经历9度罕遇地震时，仅柱梁连接部位发生微小塑性。当结构层间位移角达到1/30时，仍然可以在地震后基本恢复原位。

7.1.3 在梁柱节点处保持梁贯通、柱分层的方式不但构造简单，且每根柱子长度仅相当于层高(3 m～4 m)，重量轻，可不使用起重设备而直接人工安装。采用柱梁构件逐层顺次安装方式，可在底层梁安装完成，从而形成施工平台后进行上一层柱的安装，因而有效减少高空作业，在提高安全性的同时大大提升了装配效率。这种类似于搭积木的“分层装配”构法业已成为国外许多工业化建筑结构的主要特点之一。此外，针对“上层有柱，下层抽柱”等一些建筑平面布置上的特殊要求，采用这种“梁担柱”的方式容易实现上、下层柱的错位布置而加大了平面设计的灵活性。从结构性能看，与传统的柱贯通式体系相比，这种梁贯通式体系因具有以下特点而实现了结构安全性与建造效率的平衡：①连续梁效应，即贯通梁均为连续梁，与相同截面和跨度的简支梁相比具有抗弯刚度大，跨中挠曲变形小的特点。②“扁担”效应，即与截面尺寸较小的方钢管柱相比，与之相连且线刚度很大的H形钢梁犹如一根扁担协调所连接柱子之间的变形，起到内力再分配的作用。尤其对支撑两侧的柱子而言，可通过梁的扁担效应将由支撑传来的附加轴力分配至其他柱，从而减轻自身的负荷。③不追求强柱弱梁，即由于该结构体系适用对象限定为低多层建筑，且已控制柱轴压比不超过0.4，根据现行国家标准《建筑抗震设计规范》GB 50011，可不作强柱弱梁要求。

7.1.4 梁跨度均匀，可以减少梁的型号，保证规格化并降低用钢量；钢柱布置均匀，钢柱的承载及传至基础的荷载差异小，使钢柱和基础规格化。

7.1.5 为便于柱构件在同一层长度相同，钢梁应采用同一高度截面。为了减小楼板跨度或支承局部隔墙，需要设置次梁。同层框架梁采取同一截面高度有利于规格化制作和标准化连接，不与钢柱连接的次梁（一般是为了减小楼板跨度或支承局部隔墙而设置）可以采用更小的截面。

7.1.6 对支撑抗侧刚度竖向布置作了规定，以避免薄弱层的出现。考虑结构抗连续性倒塌的能力，柱间支撑布置越分散，结构抗侧刚度平面分布越均匀，对结构侧向稳定越有利，尤其是边柱列应尽量布置支撑。另外，柱间支撑的布置不宜过于偏置，以避免结构扭转刚度过低。当有可靠依据时，亦可采用刚性支撑。

7.2 结构分析

7.2.1 按非地震作用组合或小震作用的地震作用组合进行结构计算时，分层装配支撑钢框架体系的钢柱仅用于承受竖向力，不承受水平荷载，这样可以提高钢柱截面承载效率、减小截面，从而有利于控制墙体厚度。分层装配支撑钢框架体系采用梁贯通的结构形式，柱与梁的端板连接节点转动刚度较小，且采用了柔性支撑，故柱两端节点及支撑节点均可以假定为理想铰接。这种设计理念使得柱截面可以很小，并且可采用全螺栓连接的节点构造方式。柱子仅承受竖向荷载，其轴向力主要与其水平受荷面积相关。所有侧向荷载均由柱间支撑承担，可以假定楼面所有节点位移相同，侧向力在柱间支撑之间的分配可根据自身刚度来计算。柱与梁的连接节点为扩大式端板连接节点，实际上具有一定的抗弯刚度和抗弯承载力。通过试验验证，该抗弯刚度和抗弯承载力为结构在往复地震作用下提供了可靠的第二道防线，并使得支撑屈服后，结构在地震作用下的变形能够恢复。

7.2.2 分层装配支撑钢框架体系设计简单，可以根据荷载分配进行手算。

7.2.3 计算时假定所有侧向力由支撑承担，既可以保证安全，又简化了计算。

7.2.4 经过试验和数值分析的结果验证，结构按照小震弹性的设计思路，可以保证结构在罕遇地震时其侧移指标满足现行国家标准《建筑抗震设计规范》GB 50011 的要求。结构阻尼比按照《建筑抗震设计规范》GB 50011 的规定进行取值，即在多遇地震的作用下取 0.04，罕遇地震作用下取 0.05。由于分层装配支撑钢框架体系一般用于低层建筑且试验验证其抗震性能良好，为了简化设计过程，结合试验结果和部分分析成果，规定设计时仅需进行小震弹性验算即可。根据振动台试验的结果，墙板与主体结构采用柔性连接时，对于结构在多遇地震作用下的地震周期影响不大，因此不考虑周期折减。在本标准中规定梁的线刚度不小于柱子的 3 倍。在此范围内，继续放大梁的刚度对于结构的抗侧刚度和自振周期影响很小，故不考虑框架梁的刚度放大系数。

7.3 构件设计

7.3.1 在日本建造的 3 层及以下的分层装配支撑钢框架体系房屋，经已发生的大地震实际考验，能够免于倒塌和过大残余变形。分层装配支撑钢框架结构的柱、梁、支撑等构件，可以采用热轧型钢（钢管）、冷弯型钢和冷弯薄壁型钢、高频焊接 H 型钢以及焊接组合截面，构件计算时需根据不同的成型方式以及板件宽厚比，适用不同规范（规程、标准）对板件最小厚度的规定和相应的计算规定。

7.3.2 根据第 7.1 节结构布置和第 7.2 节结构分析规定，分层装配支撑钢框架体系按柱端与梁铰接连接的假定建立计算模型。当柱端采用端板式螺栓连接时，因柱截面形式选用和梁宽限制等原因，可能使得实际构造是半刚接或接近刚接。在此情况下，当满足梁、柱弯曲线刚度比大于或等于 3 的要求时，竖向荷载作用下柱端产生的实际弯矩（除边柱外）一般仅为梁端弯矩的 5%左右，可以认为与铰接连接的假定所得计算结果相差不大。本条梁、柱弯曲线刚度的比较，针对与同一节点相连的构件而言。

7.3.3 本条针对无楼板搁置的梁(如楼梯洞口边梁),当外墙板连接于梁的一侧时,梁受到较大的偏心荷载作用,产生弯矩和扭矩,应进行整体稳定计算或采取防止失稳的措施。

7.3.4 当柱两端与梁的连接按铰接假定处理时,绕其截面两主轴方向的长细比如相同则有利于提升构件轴压整体稳定性的材料效率,故推荐优先采用方钢管截面;圆钢管截面虽也有助于提升稳定性,但墙体安装处理上构造复杂。

虽然柱子按两端铰接连接假定进行设计,但在超过设防烈度的地震作用下,支撑发展较大塑性后,柱子将承受逐渐增加的剪力和弯矩作用而成为压弯构件。为保证构件必要的承载能力和变形能力,对于长细比较大的柱子需要控制其轴压比。结构试验表明,轴压比在0.3以下时,柱子可以保持其良好的承载和变形性能;由于试验中施加的是实际轴压比,故在控制轴压比时,采用轴压标准值即可。与支撑相连的柱子在计算强度和稳定性时,需要考虑支撑传递的附加轴力。

轴压比计算公式中屈服轴力未考虑荷载分项系数,故其设计轴压比实际可达$0.3\times1.3=0.39\approx0.4$。由于采用了“不宜”的规定,当超过本条规定时,应进行结构整体在大震下的非线性分析,以防止结构在地震中倒塌。

由于柱端实际构造可能呈现半刚接甚至接近刚接的性质,为使弹性设计中结构所受水平力主要由支撑负担,需按式(7.3.4-2)控制柱构件的抗侧刚度。根据理论推导,柱子两端转动约束连接时,其抗侧刚度为$k_c = k_{c0}(1+ 6i_c/k_j)-1$,其中$k_{c0} = 12EI_c/L_{c3}$,$k_j$为柱端转动约束刚度。而根据试验数据统计,按2层~6层高度设计的柱梁节点试件,其刚度k_j的取值范围大约是柱弯曲线刚度i_c的2倍~30倍,试验实测数据源于刘浩晋《全螺栓现场连接梁贯通式节点性能研究》(同济大学硕士学位论文,2012);王慧《贯通式H梁-方管端板连接节点试验研究》(同济大学硕士学位论文,2016),则当满足式(7.3.4-2)时,柱群分配到的水平力大约是同层支撑负担水平力的4%～16%。考虑到对柱子轴压比的控制，在结构弹性分析和设计时，按仅承受轴力对柱子进行计算是可以满足要求的。

本条第3款的规定，系考虑柱子作为整个结构的第二道防线应保持必要的水平承载力。柱子作为结构抵抗地震作用的第二道防线，在支撑失去水平刚度后逐渐承受较大水平力。此时，在满足本条第2款公式(7.3.4-2)的情况下，结构周期将提高2倍以上($T_{EP}:T_E=\sqrt{K_E}:\sqrt{K_{EP}}\geqslant\sqrt{5}$，$T_E$、$T_{EP}$分别为结构弹性周期和支撑失去刚度之后的周期，$K_E$、$K_{EP}$分别为结构弹性阶段和支撑失去刚度阶段的第一周期)，根据反应谱，取此时结构阻尼为0.05，则在不同的场地特征周期下，地震最大影响系数约为弹性阶段的0.2倍～0.5倍范围。考虑到支撑受拉屈服后在很大的变形范围内仍然能够保持其屈服承载力，可以继续提供水平抗力，以及地震作用峰值后的地面加速度降低等因素，此处取相当设防烈度(中震)水平的25%(约相当于小震烈度的75%)作为柱子需要保持的承载力。式(7.3.4-3)没有计入柱上轴力对水平承载力的不利影响，但本条第1款已限制了轴压比，使得轴力对水平承载力的不利影响不超过10%；另外，作为储备，式中也未考虑柱子截面的全塑性发展和材料强化的有利影响。

7.3.5 当结构分析模型采用柱端铰接假定时，柱内没有弯矩。根据弹性计算，当梁柱弯曲线刚度比满足第7.3.2条规定时，内柱仅产生很小弯矩因而可以在计算中予以忽略，但边柱柱端弯矩则为该处梁端弯矩的50%，不能忽略。本条考虑在采用简化的结构分析模型下，仍需按轴力和弯矩共同作用的条件保证柱子强度和稳定性，因此需要给出计算弯矩。根据多跨框架的弹性计算，边柱柱端弯矩约为梁长范围内最大弯矩值的15%～20%，取其上限作为柱子计算弯矩。

7.3.7 计算分析中假定支撑能提供足够的侧向刚度。长细比较大的方钢管柱通过端板螺栓与刚度很大的框架梁(第7.3.2条)连接，当连接螺栓布置于柱子截面外周时，梁柱连接可以满足刚性连接的要求。在此条件下，分别计算无侧移刚架和有侧移刚架的稳定承载力，并采用现行国家标准《钢结构设计标准》GB 50017 的判断方法，可以得出分层装配支撑钢框架能归为强支撑框架。

本条关于方管柱长细比的规定，既考虑框架柱具有较大弹性变形要求，又限制过大长细比影响构件在地震作用下的整体稳定性。考虑柱子在相对侧移达到 1/100 能够保持弹性，按两端刚接估计，则$\frac{\Delta}{L_c}=\frac{F_e/L_c}{K_c}=\frac{2W_e f_y/L_{c2}}{12EI_c/L_{c3}}=\frac{1}{6}\frac{f_y}{E}\frac{W_e L_c}{I_c}=\frac{1}{6}\frac{f_y}{E}\lambda_c\frac{2}{b}\sqrt{\frac{I_c}{A}}\geqslant\frac{1}{100}$，$b$ 为柱子截面高度，如柱截面为薄壁方管，有$\frac{2}{b}\sqrt{\frac{I_c}{A}}=\frac{2}{b}\sqrt{\frac{2b3t/3}{4bt}}=\frac{2}{\sqrt{6}}$，即$\lambda_c\geqslant\frac{1}{100}3\sqrt{6}\frac{E}{f_y}=\frac{6\ 442}{100}\frac{235}{f_y}$，即当柱长细比大于 65 即可满足弯剪条件下 1/100 相对变形时仍为弹性。当采用其他截面形式时，可根据上述方式推导出相应的长细比下限规定。

按第 7.3.4 条第 1 款，轴压比计算公式中屈服轴力未考虑荷载分项系数，故其设计轴压比其实可达 0.3×1.3＝0.39≈0.4。如柱子用到最大长细比 120，则方管柱按 b 类曲线，稳定系数为 0.436，所以从总控上应不再放大。

7.3.8 柱间支撑是该结构体系最为重要的抗侧力构件，其设计除考虑弹性刚度、屈服承载力外，还需具有优良的延性。本条第 1 款规定了其设计承载力最低要求，第 2 款规定了保证其延性的构造要求。当采用花篮螺栓时，考虑目前普遍应用的花篮螺栓具有脆性性质，其强度不应小于支撑变形集中段承载力设计值的 1.5 倍。当需要控制柱间支撑弯曲失稳方向时，可以采用如图 3 所示的扁钢交错布置方案。

7.3.9 式(7.3.9)系根据弹性设计时框架层间变形允许值引起的

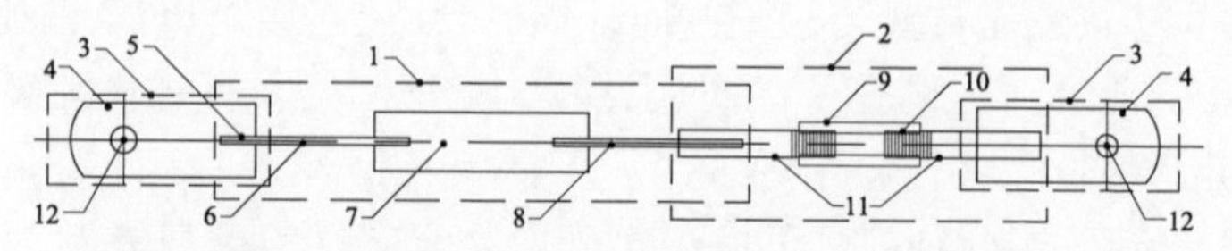

1—变形集中段；2—预紧力施加段；3—端板连接段；4—连接板；5—角焊缝；6—支撑扁钢1；7—支撑扁钢2；8—支撑扁钢3；9—圆柱套筒；10—螺纹；11—圆钢螺杆；12—螺栓孔

图3 扁钢支撑交错布置方案示意图

变形不超过支撑弹性变形限值的要求推导得出。当层间变形允许值取1/250时，如支撑变形集中段采用Q235钢材，则$0.318 \leqslant B/H \leqslant 3.186$；采用Q355钢材，则$0.537 \leqslant B/H \leqslant 1.863$。

7.3.10 分析表明，当支撑长细比大于或等于250后，构件受压承载力可以忽略不计，与只拉不压的柔性支撑计算假定基本符合；此外，交叉支撑的滞回曲线特征使得框架构件保持弹性的情况下结构在地震后的残余变形可接近于零。本条规定变形集中段的长度，系考虑该段产生的塑性变形应能使框架层间变形达到1/50；规定其不小于2m，是考虑避免塑性变形过于集中在较小的范围内。

7.3.11 式(7.3.11)的规定用于保证变形集中段充分发展塑性变形之前，端部连接段和预紧力施加段保持为弹性；预紧力施加段一般设置螺纹构造，容易引起应力集中，导致脆性破坏，因此其承载力设计值不应小于端部连接段的承载力设计值。

钢结构抗震设计的提高系数是出于对钢材强化和材料超强的考虑。

7.3.12 式(7.3.12-1)为支撑轴向抗拉刚度，采用串联模型，按变形集中段、预紧力施加段和端部连接段三部分刚度计算；当任一部分再由分段组成时，可将式中某部分的长度与面积之比表达为各分段的长度和面积之比加以求和。式(7.3.12-2)系将支撑轴向刚度转变为水平方向的刚度(抗侧刚度)。

7.4 节点设计

7.4.1 本体系梁柱连接采用梁贯通、柱断开的半刚接连接。梁柱节点以方钢管的弯矩承载力作为节点的承载力，将螺栓视为拉力螺栓群进行设计。梁柱节点处梁腹板加劲肋应能满足传递柱轴向力的要求，且能防止梁腹板的屈曲。同济大学提出了易于实现标准化制造和现场快速全装配施工的连接型式，并进行了大量单调与滞回加载试验。试验结果表明，所有试件均表现出优良的延性，即使在±0.07 的层间位移角内，节点弯矩承载力不降低或降低不明显(下降约 10%)。梁贯通式节点的破坏主要表现为梁翼缘面外受拉破坏、柱端板过大塑性变形破坏、梁腹板局部屈曲破坏、方管柱端塑性铰破坏。破坏模式、刚度、承载力都与节点局部构造形式和所受轴压力大小有密切关系。当轴压力较小时，易发生梁翼缘面外受拉破坏和柱端板塑性变形破坏；当轴压力较大且梁腹板仅有一道加劲肋时，易发生梁腹板屈曲破坏。该梁贯通式节点能够承受一定的弯矩，并不是完全铰接节点。具有一定抗弯承载能力的柱端节点使得柱子能够承受一定的水平剪力，通过合理布置可以实现梁柱框架作为除支撑以外的第二道抗震防线的目标。已有对于分层装配式结构的时程分析表明，结构的层间位移响应随着梁柱节点刚度的提高而降低。因此，设计时节点可按铰接计算，节点半刚性作为体系的抗侧力储备。

7.4.3 试验结果表明，梁腹板采用 3 道加劲肋可以有效避免梁腹板屈曲破坏。其中，两侧的加劲肋为三角板，三角板的高度不宜过低，否则对腹板的约束过小；加劲肋的高度也不宜过高，否则会对主梁与连接的施工带来不便。因此，建议取梁截面高度的 1/4～1/3。

7.4.4 从方便安装的角度考虑，支撑与方钢管柱的节点板连接宜采用摩擦型高强螺栓连接，以减小所需螺杆的直径。螺栓连接和节点板应按现行国家标准《钢结构设计标准》GB 50017 的规定进行计算和设计。对于柔性支撑的连接，一颗螺栓连接类似于销轴连接，已被验证有效且简单，单颗螺栓保证足够强度即可。

7.4.5 同一方向主梁的连接节点一般应设在内力较小的位置，同时考虑施工安装的方便，通常是设在距柱梁轴线交点 1.0 m 左右的位置处。此处内力很小，局部节点刚度削弱对结构分析影响很小。即使这里的分析模型假定为铰接，其所得到的内力也跟实际内力差不多。当采用铰接连接时，推荐采用平齐式端板螺栓连接。为了尽量简化构造，端板不设置水平加劲肋。若端板太厚，板很难变形使得节点转动，在连接螺栓处产生的拉力很大，反而很难成为铰接。根据日本的经验，对板厚没有要求，但是考虑到国内加工工艺等因素，厚度小于 6 mm 的钢板容易变形，不推荐使用。日本的端板连接一般采用 4 颗 M12 高强螺栓连接，也可采用 4 颗 M16 高强螺栓连接。

7.4.6 主梁与次梁连接若采用平齐式端板螺栓连接，具有一定的半刚性，对改善楼面振动舒适度有一定作用。设计时可按铰接计算，梁端板及梁侧节点板焊缝均承受剪力。端板连接节点为半刚接节点，但在主梁两侧均有次梁、梁顶有现浇混凝土板的情况下均无需考虑次梁对主梁的扭转效应。仅在主梁单侧连接次梁且楼面采用轻型楼板的情况下，次梁对主梁有一定的扭转影响。然而，一般来说分层装配结构次梁长度不大，端部转动位移角很小，对主梁的扭转不利影响也很小，无需考虑。如果确实扭转位移角很大，则由设计师自行选择节点连接形式，如第一种形式剪切板螺栓连接。

7.4.7 柱脚锚栓群连接的极限受弯承载力不应小于考虑轴力影响时柱塑性受弯承载力的 1.1 倍是参考现行国家标准《建筑抗震设计规范》GB 50011 的要求。预埋锚栓直径不应小于 16 mm 是为了保证提供一定的抗弯能力，尤其是在安装的时候需要一定的抗弯能力来保证未形成整体结构之前的稳定。柱间支撑所在跨的柱脚应设置抗剪键，柱脚锚栓需要通过承担倾覆力矩计算确定。关于预埋锚栓的长度与锚栓直径的比值，多本设计手册有不同的表述，最严要求为 25 倍。但根据计算及相关情况，20 倍可以满足要求。如果埋入深度受限，也可采用锚板等方式。

8 箱式模块化轻型钢结构体系房屋结构设计

8.1 结构体系及布置

8.1.1 模块化建筑的薄弱部位一般在节点处，节点的设计是该类建筑的重点和难点，既要符合受力及变形要求，又要适应制作和施工误差，同时要方便施工。

8.1.2 本章所涉及箱式模块作为主要承重单元的结构体系。叠箱结构可分为对齐叠箱结构(图 8.1.2a)和非对齐叠箱结构(水平向非对齐与竖向非对齐)(图 8.1.2b)。非对齐叠箱结构结构体系布置时，应使传力构件连续。钢框架与箱式模块混合结构的钢框架，可以是纯框架，也可以是框架-支撑结构。框架可以仅布置在底层，也可从底部贯通至顶部(图 8.1.2c、图 8.1.2d)。

8.1.3 结构进行抗震设计时，往往忽略非结构的地震作用。当箱式模块用于承载较重设备时，为防止在地震作用下设备对主体结构的撞击以及设备自身的破坏，宜采取措施对设备进行有效连接。

8.2 结构分析

8.2.1 箱式模块化轻型钢结构房屋进行整体分析时，箱体之间的楼面按实际连接进行模拟，本条提到的刚性楼板或弹性楼板是针对单个箱体而言的。当房屋层数较多、荷载较重时，为提高构件承载力，增加房屋整体刚度，可用连接件将模块柱与柱、模块梁与梁相互连接，以发挥其组合作用。

8.2.2 箱式模块的吊装可采用吊索顶吊。吊索直接与箱体模块顶部的四个角点连接(图 4a),应考虑吊索力对箱体柱顶部产生的竖向及水平向分力,可将起吊点作为铰支座,风荷载、重力荷载和活荷载按照实际情况布置(图 4b)。其他吊装方法可参考广东省标准《集装箱式房屋技术规程》DBJ/T 15—112—2016 附录 F。

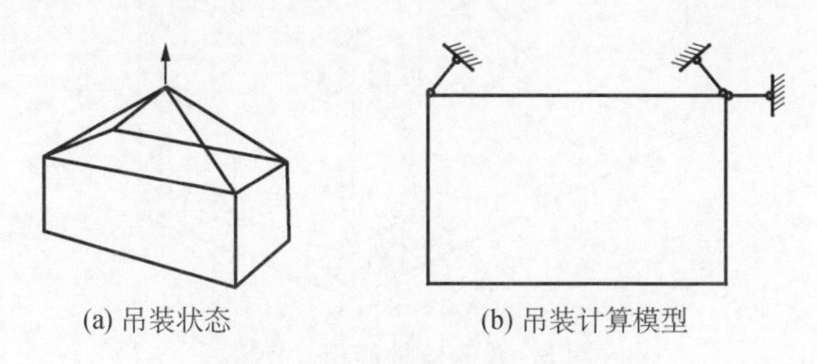
(a) 吊装状态　　(b) 吊装计算模型

图 4　采用吊索顶部吊装的模块

8.2.4　壁板能否发挥蒙皮作用,受其几何形式、连接方式及可靠性等因素影响。考虑蒙皮效应后,箱体结构的刚度可按广东省标准《集装箱式房屋技术规程》DBJ/T 15—112—2016 第 5.2 节、第 5.3 节中的规定执行。

8.4　节点设计

8.4.1　箱式模块化轻型钢结构房屋的节点设计尽量避免现场焊接。

8.4.2　受力复杂的节点宜进行有限元分析,对节点进行复核并宜有试验依据。

8.4.4　箱式模块化轻型钢结构房屋现场安装制作误差一般可达 6 mm～8 mm,对模块进行水平向连接时,可采用大圆孔或长圆孔以克服误差影响。一般情况下,可通过水平连接板连接水平向的模块。

8.4.5　因海上运输需要,常在箱式模块柱端部焊接角件,如图 5 所示。

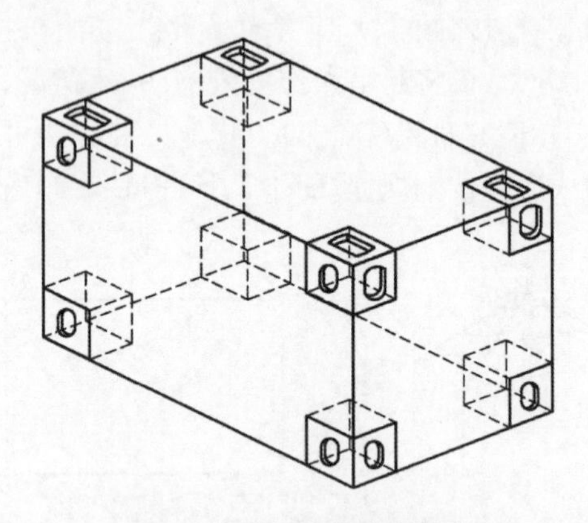

图 5 设有角件的箱式模块

8.4.6 一体化开口梁柱节点通常适用于受力较大的节点。

8.4.8 叠箱上、下梁是指上模块的底梁和下模块的顶梁。连接应考虑节点的经济性、施工操作可行性，同时考虑螺栓孔对梁截面削弱的影响，可采用如图 6 所示的节点形式。

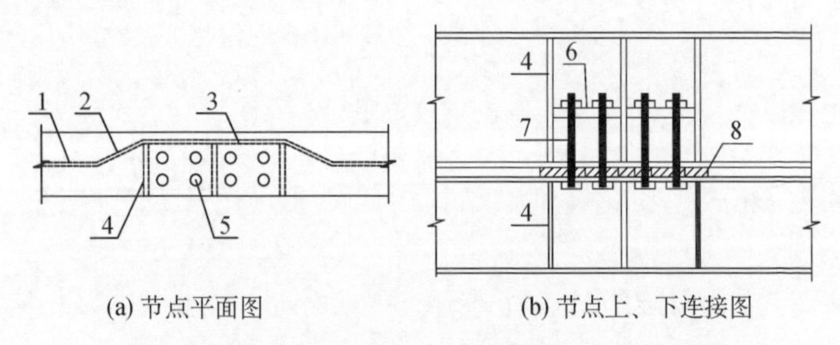

(a) 节点平面图　　(b) 节点上、下连接图

1—梁原始腹板；2—腹板转折板；3—腹板凸出板；4—梁加劲板；5—螺栓孔；6—水平节点板；7—螺栓；8—水平连接

图 6 梁梁连接节点示意图

8.5 柱脚及基础设计

8.5.1 临时建筑宜优先采用装配式基础。

8.5.2 螺旋钢桩多用于太阳能光伏支架、路灯、小型栈道、坑壁及边坡支护、海上结构物拉索和土工测试反力装置等。基础的形式如图 7、图 8 所示。

精确计算螺旋钢桩的承载力有一定的难度，因为除地质条件外，桩型参数、施工扭矩等因素都会影响螺旋钢桩承载力的计算，因此理论计算一般仅作为估算，桩身承载力需通过单桩静载荷试验确定。检测方法及数量可按照现行行业标准《建筑桩基技术规范》JGJ 94、《建筑基桩检测技术规范》JGJ 106 等执行。

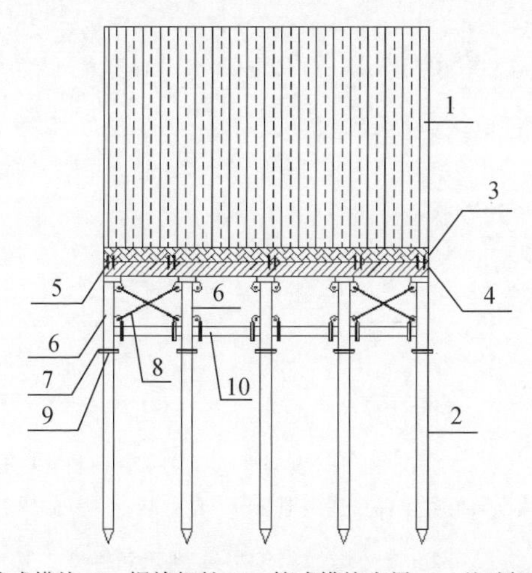

1—箱式模块；2—螺旋钢桩；3—箱式模块底梁；4—基础钢连梁；
5—螺栓节点；6—标准短柱；7—短柱端板；8—拉杆；9—钢桩端板；10—短梁

图 7 可快速安装的螺旋桩基础

8.5.3 采用过渡段进行连接时，过渡段与基础预埋件的连接可采用焊接或其他连接，确保预埋件与基础做到刚接。

8.5.4 一般情况下，箱式模块建筑的柱脚与基础连接采用铰接形式。当对上部结构有变形控制要求，采用铰接柱脚无法满足变形条件时，可考虑采用该种柱脚预应力锚栓节点形式。

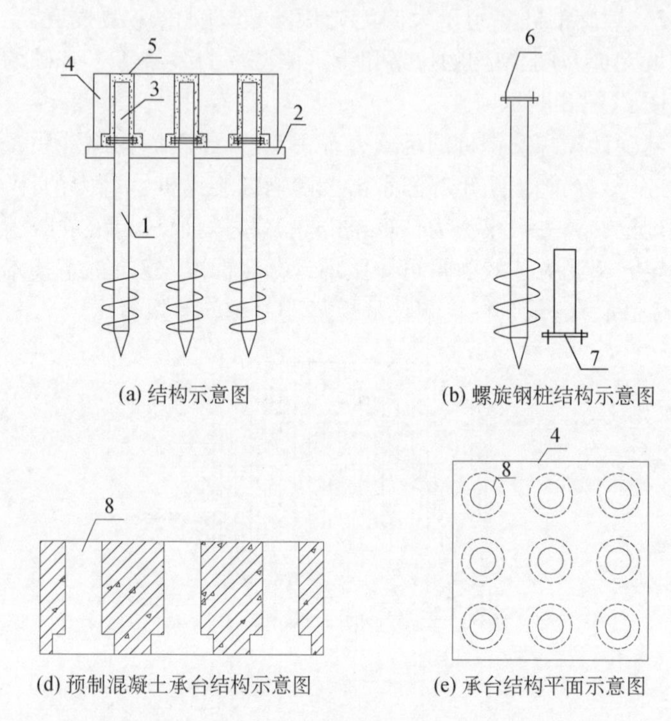

(a) 结构示意图

(b) 螺旋钢桩结构示意图

(d) 预制混凝土承台结构示意图

(e) 承台结构平面示意图

1—螺旋钢桩；2—找平层；3—上钢管连接段；4—预制混凝土承台；
5—后灌浆混凝土；6—连接螺栓；7—法兰板；8—基础预制孔

图 8　预制螺旋钢桩基础示意图

9　轻型钢结构防护要求

9.1　一般规定

9.1.1　参考现行国家标准《大气环境腐蚀环境分类》GB/T 15957，大气环境对建筑钢结构长期作用下的腐蚀环境类型和大气环境气体类型可按表1和表2分类。

表1　腐蚀环境类型的划分

腐蚀性分级		碳钢腐蚀速率（mm/a）	腐蚀环境		
等级	名称		环境气体类型	年平均环境相对湿度（%）	大气环境
Ⅰ	无（微）腐蚀	＜0.001	A	＜60	乡村大气
Ⅱ	弱腐蚀	0.001～0.025	A B	60～75 ＜60	乡村大气 城市大气
Ⅲ	轻腐蚀	0.025～0.050	A B C	＞75 60～75 ＜60	乡村大气 城市大气 工业大气
Ⅳ	中腐蚀	0.050～0.200	B C D	＞75 60～75 ＜60	城市大气 工业大气
Ⅴ	较强腐蚀	0.200～1.000	C D	＞75 60～75	工业大气
Ⅵ	强腐蚀	1.000～5.000	D	＞75	工业大气

注：1. 在特殊场合与额外腐蚀负荷作用下，应将腐蚀类型提高等级。
2. 处于潮湿状态或不可避免结露的部位，环境相对湿度应取大于75%。

表 2　环境气体类型分类

环境气体类型	腐蚀性物质名称	腐蚀性物质含量(kg/m3)
A	二氧化碳	$<2\times10^{-3}$
	二氧化硫	$<5\times10^{-7}$
	氟化氢	$<5\times10^{-8}$
	硫化氢	$<1\times10^{-8}$
	氮的氧化物	$<1\times10^{-7}$
	氯	$<1\times10^{-7}$
	氯化氢	$<5\times10^{-8}$
B	二氧化碳	$>2\times10^{-3}$
	二氧化硫	$5\times10^{-7}\sim1\times10^{-5}$
	氟化氢	$5\times10^{-8}\sim5\times10^{-6}$
	硫化氢	$1\times10^{-8}\sim5\times10^{-6}$
	氮的氧化物	$1\times10^{-7}\sim5\times10^{-6}$
	氯	$1\times10^{-7}\sim1\times10^{-6}$
	氯化氢	$5\times10^{-8}\sim5\times10^{-6}$
C	二氧化硫	$1\times10^{-5}\sim2\times10^{-4}$
	氟化氢	$5\times10^{-6}\sim1\times10^{-5}$
	硫化氢	$5\times10^{-6}\sim1\times10^{-4}$
	氮的氧化物	$5\times10^{-6}\sim2.5\times10^{-5}$
	氯	$1\times10^{-6}\sim5\times10^{-6}$
	氯化氢	$5\times10^{-6}\sim1\times10^{-5}$
D	二氧化硫	$2\times10^{-4}\sim1\times10^{-3}$
	氟化氢	$1\times10^{-5}\sim1\times10^{-4}$
	硫化氢	$>1\times10^{-4}$
	氮的氧化物	$2.5\times10^{-5}\sim1\times10^{-4}$
	氯	$5\times10^{-6}\sim1\times10^{-5}$
	氯化氢	$1\times10^{-5}\sim1\times10^{-4}$

注：当大气中同时含有多种腐蚀性气体时，腐蚀级别应取最高的一种或几种为基准。

钢结构体系大气环境侵蚀性的分级可参考 ISO 12944—2 的定义，按锌和铁样品每年的质量和腐蚀损失与环境条件之间的相互关系确定，并按金属在单位时间内单位面积质量损失和厚度损失及《全国民用建筑工程设计技术措施》(中国计划出版社)进行评定，如表 3、表 4 所示。

表3　ISO 12944—2 大气条件下环境侵蚀性分类

腐蚀类别	单位面积上质量和厚度损失（第1年暴露后）				温性气候下的典型环境案例（仅作参考）	
	低碳钢		锌			
	质量损失（g/m²）	厚度损失（μm）	质量损失（g/m²）	厚度损失（μm）	外部环境	内部环境
C1 微侵蚀性	≤10	≤1.3	≤0.7	≤0.1	—	采用空调的建筑物内部，空气洁净，如办公室、商店、学校和宾馆等
C2 弱侵蚀性	10～200	1.3～25	0.7～5	0.1～0.7	大气污染低，大部分是乡村地带	未采用除湿的地方，冷凝有可能发生，如库房、体育馆
C3 中等侵蚀性	200～400	25～50	5～15	0.7～2.1	城市和工业大气，中等二氧化硫污染，低盐度沿海区域	高湿度和有些污染空气的生产场所，如食品加工厂、洗衣场、酒厂、牛奶场等
C4 高侵蚀性	400～650	50～80	15～30	2.1～4.2	中等含盐度的工业区和沿海区域	化工厂、游泳池、沿海船舶及船坞等
C5 强侵蚀性	650～1 500	80～200	30～60	4.2～8.4	高湿度和恶劣大气的工业区域，高含盐度的沿海区域	总是有冷凝、高污染的建筑和地方
CX 超强侵蚀性	1 500～5 500	200～700	60～180	8.4～254	高含盐度沿海区域和具有极端潮湿、恶劣大气及热带亚热带大气的工业区域	处于极度潮湿和恶劣大气中的工业区域

表 4　钢结构大气环境侵蚀性的分类

序号	地区	相对湿度(%)	对结构的侵蚀作用分类		
			室内（有空调）	室内（无空调）	室外
1	农村、一般城市的商业区及住宅区	干燥,<60	无侵蚀性	无侵蚀性	弱侵蚀性
2		普通,60～75	无侵蚀性	弱侵蚀性	中等侵蚀性
3		潮湿,>75	弱侵蚀性	弱侵蚀性	中等侵蚀性
4	工业区、沿海地区	干燥,<60	弱侵蚀性	中等侵蚀性	中等侵蚀性
5		普通,60～75	弱侵蚀性	中等侵蚀性	中等侵蚀性
6		潮湿,>75	中等侵蚀性	中等侵蚀性	中等侵蚀性

注:摘自《全国民用建筑工程设计技术措施》。

表 4 中沿海地区主要是指受海洋氯离子腐蚀影响的区域。有调查报告指出,在离海岸 15 km～20 km 范围内的钢结构一般会受到海洋氯离子影响。但应注意区别于滨海地区(一般离海岸 100 m～300 m 范围内)的海洋大气环境。

在难以把握海洋氯离子腐蚀影响程度的区域,可按现行国家标准《金属和合金的腐蚀　大气腐蚀性　第 1 部分:分类、测定和评估》GB/T 19292.1,通过测定氯化物的沉积率来判定大气腐蚀环境类型。

9.1.2　本条参考了 ISO 12944 的钢结构防腐设计基本概念与步骤。

9.1.3　防护层设计工作年限指在合理设计、正确施工、正常使用和维护的条件下,轻型钢结构防护层预估的使用年限(即达到第一次大修或维护前的使用年限)。

难以维护的轻型钢结构指不便于检查或维护施工难度大、成本高的轻型钢结构。如:钢结构因为外观或防火需要外包板材、住宅钢结构等。对使用中难以维护的轻型钢结构,其防护层应提出更高的要求。

目前条件下，为控制投资在可承受的范围内，本条提出了最低的要求。一般轻型钢结构防护层设计工作年限采用了ISO 12944中钢结构涂装系统的设计工作年限中期下限的要求。难以维护的轻型钢结构采用了ISO 12944中钢结构涂装系统的设计工作年限中期中限的要求。当条件许可时，设计可提出更高的要求(表5)。

表5　ISO 12944中钢结构涂装系统的设计工作年限

等级	耐久年限
短期(Low)	7年
中期(Medium)	7年～15年
长期(High)	15年～25年
超长期(Very high)	25年以上

9.1.4　主要受力构件指结构体系中主要承受结构荷载的构件，如梁、柱、支撑等。不含龙骨体系结构当中作为主要受力构件的冷弯薄壁型钢。

9.1.5　按现行的技术条件及经济条件，钢结构防护层设计工作年限尚难以达到与主体结构设计年限(一般要求50年)相匹配。定期检查和维护要求是保证结构安全的必要措施。

9.2　钢结构防腐构造与涂装要求

9.2.1　本条是保证结构安全的重要措施。当重要构件的防腐维护有充分保障时，可不受限制。中等侵蚀环境中的柱间支撑节点板及主桁架的弦杆、端斜杆等重要构件及节点板的厚度、连接焊缝的厚度，尚应提出更高的要求。

9.2.2　双角钢、双槽钢等肢背相靠缀合截面的杆件形式，不利于涂装和检查维护，在不低于中等侵蚀环境中应避免采用。

9.2.3　应采用热浸镀锌连接件、紧固件及构件；对于板材，其镀锌量不应小于 220 g/m^2(双面);必要时,细薄的紧固件可采用不锈钢制作,不宜采用电镀锌紧固件及构件。

当采用热浸镀锌连接件、紧固件及构件需进行防火防腐面层涂装保护时,镀锌面应先涂刷磷化底漆,以保证外涂层与镀锌层具有良好附着力。

目前,龙骨体系房屋结构常被用于在使用过程中难以检查维护的民用住宅等项目中。设计时,应按国家现行标准进行大气腐蚀的分类调查评价,参照 ISO 12944 大气条件下环境侵蚀性分类进行构件厚度损失及质量损失的评估,适当增加构件截面厚度(如按 50 年评价时,构件的厚度损失为 500 μm;当其设计计算截面为 1.5 mm 时,实际配置截面应采用 2.0 mm)。同时,设计应采取避免墙体渗水、冷桥的措施,避免构件处于干湿交替环境,确保使用期内的结构安全。

9.2.4 为避免不同金属材料间引起接触腐蚀,可采用绝缘层隔离措施。

9.2.5 钢结构杆件及节点连接穿过混凝土楼板时,所埋入部分表面应作防腐蚀处理;当存在楼地面水等侵蚀可能时,构件与楼板交接部位的防腐蚀处理的顶面应高于相邻地面 20 mm 以上或在此部位采取其他防腐蚀加强措施。

9.2.6 有关研究表明,钢材表面除锈等级是保证钢结构涂装质量最重要的环节,钢结构设计文件应注明钢材表面除锈等级。

9.2.7 不同的涂料品种在不同环境中,其耐候性、耐久性并不相同。应注意环境的酸碱性、空气湿度、光线(紫外线)等对涂料耐久性的影响。如醇酸涂料,可适用弱酸性介质环境,但不适用偏碱性介质环境;环氧涂料,不适用室外环境等。确定涂料品种时,应结合技术经济比较,合理选用。底漆、中间漆及面漆,应采用相互结合良好的配套涂层。

9.2.8 防锈涂层一般由底漆、中间漆及面漆组成。对于薄浆型涂层,通常采用底漆、中间漆 2 遍～3 遍,面漆 2 遍～3 遍,每遍涂层厚度 30 μm～40 μm 为宜，满足涂层总厚度要求。当涂层总厚度要求大于 150 μm 时，其中间漆或面漆可采用厚浆型涂料。

9.3 钢结构的防火保护

9.3.4 一般防火涂料主要功能为防火，防锈功能主要由底漆完成；防锈底漆品种与防火涂料，设计需提出兼容性与附着力要求。

9.3.5 钢结构构件耐火极限宜采用实际构件耐火试验的数据。当构件形式与试验构件不同时，可按有关标准进行推算。

本条规定了钢结构抗火设计方法以及钢构件的抗火能力不符合规定的要求时的处理方法。无防火保护的钢结构的耐火时间通常仅为 15 min～20 min，达不到规定的设计耐火极限要求，因此需要进行防火保护。防火保护的具体措施，如防火涂料类型、涂层厚度等，应根据相应标准进行抗火设计确定，保证构件的耐火时间达到规定的设计耐火极限要求，并做到经济合理。其详细做法可参考现行国家标准图集。钢结构构件进行除锈后，可视情况进行涂装保护；外包或板材外贴的厚度及构造要求参见现行国家标准《建筑设计防火规范》GB 50016 的有关章节，或通过试验确定。

10 轻型钢结构制作

10.1 一般规定

本节系根据现行国家标准《钢结构工程施工规范》GB 50755、《钢结构焊接规范》GB 50661、《钢结构工程施工质量验收标准》GB 50205 和现行上海市工程建设规范《轻型钢结构制作及安装验收标准》DG/TJ 08—010 等有关规定，结合轻型钢框架体系、冷弯薄壁型龙骨体系、分层装配支撑钢框架体系、轻钢模块化钢结构体系四类房屋荷载及其结构设计特点编写。

10.3 钢构件加工

本节参考现行国家标准《钢结构工程施工规范》GB 50755、《钢结构焊接规范》GB 50661、《钢结构工程施工质量验收标准》GB 50205 和现行上海市工程建设规范《轻型钢结构制作及安装验收标准》DG/TJ 08—010，对轻型钢结构构件加工提出了要求。

10.5 构件焊缝

本节参考现行国家标准《钢结构工程施工规范》GB 50755、《钢结构焊接规范》GB 50661、《钢结构工程施工质量验收标准》GB 50205 和现行上海市工程建设规范《轻型钢结构制作及安装验收标准》DG/TJ 08—010，对轻型钢结构构件焊接提出了要求。

10.6 涂装工程施工

10.6.9 防火涂料的粘结强度、抗压强度的规定可参照中国工程建设标准化协会标准《钢结构防火涂料应用技术规程》T/CECS 24—2020 确定。

11 轻型钢结构安装

11.1 一般规定

除本标准另有规定外，轻型钢结构的基础、结构、围护系统、紧固件连接和焊接等质量标准，应符合现行上海市工程建设规范《轻型钢结构制作及安装验收标准》DG/TJ 08—010 的规定，且应满足设计要求。

11.2 基础和地脚螺栓(锚栓)

11.2.2 表 11.2.2 整合了现行国家标准《钢结构工程施工质量验收标准》GB 50205 与现行上海市工程建设规范《轻型钢结构制作及安装验收标准》DG/TJ 08—010 对支承面、地脚螺栓和预留孔的规定，二者互有补充。

11.2.3 考虑到二次浇筑工艺的较大容差性，对基础顶面标高偏差予以适当放宽。

11.4 冷弯薄壁型钢龙骨体系结构安装

11.4.2 当填充材料为现浇泡沫混凝土时，应在覆面板安装完毕且验收合格后进行施工。

11.4.3 表 11.4.3 在参考现行上海市工程建设规范《轻型钢结构制作及安装验收标准》DG/TJ 08—010 表 9.6.4 的基础上进行了内容扩充，增添了填充材料平整度、立面垂直度、立柱与底梁及顶梁的间隙、自攻螺钉位置等内容。

11.5 分层装配支撑钢框架体系结构安装

11.5.2 分层装配式结构钢柱端面连接于钢梁，钢梁安装精度受钢柱安装精度直接影响，因此对钢柱安装精度予以提高。（注：钢柱定位偏差 2 mm 系参照现行中国工程建设标准化协会标准《分层装配支撑钢框架房屋技术规程》T/CECS 598 的规定）

附录 A　门式刚架体系房屋结构附加设计规定

A. 0. 1　本附录仅对现行国家标准《门式刚架轻型房屋钢结构技术规范》GB 51022 未规定的内容进行了相关补充，结合近几年的实际工程实践对部分条款进行了适当的修改。本附录未作规定的按《门式刚架轻型房屋钢结构技术规范》GB 51022 执行。多高层建筑的顶层为门式刚架轻型房屋钢结构、起重量不超过 10 t A6～A7 工作级别桥式吊车及高度超过 18 m 的类似单层房屋钢结构，当构件的承载能力满足 2 倍地震作用组合下的内力要求时，其设计、制作和安装可参照现行国家标准《门式刚架轻型房屋钢结构技术规范》GB 51022 执行。单层房屋可带夹层。

A. 0. 3　当墙体采用非金属的大型预制装配式墙板时，柱顶位移限值宜介于砌体墙体和金属墙板之间，工程实践表明不大于 $h/120$ 是可行的。

A. 0. 4　为屋面排水顺畅，屋面梁挠度不大于 $i/6$ 为屋面排水顺畅，此条可代替屋面坡度改变值不大于坡度设计值的 1/3 的规定。i 为屋面坡高与水平投影长度的比值。

A. 0. 5　屋面积雪分布形态只与建筑外形相关，与内部构造无关，即与跨度和跨数无关。

A. 0. 6　仅当屋面存在积雪堆积、漂移等不均匀分布时，才需要考虑其影响；对不出现积雪堆积、漂移等不均匀分布的屋面，在设计时不必额外考虑。

A. 0. 9　屋面坡度限值与屋面防水性能相关，针对不同的屋面构造应区别对待。

A. 0. 10　檩条平面外计算长度应与檩间支撑设置的位置对应。当屋面内衬板连接在檩条上方时，可考虑对上翼缘檩条有约束作用;当屋面内衬板连接在檩条下方时,可考虑对下翼缘檩条有约束作用。檩间支撑应设置在靠近檩条受压翼缘 1/3 截面高度范围内。当板对檩条翼缘有约束作用时,可不设置相应的檩间支撑,但应考虑施工阶段檩条的稳定性。

A.0.11 无吊车房屋不必沿内柱每个纵向柱列均设置柱间支撑,但屋面水平支撑的设计应与柱间支撑匹配,即平支撑的计算跨度应结合柱间支撑的设置取用。柱间支撑和屋面支撑不布置在同一开间内时,应设置值刚性系杆确保水平力有效传递,同时施工安装阶段应采取临时柱间支撑与屋面支撑共同形成几何不变体系。

A.0.12 单侧设置时,隅撑应按压杆设计;双侧设置时,隅撑可按拉杆设计。端刚架仅设置单侧隅撑。参照国外研究经验,当构件的截面高度大于 1 300 mm 时,隅撑的侧向支撑作用非常有限,宜另行设置可靠的侧向支撑体系维持构件的侧向稳定。

A.0.13 考虑隅撑的平面外支撑作用时,屋面板或墙面板相互连接应可靠且具有平面内刚度,可与檩条等组成刚性体,能有效防止构件平面外变形。刚架斜梁的稳定性计算可按现行国家标准《门式刚架轻型房屋钢结构技术规范》GB 51022 的规定进行;仅承受水平荷载的抗风柱,平面外计算长度可取不小于 1.5 倍隅撑间距;同时承受水平和竖向荷载的抗风柱及无吊车荷载作用且弯矩引起的翼缘正应力不小于 50%的刚架柱,平面外计算长度可取不小于 2 倍隅撑间距。

A.0.14 同济大学等单位进行的试验表明,当构件的摩擦面涂刷醇酸底漆后,其抗滑移系数均大于 0.15,故摩擦面涂刷油漆后抗滑移系数可取 0.15。镀锌构件由于表面锌层硬度不高且摩擦面处理难度较大,故建议偏于安全按涂刷油漆的情况取用。

A.0.15 为便于施工安装阶段的结构稳定,每个柱脚不宜少于 4 个锚栓。

A.0.18 试验表明,不同类型檩条的搭接是否有效与搭接构造及搭接长度相关,与檩条跨度无关,但增加檩条的搭接长度可改善檩条的受力性能。

附录 C 单边高强度螺栓连接

C.0.1 本附录中的单边高强度螺栓连接副的部件包括 1 个扭剪型高强度圆头螺栓、1 个高强度大六角螺母、1 个高强度平垫圈、1 个分体式高强度垫圈和 1 个套筒。通过可变形收缩自回复的分体式垫片,单边高强度螺栓连接副可实现单边安装、单边拧紧,同时具有不亚于传统高强度螺栓连接副的力学性能。

附录F 轻钢房屋韧性提升技术措施

F.1 一般规定

F.1.2 现行国家标准《建筑抗震韧性评价标准》GB/T 38591 规定了建筑抗震韧性评价的要求、建筑损伤状态判定、建筑修复费用计算、建筑修复时间计算、人员伤亡计算、建筑抗震韧性等级评价,适用于包括轻型钢结构建筑在内的新建和既有建筑的抗震韧性评价。

F.1.3 自复位耗能支撑既可以单独承担抗侧作用,也可以与主框架共同承担抗侧,形成双重抗侧体系,两种方案与传统中心支撑钢框架相比均能够有效地降低结构的震后残余变形。考虑经济性与安装便捷性,自复位耗能梁柱节点更加适用于抗弯钢框架;考虑抗弯钢框架的刚度特性,自复位耗能梁柱节点适用于6层及以下的低多层轻钢房屋。内嵌式自复位耗能模块需要与框架主梁固接,同时需要框架主梁具备充足的抗弯刚度,因此其更适用于轻型钢框架体系与分层装配支撑钢框架体系。

F.1.4 目前大部分前沿研究聚焦于简化2D模型在单向地震动输入下的响应,因此韧性措施与韧性结构构件在现阶段的工程应用建议仅局限于平、立面规则的结构体系。

F.1.5 自复位耗能构件的长期性能与耐久性目前尚缺乏充分的研究数据,应在结构维护阶段予以检测与评估。

F.1.8 大部分自复位耗能构件均采用预应力复位元件,在多遇地震下预应力复位元件不应达到消压状态,即自复位耗能构件应保持弹性。

F.2 结构分析

F.2.4 McCormick经过震后广泛调研发现，当结构的残余层间位移角超过0.5%时，居住者会感到明显不适，门窗关紧会有困难，且结构很可能面临拆除，因此目前通常将0.5%作为震后残余层间位移角限值，详见“McCormick J，Aburano H，Ikenaga M，Nakashima M. Permissible residual deformation levels for building structures considering both safety and human elements [C]. Proc. 14th World Conf. Earthquake Engineering, Seismological Press of China，Beijing，2008”。

F.2.5 适当的结构屈服后刚度比 α_s 可以防止结构薄弱层的产生，尤其在二阶效应比较显著的情况下结构屈服后刚度不足会导致“等效负刚度”的产生，增加结构倒塌风险。结构的强度比 β 与结构整体耗能能力密切相关，β 越小，结构复位能力越强，耗能能力则越低。Fang等研究发现，结构耗能能力降低会导致峰值层间位移角与楼面加速度的放大，从而引起更加严重的结构性与非结构损伤。另外，保证结构在动力激励下可控的残余变形并不代表结构需要具备完全的静力自复位特征，“半自复位”行为同样可以保证结构在动力安定过程中残余变形保持在低水平，半自复位特征同时可以保证结构充分的耗能，从而减轻结构性与非结构损伤。因此，建议 β 不宜大于0.75，不宜小于0.25。详见“Fang C，Zhong Q，Wang W，Hu S，Qiu C. Peak and residual responses of steel moment-resisting and braced frames under pulse-like near-fault earthquakes[J]. Engineering Structures，2018，177：579-597”。

F.2.6 结构附加等效阻尼比 ζ_{eq} 计算的理论公式为：

$$\zeta_{eq}=\frac{A_{area}}{4\pi A_{strain}}$$

式中：A_{area}——滞回曲线往复一圈的耗能，即所包围的面积；

A_{strain}——最大应变能，为峰值位移对应三角形面积，如图 9 所示。

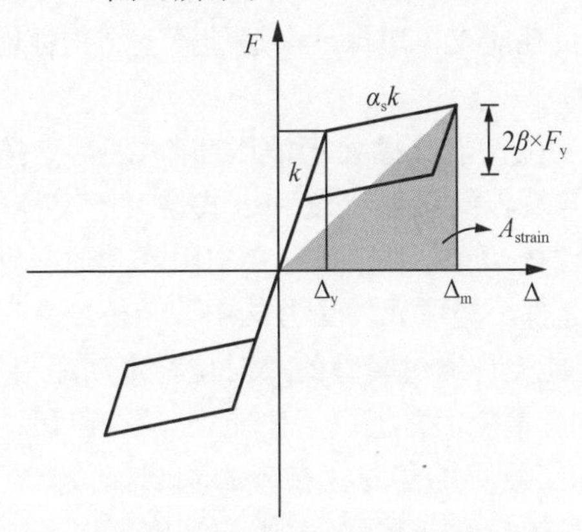

图 9　旗帜形滞回曲线与等效阻尼比

F.4　自复位耗能支撑

F.4.1　在风荷载或多遇地震荷载与其他静力荷载组合下，自复位耗能支撑不应发生消压，从而使整体结构保持在弹性状态。考虑到 10%的自复位耗能支撑性能不确定性误差，最大轴力设计值 N 应符合本条要求。

F.4.2　不同类型的自复位耗能支撑在达到轴向极限设计位移 Δ_u 后均会产生不同程度的破坏，同时可能对周边构件产生破坏。例如，采用预应力拉索或拉杆复位元件的自复位耗能支撑在达到轴向极限设计位移后预应力拉索或拉杆会发生屈服，从而丧失部分复位功能；采用预应力环簧或碟簧复位元件的自复位耗能支撑在达到轴向极限设计位移后环簧或碟簧压紧，产生自锁响应，承载力急剧上升，最后导致支撑其他部分或者周边节点板、框架梁、框架柱等的破坏。根据现行国家标准《建筑抗震设计规范》GB 50011 的规定，罕遇地震下钢结构的最大层间位移角不大于 2%。近期研究发现,近断层地震动会产生较为明显的脉冲效应,从而会导致层间位移角的增大,因此支撑轴向极限设计位移建议增大 50%。

F.4.3 自复位耗能支撑应保证多遇地震下结构性能与布置传统中心支撑斜杆时一致。

F.4.6 在自复位耗能支撑处于消压前阶段时,支撑不会产生显著变形,套管与端板的接触程度和方式会影响支撑的初始刚度、是否发生端板扭转等,一旦接触存在空隙或其他问题可能会造成初始刚度过小、部分复位元件受力集中等消极影响。自由变形阶段的自复位耗能支撑通过套管的相对位移带动端板,端板的位移使得复位元件产生变形并提供复位能力,这一阶段需要保证套管与端板的充分接触使得合力存在于中轴线,防止产生构件偏移。内、外套管本身的长度一致性、表面的平整度以及端板的平整度都会影响其接触程度和方式。例如,Zhou 等发现在模拟时使得内、外套管存在 1 mm 的长度差反而更能使初始刚度的模拟值与试验值接近,在 Erochko 等的研究论文中也提及了同样的现象。因此,需要尽量确保内、外套管的长度一致、套管与端板的接触面都尽量平整,以确保初始刚度和后续的变形、受力都得到更好保障。更为详细的说明和现象探究见"Huang X, Eatherton M R, Zhou Z. Initial stiffness of self-centering systems and application to self-centering-beam moment-frames [J]. Engineering Structures, 2020, 203: 109890"。

F.4.7 自复位耗能支撑的初始轴向刚度会受到加工精度、装配误差、材料性能等多种因素的影响,在试验或设计时较难通过精确的计算方法直接得到。对现有的较为经典的自复位耗能支撑试验、研究论文进行统计,不同构造的自复位耗能支撑的消压前变形集中于较小的取值范围内,如表 6 所示。根据统计结果,自复位耗能支撑的消压前变形大致处于 0.9 mm~2.5 mm,平均变形量为 1.8 mm,考虑到一般施工中可能加工、装配质量存在差异,因此推荐的自复位耗能支撑消压前位移可以较为保守,即为

1.5 mm～2.0 mm。详见“Ping Y, Fang C, Chen Y, et al. Seismic robustness of self-centering braced frames suffering tendon failure [J]. Earthquake Engineering & Structural Dynamics, 2021, 50(6): 1671-1691”。

表 6　自复位耗能支撑消压前变形统计

支撑类型	预测/测量刚度(kN/mm)	消压前变形(mm)
自复位耗能支撑-1(单核)[Christopoulos 2008]	—	2.34
自复位耗能支撑-2(单核)[Erochko 2015a]	2 073/750	2.27
自复位耗能支撑-3(双核)[Erochko 2015b]	1 496/230	1.70
自复位耗能支撑-4(双核)[Chou 2014]	1 200/980	0.92
自复位耗能支撑-5(自复位 BRB)[Chou 2016]	596/585	1.10
自复位耗能支撑-6(自复位 BRB)[Zhou 2015]	—	1.83
自复位耗能支撑-7(自复位 BRB)[Miller 2012]	—	1.98

Christopoulos C, Tremblay R, Kim H J, Lacerte M. Self-centering energy dissipative bracing system for the seismic resistance of structures: development and validation[J]. Journal of Structural Engineering, 2008, 134(1): 96-107.

Erochko J, Christopoulos C, Tremblay R. Design, testing, and detailed component modeling of a high-capacity self-centering energy-dissipative brace [J]. Journal of Structural Engineering, 2015, 141(8): 04014193.

Erochko J, Christopoulos C, Tremblay R. Design and testing of an enhanced-elongation telescoping self-centering energy-dissipative brace[J]. Journal of Structural Engineering, 2015, 141(6): 04014163.

Chou C C, Chung P T. Development of cross-anchored dual-core self-centering braces for seismic resistance[J]. Journal of Constructional Steel Research, 2014, 101: 19-32.

Chou C C, Tsai W J, Chung P T. Development and validation tests of a dual-core self-centering sandwiched buckling-restrained brace (SC-SBRB) for seismic resistance[J]. Engineering Structures, 2016, 121: 30-41.

Zhou Z, Xie Q, Lei X C, He X T, Meng S P. Experimental investigation of the hysteretic performance of dual-tube self-centering buckling-restrained braces with composite tendons[J]. Journal of Composites for Construction, 2015, 19(6): 04015011.

Miller D J, Fahnestock L A, Eatherton M R. Development and experimental validation of a nickel-titanium shape memory alloy self-centering buckling-restrained brace[J]. Engineering Structures, 2012, 40: 288-298.

F.4.8 本条与第F.2.5条中对结构体系的β值基本保持一致，即应保证支撑自复位能力与耗能能力的适当平衡，并允许采用半自复位型支撑。

F.4.11 对于高强钢环簧而言，过大的预变形会导致剩余变形能力降低，且过大的预变形会导致摩擦面润滑剂的缺失，因此最大预变形不宜高于最大变形能力的50%，详见“Hill K F. The utility of ring springs in seismic isolation systems. PhD Thesis, University of Canterbury, (1995)”。本条增添了最小预变形不宜低于最大变形能力30%的要求，从而保证充分的消压承载力，并防止长期荷载下预紧力的松弛。

F.4.13 高强钢环簧组当环簧数量过多或高度过大时可产生侧向失稳，因此需要对高强钢环簧组进行有效约束，同时约束与环簧组应保持一定的缝隙距离从而保证外环的自由径向膨胀或内环的自由径向收缩。研究发现，缝隙距离采用为外环直径的2%可在提供有效约束的同时保证环簧组的自由径向变形。详见“Wang W, Fang C, Zhao Y, Sause R, Hu S, Ricles J. Self-centering friction spring dampers for seismic resilience[J]. Earthquake Engineering & Structural Dynamics, 2019, 48(9): 1045-1065”。

F.4.14 高强钢环簧组可以通过增加环簧串联数量来增加变形能力,但无法通过增加环簧串联数量来提升承载力。因此,可以采用环簧组并联的方式以提升核心装置的承载能力,如图 10 所示。

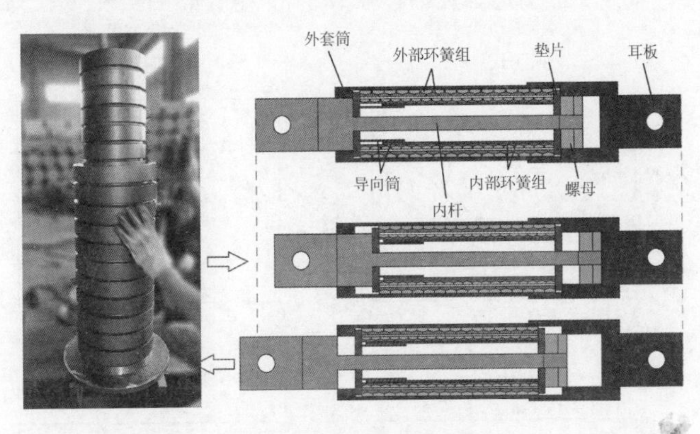

图 10 环簧组并联方式

F.4.16 支撑延长段通常为钢管构件,存在整体屈曲与局部屈曲的可能。对于整体屈曲而言,由于核心装置可能无法提供有效的转动约束与侧向约束,因此其有效计算长度可保守取支撑延长段长度的 2 倍。对于局部屈曲而言,支撑延长段构件还应满足现行国家标准《钢结构设计标准》GB 50017 中对于板件宽厚比或径厚比的要求。

F.4.18 杨琼等学者对碟簧组的叠合数对碟簧组力学性能的影响进行了研究。研究结果表明,碟簧组的碟簧叠合数决定了碟簧组的耗能能力,碟簧组在多次加载中,承载力与刚度不退化,较为稳定。在叠合数小于或等于 5 时,碟簧组的加载曲线呈现良好的线性关系,而当叠合数大于 5 时,碟簧组加载曲线的非线性情况明显,具体如图 11 所示。详见“杨琼,郭阳照,付航,等. 阵列碟簧柱支座竖向隔震性能试验研究[J]. 建筑结构,2017, 47(S2): 330-335”。

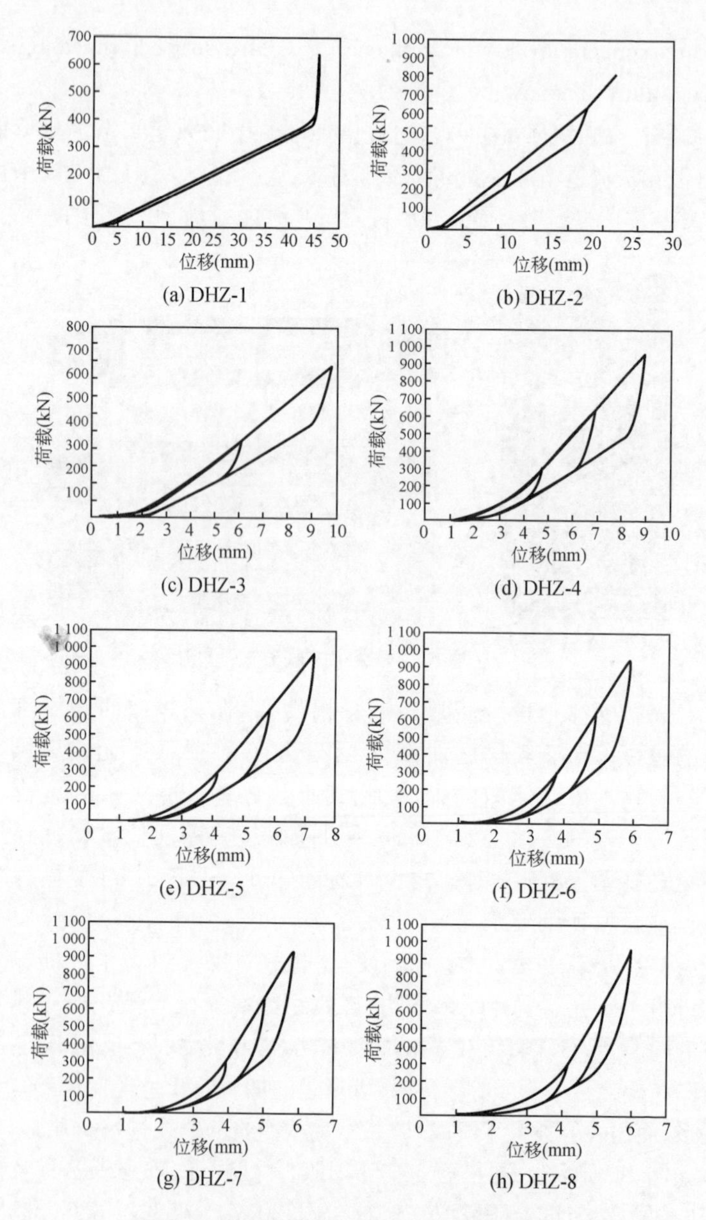

图 11　杨琼等碟簧力学性能试验结果曲线

F.4.20 Wang 等学者研究发现，采用单组环簧(表 7)、并联环簧(表 8)或碟簧(表 9)自复位耗能支撑核心装置消压前初始轴向变形一般在 0.7 mm 之内，采用单组高强钢环簧组自复位耗能支撑核心装置消压前初始轴向变形一般在 1.2 mm 之内，在缺乏试验数据的情况下可以分别采用 $C=1.2$ mm 和 $C=0.7$ mm 进行保守计算。详见“Wang W, Fang C, Zhao Y, Sause R, Hu S, Ricles J. Self-centering friction spring dampers for seismic resilience[J]. Earthquake Engineering & Structural Dynamics, 2019, 48(9): 1045-1065”以及“Wang W, Fang C, Shen D, Zhang R, Ding J, Wu H. Performance assessment of disc spring-based self-centering braces for seismic hazard mitigation [J]. Engineering Structures, 2021, 242: 112527”。

表 7　高强钢环簧组自复位耗能支撑核心装置试验结果(单组环簧)

试件	测试轮	屈服强度 F_y(kN)	初始刚度 K_i(kN/mm)	消压前位移(mm)
S0	1st	89.2	81.1	1.10
	2nd	88.9	79.9	1.11
	3rd	88.4	76.8	1.15
S1	1st	98.9	84.7	1.17
	2nd	88.2	81.2	1.09
	3rd	86.8	80.1	1.08
S2	1st	114.1	94.7	1.20
	2nd	101.3	91.3	1.11
	3rd	101.0	91.0	1.11

表 8 高强钢环簧组自复位耗能支撑核心装置试验结果(并联环簧)

试件	测试轮	屈服强度 F_y(kN)	初始刚度 K_i(kN/mm)	消压前位移(mm)
NS	1st	119.9	214.44	0.56
	2nd	118.5	210.93	0.56
	3rd	118.9	224.90	0.53
S15	1st	142.1	208.14	0.68
	2nd	130.2	210.53	0.62
	3rd	128.6	225.91	0.57
S25	1st	148.7	244.18	0.61
	2nd	145.7	231.88	0.63
	3rd	144.7	238.28	0.61

表 9 高强钢碟簧组自复位耗能支撑核心装置试验结果

试件	屈服强度 F_y(kN)	初始刚度-静摩擦 K_{i-s}(kN/mm)	初始刚度-动摩擦 K_{i-k}(kN/mm)	消压前位移-静摩擦(mm)	消压前位移-动摩擦(mm)
NF-I	87.7	219.5	219.5	0.40	0.40
SF-I	122.3	552.7	309.4	0.22	0.40
MF-I	143.2	541.7	301.2	0.26	0.48
LF-I	172.9	562.1	331.9	0.31	0.52
LF-C45	202.7	554.3	325.5	0.37	0.62
LF-C90	186.9	545.8	336.8	0.34	0.55

F.5 自复位耗能节点

F.5.1 在风荷载或多遇地震荷载与其他静力荷载组合下,自复位耗能节点中的核心装置不应发生消压，从而使整体结构保持在弹性状态。考虑到10%的核心装置性能不确定性误差，最大弯矩设计值应符合本条要求。

F.5.2 根据现行国家标准《建筑抗震设计规范》GB 50011的规定，罕遇地震下钢结构的最大层间位移角不大于2%。近期研究发现，近断层地震动会产生较为明显的脉冲效应，从而会导致层间位移角的增大，因此自复位耗能节点极限设计转角建议增大50%。

F.5.3 目前在自复位耗能梁柱节点方面研究较为普遍的是采用预应力拉索和拉杆的方案，即在传统的钢框架上采用预应力张拉，配合预设耗能段，通过梁柱节点张合达到“旗帜形”节点滞回特性，如图12所示。基于预应力张拉的施力策略可使结构具有优秀的自复位性能，但也随之造成施工与锚固要求高、预压梁局部屈服与屈曲、变形空间有限、预应力损失、通长钢索空间阻碍以及整体结构变形不协调等问题；考虑到其施工难度较大，且由于额外预应力的施加预应力张拉方案在轻钢结构以及既有结构加固升级方面的应用受到了一定限制。因此，轻钢房屋结构的自复位耗能节点宜采用局部放置核心装置的方式，核心装置不对周边构件产生额外的受力负担。

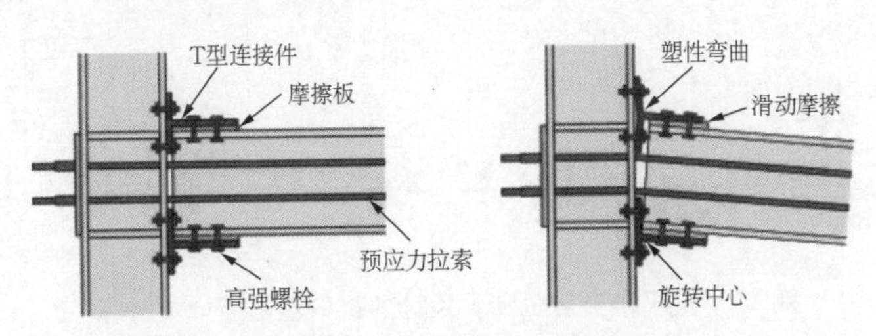

图12 基于预应力张拉的自复位耗能梁柱节点

F.5.4 自复位耗能节点允许采用设计为半自复位节点，因此可以与节点其他部分共同承担弯矩作用。Fang等研究表明，即使在自复位抗弯钢框架中仅一半数量的节点采用自复位节点，而另一半数量的节点采用刚性节点，整体结构在地震作用后最终的残余变形仍然保持在低水平，如图 13 所示。这意味着半自复位节点设计策略仍然可以保持很好的结构可恢复性能。详见“Fang C, Wang W, Ricles J, Yang X, Zhong Q, Sause R, Chen Y. Application of an Innovative SMA Ring Spring System for Self-Centering Steel Frames Subject to Seismic Conditions [J]. Journal of Structural Engineering ASCE, 2018, 144 (8): 04018114”。

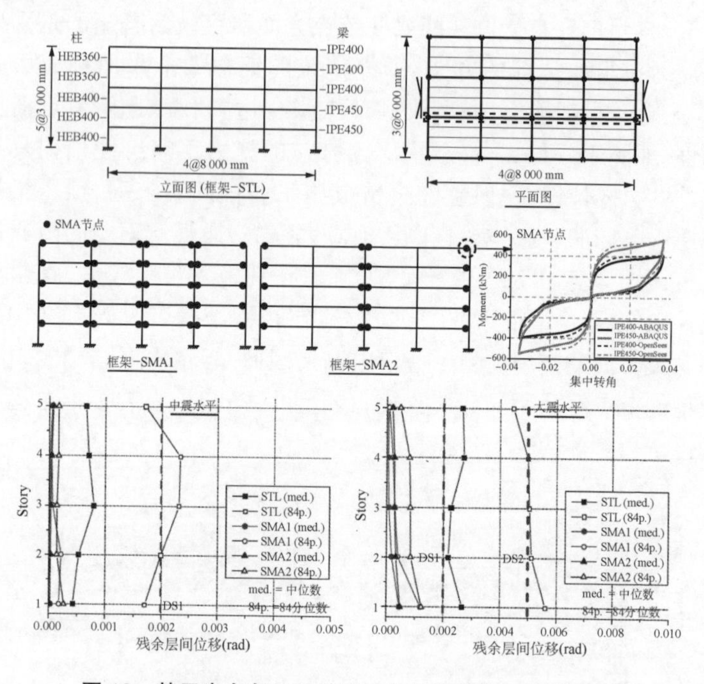

图 13 基于半自复位特性设计的抗弯钢框架力学行为

F.6 内嵌式自复位模块

F.6.2 内嵌式自复位模块的耗能功能部分的设计要求与常规钢

框架的耗能构件基本无异，但若布置于自复位模块内部，建议采用扁钢支撑、开缝钢板墙、角部阻尼器等易于安装的形式。

F. 6. 4 Huang 等研究表明，预应力框架的加工误差（如水平边缘构件端部的不平整、边缘构件长度的不对称等）会对预应力框架的初始刚度产生显著影响。详见“Huang X, Eatherton M, Zhou Z. Initial stiffness of self-centering systems and application to self-centering-beam moment-frames[J]. Engineering Structures, 2020, 203: 109890”。采用垫板或竖向边缘构件顶斜切口的方式是为了自复位模块正常工作过程中防止水平边缘构件与框架梁发生碰撞。